U0277339

# 趣学

# CCNA

## 路由与交换

（第2版）

田　果 CCIE #19036
刘丹宁 CCIE #19920　著

EDUCATION

TUTORIAL

KNOWLEDGE

WEBINAR

COACHING

CREATIVITY

人民邮电出版社

北　京

**图书在版编目（CIP）数据**

趣学 CCNA：路由与交换 / 田果，刘丹宁著.
2 版. -- 北京：人民邮电出版社，2024. -- ISBN 978
-7-115-65133-4

Ⅰ．TP393

中国国家版本馆 CIP 数据核字第 2024TX0027 号

# 内 容 提 要

本书用直白风趣的语言、通俗易懂的方式讲述路由交换方向 CCNA 考试所涉及的基础理论与核心技术。

本书主要介绍 OSI 和 TCP/IP 模型、TCP/IP、以太网、路由器和交换机在网络中的作用、IP 编址、操作与配置 Cisco IOS 设备、管理网络设备、路由基础与静态路由、动态路由基础与 RIP、EIGRP、链路状态路由协议概述与 OSPF 协议、网络地址转换、广域网、访问控制列表、IPv6、二层交换技术、VLAN 技术、配置 STP、第一跳冗余协议、网络架构设计等内容，既涵盖了网络技术的宏观理论，也囊括了网络协议的微观工作原理和针对网络设备的具体操作方式。

本书专为技术层次介于零基础和 CCNA 水平之间的初学者打造，既适合作为相关课程的辅助教材和课后读物，也可作为参加 CCNA 认证考试的考生的自学读物。

◆ 著　　　　田　果　刘丹宁
　　责任编辑　吴晋瑜
　　责任印制　王　郁　胡　南

◆ 人民邮电出版社出版发行　　北京市丰台区成寿寺路 11 号
　　邮编　100164　电子邮件　315@ptpress.com.cn
　　网址　https://www.ptpress.com.cn
　　大厂回族自治县聚鑫印刷有限责任公司印刷

◆ 开本：800×1000　1/16
　　印张：23　　　　　　　　　　　2024 年 10 月第 2 版
　　字数：489 千字　　　　　　　　2024 年 10 月河北第 1 次印刷

定价：89.80 元

读者服务热线：(010)81055410　印装质量热线：(010)81055316
反盗版热线：(010)81055315
广告经营许可证：京东市监广登字 20170147 号

田果，CCIE #19036（RS&SEC），毕业于北京工业大学，曾在网络系统集成企业担任网络售后、售前工程师、项目经理，并在技术培训机构担任讲师。2008年开始与人民邮电出版社合作，翻译技术类图书二十余种，亦是人民邮电出版社计算机类外版图书的引进顾问。针对网络技术领域，曾参与思科网络技术学院的中国本土化工作，也曾担任华为 ICT 学院系列教材和华为 HCIA Datacom、HCIP Datacom Core Technology 系列认证教材的作者。此外，在软件开发、旅游和思维导图领域也取得了大量笔耕成果。

田果先生酷爱读书、旅游，足迹遍及 40 余个联合国会员国，最远曾经陆路往返北京和欧亚大陆最西端的罗卡角（Cabo da Roca）。

刘丹宁，CCIE #19920（SEC&Voice&DC），毕业于北京邮电大学，拥有 17 年的从业经验，曾为金融、制造业和政府等行业的多家国有银行、金融机构和大型制造企业提供服务。主要工作内容包括带领团队完成网络整体规划、网络实施和网络运维，尤其擅长思科协作技术。自 2008 年以来，刘丹宁与人民邮电出版社建立了长期合作关系，参与翻译技术类图书，并撰写技术教材，为行业知识的传播和技术人才的培养贡献力量。

# 献辞

　　把本书献给她的每一位读者。自本书第 1 版上市以来，你们的支持一直让我
受宠若惊。

——田果

# 致谢

首先，仍然第一个要感谢彭定学老师，这本书的第 1 版是我在他讲课视频的基础上创作出来的，这个版本则延续了原版的知识架构。此外，曾经在 YESLAB 一起奋斗的兄弟们包括苏函老师、郭毅老师和闫斌老师，都为这本书的内容作出过重要贡献。另外，韩士良老师也为这本书提供了大量的重要参考和意见。

在这一版中，感谢《漫画面向对象编程 Java 语言版》和《学 C 编程也可以卡通一点》的作者李思老师绘制了大量漫画，我也在此向希望学习编程语言的读者强烈推荐李思老师的优秀技术作品。

感谢余建威老师、曹鑫磊老师、刘静老师、李红老师、江永红老师、杨建武老师、刘军老师、傅道坤老师、李静老师、张红霞经理、何伟经理、熊露颖经理、韩江经理、朱志明经理。虽然你们工作在不同领域、不同企业、不同部门，但你们每个人都曾经在最关键的时刻给予过我重要的帮助和信任。虽然不常表达，但我感激之情永存心中。

田果何幸，这一生能与大家相遇。

另外，无论何时何地，感谢我的每一位家人，尤其是奶奶。最后，特别感谢我的夫人刘丹宁女士审核了本书的全部书稿，也要感谢我所有的宝宝们。与你们相伴的每分每秒，弥足珍贵。

——田果


本书的完成离不开许多人的帮助和支持。在此，我要向所有曾在不同阶段给予我指导和帮助的人表达最诚挚的感谢。

首先，我要感谢本书的合作者田果，感谢他在本书改版时邀请我一同进行创作。他在网络技术领域的专业和博学总是让我感到惊叹。

其次，我要感谢人民邮电出版社的编辑团队，感谢他们在图书出版过程中所付出的努力和专业精神，使得本书能够顺利面世。

最后，特别感谢我的家人和朋友，他们在我写作过程中给予的理解、鼓励和支持，是我完成本书的重要动力。

衷心感谢所有帮助和支持过我的人！

——刘丹宁

# 前言

## 关于本书

　　本书的核心编写理念是为准备投身网络行业却没有任何基础，或者刚刚学习过一两遍 CCNA 课程的读者创作一本可以随时翻阅的读物。我们的写作不求精，不求深，更不求全，只求通俗易懂，老少咸宜。我们渴望本书能够把读者的自学能力发挥到极致。

　　换句话说，如果你在阅读某些知识点的时候，发现我的讲解方式比同类教材更难理解，并不意味着我在故作高深，只意味着我也不精于叙事说理。当然，本书经过多位编辑层层把关，并按照通俗易懂的方式修改处理后，出现上述情况的机会应该不会太多。

　　所以，本书的使用方法其实相当简单，那就是打开、阅读、合上，再打开、再阅读、再合上，仅此而已。而我唯一的期望是，上述的过程不会让人感到痛苦和乏味。现在，检验标准就在你们手里。

## 关于 CCNA 认证

　　CCNA 是 Cisco 认证体系中的初级认证，对于有志进入网络行业的从业者而言，CCNA 是理想的敲门砖。而对于已经从业多年的人士来说，很多年之后再回首当年学习 CCNA 的日子，多半也是一种情怀。

　　但实事求是地说，仅凭一个 CCNA 认证就可以找到一份满意工作的日子早已一去不返了。无论读者去哪家培训机构咨询，得到的答案都是类似的：在这个 CCIE 满天纷飞的年代，用于求职的认证至少应该是 CCNP 级别。

　　对于只想获得 CCNA 认证的读者来说，上面的文字必是一瓢劈头凉水。但浇过之后，是醍醐灌顶、一蹶不振还是恼羞成怒，全看你们对于自己未来职业生涯的定位和决心，无关其他。

　　至于我，窃以为这是件好事，"以考促学"虽是职业培训市场的游戏规则，又何尝不是体制内教育的立身之本？虽是应试教育的核心理念，又何尝不是素质教育的应有之义？

　　借 CCNA 认证已不足以从人才市场中脱颖而出之机，渴望鹤立鸡群之人自会将目光锁定 CCNP 甚至 CCIE。

　　那么，你呢？

## 关于获得 Cisco 认证

CCNA、CCNP 各个方向的认证考试的费用和路线图（包括获得相关认证需要参加的考试）会时常发生变化。所以，考生应该关注 Cisco 官方网站来了解即时信息，而不是随意拿一本书按图索骥。一旦开始关注官网的认证信息，你就能很快明白一个道理：不在本书中提供各项认证考试的考试号才是负责之举，尽管复制粘贴于我而言并不会花费太多时间。授人以鱼不如授人以渔，是我们不变的坚持。

获得 CCNA 和 CCNP 认证需要参加一系列规定的考试。至于考试的形式，考生都需要在一家 Pearson VUE 认证的考试中心参加考试。考试的过程是你坐在一台计算机面前，回答计算机事先从数据库中下载的题目。当然，除 CCNA 可以提供中文考试且应试者寥寥，其他考试的题目全是英文。所以，你需要熟悉这个行业中常见的英文单词，并且具备一定的英语水平，才不至于让语言成为你通过考试的障碍。YESLAB 就拥有一家 Pearson VUE 认证的考试中心，如果读者有任何问题，可以致电 YESLAB，考试中心的老师会耐心解答你的疑问。

获得 CCIE 认证的方式则有所不同。CCIE 考试分为两部分，即笔试考试和实验考试。考生必须先通过笔试考试才能预约实验考试的时间。笔试考试和 CCNA、CCNP 的各项考试在方式上没有区别，这里不再赘述。实验考试则需要考生在 Cisco 公司应考，考生需要用整整一天的时间，按照 Cisco 考试的需求，在设备上完成相应的实际操作。考试持续一天，正常情况下，Cisco 会为考生提供工作餐。也有极个别情况，考生需要自己下楼觅食。另外，获得 CCIE 认证不需要考生提前通过 CCNA 或 CCNP 认证，通过该方向的 CCIE 笔试是唯一的前提条件。所以，如果你的终极目标是 CCIE，不必费心准备 CCNA 的认证考试。

## 本书的组织结构

本书各章的主要内容如下。

- 第 1 章 "OSI 和 TCP/IP"，旨在帮助读者理解协议和协议分层的概念，同时对两种常见的分层模型进行了比较，介绍了各层所定义的功能。
- 第 2 章 "TCP/IP"，介绍了网络技术世界几大 "定义级" 的协议，包括 TCP、IP、UDP、ICMP、ARP 等。显然，由于 IP 和 ARP 在这一章中粉墨登场，因此本章也会首次提及 IP 地址和 MAC 地址。
- 第 3 章 "以太网"，对和以太网有关的内容进行了简单的概述，包括以太网速率、双工模式、线缆、以太网数据帧结构和 MAC 地址等。值得说明的是，为简化起见，本章只介绍了相对简单的 Ethernet II 封装格式。
- 第 4 章 "路由器和交换机在网络中的作用"，本章将网络设备套用在第 1 章介绍的分层模型中，以方便读者理解数据是如何进行端到端传输的。读者在阅读本章之前，应该复习本书的第 1 章而不是第 3 章。

■ **第 5 章 "IP 编址"**，对 IP 编址进行了相对具体的介绍，其中包括打破传统 IP 地址分类的 VLSM 和 CIDR 这两项技术。十进制与二进制如何相互转换也包含在本章中。此外，这一章也演示了如何在 Windows、macOS 和 Linux 系统的图形用户界面中查看系统当前的 IPv4 地址。

■ **第 6 章 "操作与配置 Cisco IOS 设备"**，本章的内容是进行一切实际操作的起点，内容包括路由器和交换机的外观及构造，如何通过 Console 线缆对它们进行管理，以及设备操作系统（Cisco IOS）的几种常见的配置模式。本章不仅演示了如何对设备进行管理，还演示了设备的启动过程，以及一些简单的配置和查看操作。

■ **第 7 章 "管理网络设备"**，进一步介绍 Cisco 设备的一些使用方式，包括 CDP 的使用，如何通过 Telnet 协议远程管理设备，如何通过修改寄存器的值来修改设备的启动行为等。既然本章的操作管理与寄存器的值有关，因此升级 IOS 和恢复密码的方法必然会在本章进行演示。

■ **第 8 章 "路由基础与静态路由"**，从向读者展示路由表开始，渐渐开始对路由条目的参数一一进行说明，此后又一直延伸到静态路由的理论、配置方法及一些高级应用。在 CCNA 阶段，读者务必完全掌握与静态路由有关的知识。这不仅是因为在此后的学习中，不会再涉及静态路由的知识，更是因为理解静态路由有助于读者对比理解动态路由协议。

■ **第 9 章 "动态路由基础与 RIP"**，将带领读者进入长达三章的动态路由漫漫征途。为了帮助读者理解动态路由的使用方法，本章一反常态，采用了先行后知的做法，从 RIP 的配置方法切入，循序渐进地引导读者了解动态路由协议的概念，继而引出 RIP 的理论及更加详细的配置使用方法。RIP 的两大版本及特性在本章均有涉及。

■ **第 10 章 "EIGRP"**，对这款协议的算法、原理进行了相对详细的说明，此后用一个案例介绍了 EIGRP 的使用方法。在本章的最后，我们借由介绍 **no auto-summary** 命令的大好东风，对不连续子网的概念进行了补充说明。

■ **第 11 章 "链路状态路由协议概述与 OSPF 协议"**，首先对距离矢量路由协议的缺陷进行了说明，由此引入了链路状态路由协议的概念，进而引出了本章的重点——OSPF 协议。当然，鉴于本书的目标读者仅有 CCNA 阶段的水平，因此无论是理论还是配置，我们对 OSPF 协议的介绍只能算作基础铺垫水平。在本章最后，对第 8 章中引出的开销和管理距离的概念进行了补充说明。

■ **第 12 章 "网络地址转换"**，介绍了一种为了 "节流" 快速消耗的 IP 地址而产生的转换地址技术。本章对 NAT 这种貌似简单但实则容易让人晕头转向的技术进行了相对简单的介绍，并通过配置案例进行演示。

- **第 13 章 "广域网"**，介绍了大量与广域网有关的技术，包括 HDLC、PPP、帧中继。这些技术均有自己的特点，配置方式也大异其趣，值得读者花时间阅读掌握。在本章的最后，我们对新版 CCNA 新增知识点 PPPoE 的原理和配置方法进行了介绍。

- **第 14 章 "访问控制列表"**，从 ACL 的应用场合说起，讲到了设备处理这种列表的顺序和原则，而后介绍了 ACL 的几种常用的类型。在本章的最后，我们一如既往地提供了配置 ACL 的方法和配套案例。

- **第 15 章 "IPv6"**，对新版 IP 进行了概述性的介绍。在本章的开始，我们将 IPv6 数据包头部与第 2 章中出现过的 IPv4 数据包头部进行了对比，说明了 IPv6 对于原本 IPv4 所作的改动。而后对 IPv6 地址的表示形式及分类进行了相对详细的介绍。最后，我们通过最简单的需求演示了 IPv6 的配置方法。

- **第 16 章 "二层交换技术"**，本章把读者带回了网络的数据链路层。本章从交换机对数据帧进行交换的方法说到了冗余链路在理论上有可能会对网络造成的影响，并毫无悬念地由此引出了交换部分的重中之重，也就是生成树协议（STP）。最后，这一章还介绍了 Portfast 和 BPDU Guard 两大特性，也对 RSTP 实现快速收敛的一些简单概念进行了说明。

- **第 17 章 "VLAN 技术"**，对虚拟局域网及相关的概念和协议进行了介绍，除了本章的主旨 VLAN 技术，我们还介绍了 Trunk、VTP 以及 VLAN 间通信的实现方式。最后，我们对新版 CCNA 大纲中出现的 SPAN 和 RSPAN 技术进行了简单的讲解。

- **第 18 章 "配置 STP"**，对 PVST 和用来将多条链路绑定为一条链路的以太网通道（EtherChannel）技术进行了介绍。如何配置和修改 STP 相关参数的方法更是本章的重点。

- **第 19 章 "第一跳冗余协议"**，解释了第一跳冗余协议（FHRP）的一般原理、概念和工作方式。同时也针对热备份路由器协议（HSRP），介绍了这种协议如何决定参与备份路由器的主备身份，以及 HSRP 对于抢占机制是如何规定的。

- **第 20 章 "网络架构设计"**，会通过不合理的 "扁平设计方案" 引出园区网常用的三层架构，并对每一层的作用进行了说明。接下来，为了引出数据中心的架构，我们对虚拟化技术进行了介绍，包括介绍了两类虚拟机管理器、容器和 VRF 的概念。在这一章的最后，我们从数据中心因虚拟化导致不同于园区网的流量模型这个切入点，引出了数据中心的 Spine-Leaf 架构，并对这个架构的优势进行了说明。

# 资源与支持

## 资源获取

本书提供如下资源：

- 本书思维导图；
- 异步社区 7 天 VIP 会员。

要获得以上资源，你可以扫描下方二维码，根据指引领取。

## 提交勘误

作者和编辑尽最大努力来确保书中内容的准确性，但难免会存在疏漏。欢迎读者将发现的问题反馈给我们，帮助我们提升图书的质量。

当读者发现错误时，请登录异步社区（https://www.epubit.com），按书名搜索，进入本书页面，单击"发表勘误"，输入勘误信息，单击"提交勘误"按钮即可（见下图）。本书的作者和编辑会对读者提交的信息进行审核，确认并接受后，将赠予读者异步社区 100 积分。积分可用于在异步社区兑换优惠券、样书或奖品。

| 图书勘误 | | | | ✎ 发表勘误 |
|---|---|---|---|---|
| 页码： 1 | | 页内位置（行数）： 1 | | 勘误印次： 1 |
| 图书类型： ● 纸书 ○ 电子书 | | | | |
| | | | | |
| 添加勘误图片（最多可上传4张图片） | | | | |
| + | | | | 提交勘误 |

## 与我们联系

我们的联系邮箱是 wujinyu@ptpress.com.cn。

如果读者对本书有任何疑问或建议，请你发邮件给我们，并请在邮件标题中注明本书书名，以便我们更高效地做出反馈。

如果读者有兴趣出版图书、录制教学视频，或者参与图书翻译、技术审校等工作，可以发邮件给我们。

如果读者所在的学校、培训机构或企业，想批量购买本书或异步社区出版的其他图书，也可以发邮件给我们。

如果读者在网上发现有针对异步社区出品图书的各种形式的盗版行为，包括对图书全部或部分内容的非授权传播，请将怀疑有侵权行为的链接发邮件给我们。这一举动是对作者权益的保护，也是我们持续为广大读者提供有价值的内容的动力之源。

## 关于异步社区和异步图书

"异步社区"（www.epubit.com）是由人民邮电出版社创办的 IT 专业图书社区，于 2015 年 8 月上线运营，致力于优质内容的出版和分享，为读者提供高品质的学习内容，为作译者提供专业的出版服务，实现作者与读者在线交流互动，以及传统出版与数字出版的融合发展。

"异步图书"是异步社区策划出版的精品 IT 图书的品牌，依托于人民邮电出版社在计算机图书领域多年来的发展与积淀。异步图书面向 IT 行业以及各行业使用 IT 技术的用户。

# 目　　录

如果你家电话坏了，需要买一台新的电话来替换这台坏掉的，那么只要你卡里的钱足够支付一台电话的费用，你就可以随便找一个购物网站下个订单。等电话送来之后，你再亲自把电话线插到新电话的插孔里，替换的工作就算大获成功了。只要有张信用卡，连学龄前的小朋友都能轻松完成这项工作。但不知你想过这个问题没有：甭管坏掉的那台电话是美国原装进口的 AT&T、德国原装的 Gigaset、荷兰原装的飞利浦、日本原装的松下，还是国产的步步高，也甭管你再买来的这台电话是哪国的产品，只要这玩意儿叫"固定电话"，你把线插好之后它都一样好用。这是为什么？现在把这个问题延伸一下思考：如果其他某个星球上也有智慧生命体，它们也**独立发展**出了和地球人一样发达的科技文明，科技文明的产品中也有电话一类的通信产品，而且这种通信产品所采用的技术和原理与地球上的一样，那么这台外星人生产的电话能够在地球使用吗？

乍一想，甭管哪里生产的电话，只要原理相同，拿过来都应该能用。如果外星人独立研发出了和地球上的汽车原理相同的机动车，那么只要能把它运过来，在地球上轱辘当然也能转。但稍微仔细想想，大部分人就应该会得出相似的结论："外星电话"在地球上应该是用不了的。

从宏观的角度上看，外星电话的接口大小几乎不太可能跟咱电话的接口相匹配。而接口不一样大，接头就插不进去；退一万步说，就算接头能插进去，外星人定义的编码转化方式也不可能和地球人定义的完全一样。比如说，对于地球人生产的固定电话，如果你用信号发生器同时产生 693 赫兹和 3336 赫兹这两个频率的声音，从听筒传进去，经过咱的电话转码，最终会拨出号码 0。这可不是自然规律，这是地球人之间为了相互交流而自己定义的通信规则。人家外星人也会有自己定义的规则（见图 1-1）。

这样一来，在其他国家生产的电话也能在国内使用，其原因就很清楚了。这是因为电话生产厂家都遵循了相同的规则，而这些规则来自与电话通信有关的标准，只有遵守这些标准生产出来的电话才能应用于电话通信网。而外星电话（就算有）之所以在地球上使用不了，那是因为人家没有参与制定咱地球人的电话通信协议，所以也不按照咱的规则生产电话。这也是我在上文特意用黑体字强调了"独立发展"这四个字的原因。

图 1-1　地球人与外星人的通信障碍

针对这个问题的思考不是无的放矢，而是为了说明一个道理：**通信是一项由多方参与的任务，因此要想实现通信，参与通信的各方必须在相关层面遵循相同的标准。**相较之下，双方是否使用了相同的通信**原理**反而并不是那么重要。

甚至可以推断，如果不是地理大发现之后，人类文明日渐走向一体化和全球化，而电话系统的功能又如此单一，很可能至今为止，一个国家生产的电话，到了另一个国家还是使用不了。

有证据吗？有！互联网发展史中，标准化的进程就是最好的证据。标准化的工作就是因为早期异构系统之间无法进行通信，才被推上议事日程的。

懂一点英文构词法的人都明白，所谓"Internet"其实是在"网"（net）这个词的前面加了一个前缀"Inter"，而这个前缀表示的就是"相互"。所以，无论把 Internet 翻译成"互联网"还是"网际网络"都是十分贴切的。一言以蔽之，Internet 就是连接网络的网络。

既然互联网是连接网络的网络，显然说明在互联网产生之前，网络就已经存在了。在早期计算机网络中，最为著名的是阿帕网。这个网络自 1969 年开始投入运营，它最初只是将位于美国西部四所高校内的核心计算机连接了起来。到了 20 世纪 70 年代，阿帕网希望能够进一步与其他节点进行互联。这时，它遭遇了我们在前文中试图通过外星电话解释的那个问题：标准化。正是标准化方案的欠缺，制约了阿帕网的发展。但也是在那个年代，更多机构建立了自己的独立网络。从那时起，人们意识到一个问题：要想实现各个网络的广泛互联，就必须对这些有计算机参与的通信系统进行标准化。于是，通信的标准化模型及协议栈就开始在那个时期酝酿。20 世纪 70 年代中后期，TCP/IP 协议栈应运而生。标准化方案的出台为网络互联提供了基础。1986 年，基于 TCP/IP 协议栈的 NSFnet 建立，在美国国家科学基金会的鼓励与资助下，许多机构将自己的局域网并入 NSFnet 中。从那时起，网络互联就成了一种不可逆转的趋势，并将深刻影响人类文明的发展进程。

综上所述，在互联网发展的过程中，对网络的通信方式进行标准化的工作厥功至伟。在接下来的两章中，我们会向即将开始了解这个技术世界的读者介绍网络世界的**标准**。这两章的内容就像一本漫画或者小说的前情提要，或者一部电影的开场白，虽然难免乏味，却必不可少。

那么，在深入讲解 OSI 和 TCP/IP 这两个模型所具有的划时代意义之前，让我们先来了解一个术语：协议。

## 1.1 协议与协议分层

上文说过，**设备之间要想进行通信，必须遵循一套相同的通信标准，而这个标准就是"协议"**。鉴于协议的作用是保障通信设备不会自说自话，因此很多同类图书会将协议比作计算机之间交流的"语言"。只有遵循"协议"制定的传输标准，网络中的所有设备才可以相互通信，否则就会遇到鸡同鸭讲的尴尬局面。

下面说说啥叫**协议分层**。

我不说估计你也知道：计算机网卡上连接的那根 5 类线只能传输电信号，别说传不了照片、声音、视频、文字，就连数字也没法传输。所以，如果你需要通过它把照片、声音、视频、文字传输给朋友，就得用你的那台计算机把这些照片、声音、视频、文字用电信号描述出来，再通过这根线发送出去。这些电信号经过繁多的网络设备，最终转发到你朋友面前的那台计算机连接的 5 类线中。于是，你朋友的计算机也就通过这根 5 类线接收到了描述这些照片、声音、视频、文字的电信号，然后由这台计算机再把它们解读成原先的照片、声音、视频、文字。

然而，你要是认为上面的过程就是通信的全部，那么会忽略通信过程中最重要却最容易被人们遗忘的环节。

我在部队大院里长大，院里的服务社旁边有个邮筒。我们家在上海、无锡等地都有亲戚。小时候，家人经常带我去给亲戚寄信，但寄信这件事让年幼的我对邮筒这个东西产生了莫名的好奇。我相当有把握地以为，只要把信投到了邮筒里，信就会沿着邮筒下面那根空心的柱子，一直飞到收信人那一边（见图 1-2）。所以，我很好奇邮筒是怎么让装在里面的信件突破万有引力定律，沿着地下四通八达的通道飞到各地邮筒中的。五岁的一天，我路过邮筒，惊讶地发现有一个穿着制服的叔叔把里面的信件都掏了出来，装在一个大麻布袋子里！我向邮筒里探头张望时，清楚地看到里面根本没有什么通道。那一刻，我感到自己幼小的心灵被无情地欺骗了。我愤怒地冲过去质问那个叔叔，是不是所有的信都是他假装成亲戚回复给我们的。

伪装成收信人回复信息这种事，在网络技术领域中倒是真实存在的，属于通过中间人攻击（MITM）实现欺骗攻击的一种网络攻击方式。但在现实世界中，除了政、商大咖和各国特工，恐怕也很少有人会遇到这种糟心事。那个身穿制服的叔叔大概认为这孩子简直是无理取闹，关上邮箱一溜烟跑了。是奶奶后来在晚上看电视的时候给我解释了整个通信的过程。原来，信件在传递的过程中并不是只由收发双方经手，中途还要经过很多人的转发。

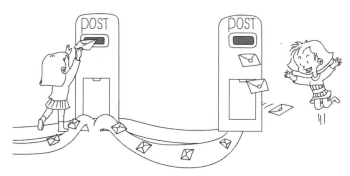

图 1-2 我所理解的寄信过程

既然信件不是写信人与收信人之间的直接对话，网络通信当然也不是。但是当用户通过网络进行远程通信时，他们也会自然而然地忽略中间的过程——遗忘那些跨越万水千山为他们转发信息的设备，尽管这些设备客观存在。当然，这些"网络邮递员"设备和我们那些连着鼠标、键盘、显示器的家用计算机在职能上相去甚远。用户发送的数据在转换成电信号发送给这些设备时，也需要经过它们的解读才能转发，就像邮递员也得看过信封上的地址才知道该把信件送去哪里的道理一样。

以很多人熟悉的 QQ 为例，我们都知道 QQ 不光可以传输文字，还可以传输图片、文件，甚至还能实现语音、视频通话。那么这些文字、图片、声音和图像是以什么形式在网线中传输的呢？就像前面所介绍的那样，这些数据是以电信号的形式在网线中传输的。而在 QQ 通信的例子中，数据是经过了多种协议的处理，经历了多重形式上的改变，历经了多台设备的转发，最终才到达目的地，并以正确的形式展示给你的朋友。在这个过程中，信息每穿越一台设备，就必须经过一些由电信号转换为数据、再由数据转换为电信号的过程。

这个过程光是想想就觉得头大，但它还涉及了一系列的问题，比如下面列举的情形。

- 我们的计算机需要知道去对方计算机的具体路径吗？
- 中间的传输设备需要了解我们双方的聊天内容吗？

这就像是在问：当我向邮筒里投入信件的时候，我自己需要知道怎么去这些亲戚家吗？邮递员需要知道信件的内容吗？

答案应该没有争议：不需要。

在通信的过程中，让所有参与通信的设备都具备所有能力、获得所有信息，这既不可能也不必要。我们的计算机只管捕捉声音和图像，中间传输设备只管将数据传输到正确的目的地。**它们是工作在不同层面的设备。**

只通过设备解释分层的问题，未免失之肤浅，我们再深入一步，尝试在一台设备内部解释一下分层的原因。

我每个月都会收到某银行信用卡中心发来的信件，内容无非是推荐我购买什么乱七八糟的奢侈品，或者消费什么五花八门的服务。那家银行告诉我，拥有他们银行白金、黑金信用卡的客户就会收到这种信件。我不自恋，确定自己不是这个星球上唯一一个拥有这家银行高端信用卡的客户，甚至亲眼看过 YESLAB 的总裁余建威老师在请客吃饭的时候刷过卡面和我这张完全相同的信用卡。我估计，余老师每个月也会和我一样花几秒来拆开一封类似的信件，再花十几分钟浏览其中那些让人眼花缭乱的彩页，最后用几秒时间把这封信丢进废纸篓。但就这家银行来说，每个月恐怕得发非常多这类信件。那么，银行内部的流程是什么样的呢？

如果在你的脑海中是这样一幅场景，那么你一定不太擅长管理类工作：在某机构，汇聚了很多负责向信用卡客户发送信件的人员，他们每个人的工作流程都是相同的——每个人分别设计一封这样的信件；然后对它进行排版；再把它印刷出来；接下来打印一个信封，把信装进信封封好；最后去邮政部门投递出去。于是，该机构到最近的邮局之间有一支长长的队伍，每人手里都拿着一封等待投递的信件（见图 1-3）。

图 1-3　排队投递信件

如果这还不能定义为荒唐，我对"荒唐"这个词的理解一定有偏差。

但我毕竟不为这家银行工作，所以也不敢肯定他们的流程到底是什么样的。为了写本书，我还专门请教了这家银行的理财经理。他告诉我，虽然他也不太了解这类事务，但他估计流程是这样的：信用卡中心的市场部门有专门的市场人员负责设计这封信件的内容，然后交给设计部门的人员对内容进行排版，再由某家印刷公司的员工把它们印刷出来，同时安排另一些人员按照客户的姓名和住址印制信封，此后由专人把信封封好，再由邮政或快递公司取走这些信封。

上述两种工作机制哪种更优秀不言自明。这说明了一个道理，**当一个问题比较复**

杂的时候，最好的方法就是把它按照逻辑分成很多部分或者很多步骤，然后分别交由具有专门功能的机制来处理。如果我们把银行看成一台计算机，把最终发出来的信件解释成信息，你会发现这封信在交给快递之前的处理过程就是**分层**完成的。

如果除了效率，你还需要别的理由来理解**分层处理的优越性**，我再介绍两点。

- **容易排错**：如果有一天，信用卡中心的负责人接到投诉，发现有些客户没有及时收到这封信，他/她只要看一看处理过程卡在了哪一步，就可以立刻进行处理，否则只能进行全面排查。

- **可以分别对各层的工作进行调整和替换**：比如有一天，信用卡中心的负责人突然意识到有另一家快递公司比他们目前使用的这家更便宜，那么他/她只需要告诉负责将信发送给快递公司的人员就可以了。

同理，让计算机和传输设备分别使用不同层级的协议，实现不同的功能，这种"铁路警察，各管一段"的做法不但效率更高，而且在出现问题时也能够更好地定位问题涉及的范围，便于排错。更重要的是，技术管理人员可以针对某一层中的技术进行更新和替换，协议设计人员也可以针对某一层来设计相关的程序和标准。

关于协议分层，我们说了这么多的内容。在下一小节中，我需要介绍一个无法回避但同时也是最知名且最不靠谱的分层模型。

## 1.2　OSI 参考模型

在讲课的过程中，我往往极不情愿介绍 OSI 参考模型，因为我很怕学生向我提问一些我答不出来的问题。答不出来还好，诚实地说一句"不知道"，倒也一了百了。就怕学生问一些貌似简单，我也能回答上来的问题，但我的答案明显是一些人云亦云的说法，无法就其中的细节给予更加深入的解释。为什么会出现这类尴尬情况呢？因为 OSI 参考模型是一个**理论参考模型**，而且真的是"仅供参考"，人们对于它的解读基本来自**定义**，而不是对于经验的总结。此外，它诞生的背景据说很不靠谱。

不靠谱到什么程度？

想象这样一个场景：一个新入行的同学拿着一份需求来咨询我某个企业网络应该划分成几个子网。我跷着二郎腿，吃着麻辣味的太阳锅巴，眼睛直勾勾地盯着电视上正在播映的《葫芦娃》，看也不看他的需求，不假思索地告诉他："分 7 个"。这个同学一边思考着为什么是"7"，一边愣愣地注视着电视上正在和蛇精斗智斗勇的葫芦兄弟们，瞬间恍然大悟，扭头就走。一边走一边说："得亏这家伙看的不是《水浒》。"

就是不靠谱到这种程度。

OSI 模型设计之初，参与设计的人倒是没看《葫芦娃》。但据说人家当年讨论应该把网络分成几层时，碰巧聊到了白雪公主与**七个**小矮人的故事，于是就有了我们现在的 OSI 七层模型。从这个角度看，我们可以得出一个结论：生于 18 世纪的格林兄弟深刻改变了网络发展的历史。在这个 OSI 七层模型中，最为人们所诟病的是上三层在功能上进行分类的必要性。读者在网络技术领域接触的信息越来越多，就会发现 OSI 模型的第五层和第六层在工作中甚少有人提及。

当然，不管 OSI 模型有多不靠谱，它依然顽强地活在大学教材及工程师们似是而非的称谓中，甚至有愈演愈烈之势。就冲这一点，OSI 模型仍然是一个需要大书特书的话题。具体而言，**这个为了对异构网络进行标准化而自 20 世纪 70 年代开始起草，并最终于 1984 年发布的参考模型明确区分了服务、接口和协议这三个概念。在这个逻辑的分层结构中，每一层会接受下一层所提供的服务，并且向上一层提供服务。接受和提供服务是通过服务访问点（SAP）来实现的，而具体的服务是通过协议来实现的。**

在前文中，我们已经通过信用卡中心的例子说明过分层模型的工作方式了，下面我们再次通过经典的邮局示例来深入解释一下这个理念。这个例子才是各大高校和培训机构常用的例子。

如图 1-4 所示，甲地的写信人 A 通过邮局给乙地的收信人 B 寄出一封信。根据下层为上层提供服务的理念：邮局是 A 的下层，运输部门是邮局的下层。假设 A 与 B 这两个人都用中文写信，各地邮局使用相同的规则来收发信件，这说明了同一层之间使用的协议（语言和收发信件的规则）是相同的。A 并不关心邮局是如何把信件从甲地发送到乙地的。也许邮局本来通过陆运方式发送信件，而现在改用空运方式发送信件，但只要 A 把信件扔进邮筒中，信件就会被送达 B。而甲地邮局也无须知道信件里的具体内容，它所关心的是如何把信件发送到乙地邮局。这个案例很好地说明了各层之间的独立性。

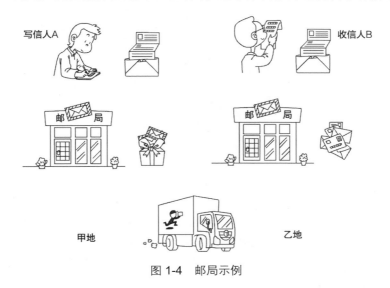

写信人A　　　　　　　　　　　　　收信人B

邮　局　　　　　　　　　　邮　局

甲地　　　　　　　　　　　乙地

图 1-4　邮局示例

**OSI 参考模型把网络通信所需的所有功能，从上到下定义了七个层级**，并且分别定义了这些层级可以提供哪些服务，能够实现哪些功能等（见图 1-5）。我们刚刚说过，OSI 模型只是一个概念模型，它并没有提供实现这些功能的方法。因此就某个具体的协议而言，它也不一定能够提供 OSI 为该层定义的所有服务；同样，一个协议是否只能按照 OSI 对该层的定义来提供服务，答案也是未必。如果一个协议既具有第七层的一部分功能，又具有第六层的一部分功能，那它到底属于第几层协议呢？更诡异的情形是，如果一个协议从封装数据包的角度来看属于第七层协议，但从功能的定义上却属于第三层或第四层的协议，它又该属于第几层的协议呢？这也是在讨论一些协议时，工程师们经常会争论的地方。在后文涉及这种情况时，我们会提供一些模棱两可的解释。但我们的建议是，读者大可不必过于纠结这种分类。分层模型固然重要，具体协议仅供参考。

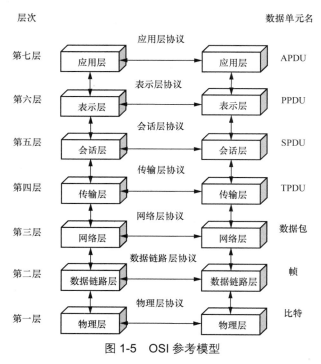

图 1-5　OSI 参考模型

　　不管作者本人如何看待 OSI 模型，一旦涉及写作出版网络技术类教材，还是不得不把各层的功能分别解释一番，各类网络技术读物概莫能外。本书当然不能免俗。在介绍 OSI 模型各层的功能划分时，一般有两种思路：一种是从应用层介绍到物理层，这种方式称为自顶向下；另一种是从物理层介绍到应用层，这种方式称为自底向上。鉴于后者比较适合刚刚踏入网络技术世界的读者，因此**我们将采取自底向上的方式对这七层的功能进行介绍**。

## 1.2.1　物理层

　　物理层（Physical Layer）虽名为"物理"，实际上还是一个逻辑层，与看得见摸得着的"网线"可不是一回事。但作为 OSI 模型中的最底层，物理层所关注的内容也确实与物理介质相关：它定义了数据连接的电气和物理特征。下面我们用通俗的语言解释一下**物理层**的作用。

它定义了一台设备与物理传输介质（比如光纤或双绞线）之间应该如何沟通，其中包括用什么信号状态来表示比特 0 和比特 1、表示一个比特的信号需要持续多长时间、网络连接器（也就是网线的那个插头）有多少个针脚以及每个针脚有什么作用、可以使用哪些物理介质进行传输等。它还定义了两台直连设备之间应该使用哪种协议来建立和拆除物理层连接、传输模式是什么（比如全双工或半双工）等。当然，这里所说的物理传输介质不仅可以是各类物理线缆，也可以是空气（无线射频）。

在物理层中传输的交换单元是比特。典型的物理层协议有 RJ-45（定义了以太网链路的物理层协议）、RS-232（定义了串行链路的物理层协议）、ISM（定义了 Wi-Fi 和蓝牙的物理层协议）。

## 1.2.2　数据链路层

数据链路层（Data Link Layer）接受物理层提供的服务，同时也为网络层提供服务。数据链路层的功能是在广域网中实现相邻网络设备之间的连通性，以及在局域网中实现网络设备之间的连通性。点到点（双点）连接中使用的 PPP 就是一种数据链路层协议，局域网（多点）中使用的以太网协议也是一种数据链路层协议。这些内容都会在后面的章节中展开介绍。

除了建立和终结二层链路的功能，数据链路层协议也可以负责检查设备接收到的数据帧是否完整。它可以重传未经确认的帧并处理重复的帧请求，以此检测和纠正物理层中的错误。此外，数据链路层的功能还包括帧流量的控制和管理。

数据链路层交换单元的名称是帧。典型的数据链路层协议有 802.2、802.3、HDLC、FR 及 PPP。

## 1.2.3　网络层

网络层（Network Layer）可能是读者最为熟悉的一层，它依赖数据链路层来实现直连设备之间的二层通信，并在此基础上扩大了服务范围：**网络层能够实现一个或多个网络中的两个设备之间的通信。**

**网络层还提供寻址功能**，毕竟网络中的每台主机都必须通过地址来明示自己的身份和位置。另外，网络层也决定了如何把数据包从源发送到目的地，但网络层的数据传输并不是可靠的，因此有时候需要使用上层协议来弥补网络层在可靠性上的不足。

除此之外，对过大的数据帧进行分段，并在接收端将其重组也是网络层提供的功能之一。

**网络层交换单元的名称是数据包**。IPv4/IPv6 就是典型的网络层协议，除此之外还有 ICMP、IGMP、PIM-SM、PIM-DM 等。

### 1.2.4　传输层

前面提到，网络层并不负责确保数据传输的过程和结果是可靠的，这就需要**传输层（Transport Layer）来确保消息无错、有序、无损或无重复地传输**。以快递公司为例：假设上海 YESLAB 的老师要把 Cisco NCS 540 路由器快递到北京 YESLAB，他在快递单上写好地址，把设备交给快递人员。快递人员会在路由器外面添加一层快递公司的包装，一方面保证设备不会受损，另一方面会注明送到北京哪个快递投递站。

快递公司除了有一套标准的包装和运送流程，还可以针对特殊需求提供特殊服务。比如在运送易碎物品时，可能会对物品进行额外包装，并且这种包装服务有时还与路况相关，比如全程高速和全程山路的包装肯定不一样。像这种针对路况提供不同级别服务的情况，也适用于传输层。传输层会根据其下一层的特征提供不同的服务，并导致传输层协议的适用范围和复杂程度各不相同。

传输层有一些协议是面向连接的，**也就是说它可以追踪数据的传输状态，并在传输失败后重新传递。它提供了一种成功传输数据后的确认机制，源端设备能够在目的端设备成功收到数据后，再发送下一个数据。传输层还提供流控功能**，可以在一条逻辑链路上传输多条数据流（快递人员的电瓶车里装了多个人的包裹），并跟踪维护每条数据流的信息（把这些包裹正确送到目的地）。

传输层交换单元的名称是 **TPDU**。尽管 TCP 和 UDP 并不是基于 OSI 参考模型开发的，也并没有严格遵从 OSI 对于传输层的定义，但我们在讨论 OSI 参考模型时，还是会把它们归类为传输层协议。

### 1.2.5　会话层

除非你从事 IP 语音、视频会议等方面的技术工作，否则一定很少在工作中听到有人提到会话层。实际上，**把会话层和表示层并入应用层所形成的五层模型，才是业内最为常用的参考模型**。那么，在 OSI 模型设计之初，设计人员准备给会话层安排一个什么样的职能呢？

如果说第一层到第四层解决的都是设备连通性问题：第一层解决了设备与传输媒介之间的连通性；第二层解决了直连或同网段设备之间的连通性；第三层解决了网络范围内所有设备的连通性；第四层提高了连通的稳定性与安全性，那么第五层会话层（Session Layer）的本意自然是在此基础上更上一层楼。因此设计者原本给它定义的功能是控制终端用户应用程序之间的会话。

为了更直观地理解会话层的具体作用，我们来看这样一个例子：在多人参与的网络视频会议中，要想在听到讲话人发言的同时看到讲话人的图像，就需要会话层将音频流和视频流混合到一起。不仅如此，会话层还负责确保语音和图像是同步的。还是在这个环境中，与会者都可以自由发言，要想在所有与会者的屏幕上，根据发言者的不同相应地切换图像显示，也需要会话层提供的服务。

会话层交换单元的名称是 SPDU。典型的会话层协议有 H.245，这是 H.323 协议栈中负责多媒体连接控制的协议；还有一个实时传输控制协议 RTCP 也可以对应会话层；另外 NetBIOS 所提供的功能也与会话层的作用相关，因此它也工作在会话层。

## 1.2.6 表示层

表示层（Presentation Layer）旨在将复杂的数据结构转化为扁平的字节串格式，这种转化过程称为串行化。

表示层还是网络中的数据"翻译官"。比如一台使用 EBCDIC 码的计算机要和一台使用 ASCII 码的计算机进行通信。对于小写字母"a"来说，EBCDIC 将其表示为 0x81，ASCII 将其表示为 0x61。这时就需要表示层从中进行数据"翻译"，来确保从一个系统的应用层发出的信息，可以被另一个系统的应用层正确识别。除此之外，表示层还提供压缩、加密和解密的功能。

表示层交换单元的名称是 PPDU。ASCII 和 EBCDIC 就可以理解为表示层协议，因为它们所提供的功能与 OSI 对表示层的描述相关。但有时对于一些应用层协议来说，很难区分表示层和应用层，比如 HTTP，人人都说它是应用层协议，但它实际上也提供了与表示层相关的功能（识别字符编码）。

## 1.2.7 应用层

OSI 参考模型对应用层（Application Layer）的定义是，将其用作用户接口，负责将接收到的信息呈现给用户。应用层会向表示层（向下）发出请求，同时负责向应用进程（向上，不属于 **OSI** 定义的范畴）提供服务。应用层包含的功能有资源共享、远程文件访问、远程打印访问、网络管理、网络虚拟终端等。比如大家浏览网页时所依赖的 HTTP 和 DNS 就是应用层协议。

应用层交换单元的名称是 **APDU**。典型的应用层协议及应用有 HTTP 和 Telnet。

虽然我们花大量的篇幅分别对这些或有用或没用的分层进行了详细的介绍，但并不推荐读者把大量的时间浪费在深入解读甚至记忆这些内容上。我们的建议是，希望读者能够在理解各层功能的基础上，深入体会协议分层的理念。套用前文中信用卡中心的例子，网络的层次划分主要会带来如下几点利好。

- 弱化问题的复杂程度，一旦网络发生故障，可迅速定位故障所处层次，便于查找和纠错。
- 在各层分别定义标准的接口，使对等层的不同网络设备能实现互操作，各层之间则相对独立，同一种高层协议可放在多种低层协议上运行。

■　能有效刺激网络技术革新，因为每次更新都可以在小范围内以"模块化"的方式进行，无须对整个网络动大手术。

■　便于研究和教学。

有了这个复杂的七层结构作铺垫，下面我们可以轻松愉快地进入另一种网络体系结构的介绍环节，那就是 TCP/IP 参考模型。

## 1.3　TCP/IP 参考模型

前面说过，OSI 模型没有定义每一层的服务和协议。更重要的是，OSI 模型在业内几乎就只是一个"大帽子"。除了人们在讨论理论问题时，谈到"第 X 层"中的"X"是参考的 OSI 模型外，OSI 模型几乎没有什么其他的实用价值。而 **TCP/IP 参考模型**则不同，这个模型是对已有 **TCP/IP** 协议栈所进行的描述，而且这个模型广泛应用于全球互联网网络中。所以，OSI 模型就像一张设计不甚合理又缺乏核心参数的建筑设计图，因此基本没人尝试用它盖过楼；而 TCP/IP 协议栈就像一栋没有了设计图纸的实际建筑，人们会根据自己的需要对这栋楼进行测绘，以还原图纸的设计。

那么 TCP/IP 模型这张图纸还原之后长什么样子呢？这个模型只包含了四层，具体如图 1-6 所示。

这四层体现在示意图中有宽有窄，宽窄间体现的是它与 OSI 模型之间的对应关系。前面我们已经用大量的篇幅介绍了 OSI 模型的功能，对于 **TCP/IP** 参考模型而言，它的网络接口层就相当于 **OSI** 模型中物理层与数据链路层的结合；而 **TCP/IP** 模型的应用层则融合了 **OSI** 模型上三层

图 1-6　TCP/IP 参考模型

的功能。因此，如果我们在这里再像介绍 OSI 模型那样逐层介绍 TCP/IP 模型，行文难免累赘。为简化起见，这里用表 1-1 对 TCP/IP 模型中各层的功能进行了总结。

表 1-1　　　　　　　　　　　　　　TCP/IP 模型的功能

| 分层 | 功能 |
| --- | --- |
| 应用层 | 为用户表示应用数据 |
| 传输层 | 支持设备间的通信和执行错误纠正 |
| 网络层 | 确定网络的最佳路由 |
| 网络接口层 | 控制网络的硬件设备和介质 |

在了解了 TCP/IP 模型的分层方式之后，读者完全可以对这两个模型之间的异同进行一下总结。总的来说，这两个模型的相同之处体现在分层的理念上，其中包括：

■　两者都以协议栈的概念为基础；

■　协议栈中的协议彼此相互独立；

■ 下层对上层提供服务。

它们的区别则包括：

■ **OSI** 先有模型，而 **TCP/IP** 则是先有协议，后有模型；

■ **OSI** 模型适用于各种协议栈，而 **TCP/IP** 只适用于 **TCP/IP** 网络；

■ 层次数量不同。

如果把这两个模型放在一起进行对比，任何人都会轻松地得出一个结论，那就是 OSI 七层模型的分层过"碎"，它对很多可以进行融合的功能进行了过细也过于理论化的区分；而 TCP/IP 四层模型却又稍"糙"，下层一些本该进行区分的功能没有通过这个模型体现出来。因此，最好能有一种折中的分层方式为人们所用，这是我们下一节将要介绍的重点。

## 1.4 TCP/IP 五层模型及数据封装与解封装

最后，我们来说点实际的。在实际使用中，功能区分最科学的模型既不是 OSI 七层参考模型，也不是 TCP/IP 四层参考模型。这里就要回到我们在前文中至少三次提到的一个概念，那就是**在学习和工作之中，我们通常使用**上述两种模型的混合体，也就是 **TCP/IP 五层模型来分析协议和描述问题。**三个模型的对应关系如图 1-7 所示。

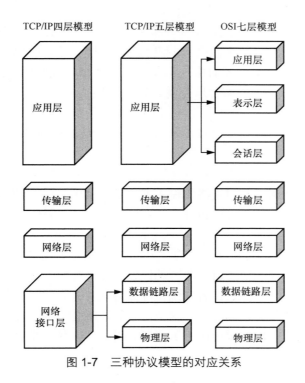

图 1-7 三种协议模型的对应关系

这个 TCP/IP 五层模型才是最为实用的模型，它也最有利于读者理解和掌握数据在通过网络进行传输前后，需要经过怎样的处理流程。下面就以这个 TCP/IP 五层模型，来介绍网络通信过程中数据的封装与解封装过程。这个过程对于后面的学习比较重要，但又难以与现实生活中的行为进行合理的类比，因此读者务必在这里打起精神。

言归正传，如果套用五层模型，那么数据在通过线缆发送出去之前，需要经过的处理如下。

1. 当应用程序消息需要使用网络服务时，该消息会先经过应用层的处理，然后发送给传输层。

2. 在传输层，消息被拆分为**分段**，并在每一分段的头部添加控制信息，这既可以让每个分段都能指派给正确的进程，也可以让目的地设备能够按顺序重组所有分段。传输层头部携带的信息还会对同一链路传输的不同应用的数据进行区分，能够确保将数据与应用正确地关联在一起。

3. 网络层会在数据段的头部添加网络层信息，比如地址信息（目前基本都是 IP 地址信息），将其封装为**数据包**。网络层地址为逻辑地址，通常能在一定的范围内唯一地标识一台主机。网络中的路由器通过处理网络层添加的信息，将数据包路由到正确的目的地址。

4. 在数据链路层，数据包的头部会添加上帧头信息，尾部会添加上相关的校验信息，然后数据包会被封装成**帧**。对于不同的数据链路层协议，如以太网、WLAN 等，帧的格式不完全相同。帧尾校验信息能够检验出数据帧在通过网络介质传输后是否还具备完整性，从而为上层提供无错的数据传输服务。

5. 在物理层，数据帧会被编码成能够在介质上传送的**比特流**，并一路发送到目的地。

通过上述过程可以看出，在封装过程中，数据从上层至下层，会依次添加上相关的控制信息。而当数据通过网络传输，到达目的主机之后，对方的主机则会相应地执行解封装的过程。在解封装的过程中，封装时添加的控制信息被逐层去除，最终还原成原始的应用程序消息。

图 1-8 用图形的方式展示了数据封装与解封装的过程。

至此，我们在这一章要讲的内容就已经全部呈现在了读者面前。本章的内容相当理论，对于没有工作经验的读者来说，难免会认为这些内容对于实践的指导作用相当有限。事实并非如此，对"协议"这个概念的理解会影响读者此后的阅读体验，而对于分层模型及其作用的掌握则决定了读者此后在从事网络技术类工作时，能否做到有条不紊，甚至做到多快好省。

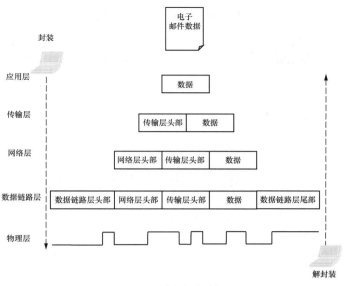

图 1-8　封装与解封装

## 1.5　总结

本章对应的 CCNA 考点：

无。

是的，你没有看错，如此冗长、枯燥的一章竟然没有对应任何 CCNA 考试的考点。这让我想到我读大一时，体育课选择的项目是足球，结果前两节课老师安排的项目都是变速跑。确实，没有任何一场足球比赛是依靠球员跑动的距离决定胜负的，但也没有任何一场足球比赛不依赖球员跑动来赢得胜利。

本章的内容之于 CCNA 恰似跑动之于足球比赛——它是一切后续"技术动作"的基础。

在网络中，主机和主机之间要想进行通信，需要网络上的所有设备都讲相同的"语言"。然而网络通信的过程十分复杂，完整而单一的"语言"——协议，在设计和实现过程中均存在众多的困难，因而需要对网络通信协议进行分层。

OSI 参考模型和 TCP/IP 参考模型作为经典的网络协议分层模型，基于分层设计的思想，描述了网络协议在网络通信过程中的具体作用。

TCP/IP 五层模型作为人们在学习和工作中经常使用的分层模型，为人们对网络协议和网络问题的描述带来便利。通过 TCP/IP 五层模型，人们可以更清晰地分析应用数据沿协议栈经历的封装与解封装过程，更好地理解网络通信的过程。

## 本章习题

1.　OSI 参考模型中的哪一层负责完成以下工作：对接收到的数据帧进行校验和

　　的计算，如果发现数据帧遭到了破坏，就丢弃它。

  a. 物理层

  b. 数据链路层

  c. 网络层

  d. 传输层

  e. 会话层

  f. 表示层

  g. 应用层

2. OSI 模型中的哪一层负责完成以下工作：ASCII 与 EBCDIC 之间的转换。

  a. 物理层

  b. 数据链路层

  c. 网络层

  d. 传输层

  e. 会话层

  f. 表示层

  g. 应用层

3. OSI 参考模型中的哪一层负责将数据放到实际的传输媒介上？

  a. 物理层

  b. 数据链路层

  c. 网络层

  d. 传输层

  e. 会话层

  f. 表示层

  g. 应用层

4. OSI 参考模型中的哪一层负责将各种信息呈现给用户？

  a. 物理层

  b. 数据链路层

  c. 网络层

  d. 传输层

  e. 会话层

  f. 表示层

  g. 应用层

5. OSI 参考模型中的哪一层负责处理与路由相关的任务？

  a. 物理层

  b. 数据链路层

    c. 网络层

    d. 传输层

    e. 会话层

    f. 表示层

    g. 应用层

6. TCP 和 UDP 是 OSI 参考模型中哪一层的典型协议？

    a. 物理层

    b. 数据链路层

    c. 网络层

    d. 传输层

    e. 会话层

    f. 表示层

    g. 应用层

7. OSI 参考模型中的哪几层汇聚成了 TCP/IP 参考模型的应用层？（选择三项）

    a. 物理层

    b. 数据链路层

    c. 网络层

    d. 传输层

    e. 会话层

    f. 表示层

    g. 应用层

8. 正确描述了 OSI 模型中数据封装过程的是哪两项？（选择两项）

    a. 数据链路层负责添加源和目的物理地址以及 FCS

    b. 网络层负责创建数据包，它使用源和目的主机地址以及与协议相关的控制信息，来封装数据帧

    c. 网络层负责创建数据包，它把第三层地址和控制信息添加到数据分段上

    d. 传输层负责将数据流分解为数据分段，还有可能会为其添加一些可靠性信息和流控制信息

    e. 表示层负责将比特翻译成电压，并将其传输到物理链路上

9. 路由器、交换机和集线器分别工作在 OSI 参考模型的第几层？

    a. 1、2、3

    b. 3、2、1

    c. 3、1、2

    d. 3、2、2

# 第2章

# TCP/IP

在上一章，我们郑重其事地介绍了 OSI 七层参考模型，并浓墨重彩地讲述了其中每一层负责提供的功能。OSI 模型"出身名门"、条理清晰，只有一个"小小的"缺点，那就是一直没人太拿它当回事儿。所以，如果对它太认真，你就输了。

我们是有职业精神的，因此在介绍 OSI 模型时反复强调了这个模型是如何"曲高和寡"。我们在上一章中花大篇幅介绍 OSI 模型有三个目的：一是延续各类技术教材的惯例，以免将本书作为技术开蒙读物的读者在与别人讨论技术问题时，因全然不了解 OSI 模型而**被视为**十分业余；二是为了让这本冠以"CCNA 教材"之名的作品能够勉强契合 Cisco 认证体系的教学大纲，不至于洋洋千言，却离题万里；三是最为重要的一点，为了让读者能够凭借这个将功能划分得最为细致的模型，深入理解"协议分层"的概念及其存在的必要性。

除了 OSI 模型，我们在第 1 章还介绍了另外一个更切合实际的分层模型：TCP/IP 模型。传统的 TCP/IP 参考模型定义了四个层级，从下至上依次为网络接口层（第一层）、网络层（第二层）、传输层（第三层）和应用层（第四层）。

读者可以通过图 2-1 回忆 OSI 模型与 TCP/IP 模型之间的对应关系。

注意：图 2-1 中 TCP/IP 模型各层的命名方式很吊诡？其实，**TCP/IP 模型中的各层还有另一套命名方式**，这套命名方式来自 **TCP/IP** 模型的前身，称为 **DoD** 模型。DoD 模型其实颇有一些历史可以介绍，但如今按照 DoD 的命名方式提及 TCP/IP 模型诸层的业界人士已然越来越少，我们也不打算在这里多费笔墨。为免读者在读过本书之后对 TCP/IP 模型中各层的另一套命名方式一无所知，我们在图 2-1 中直接引用了某幻灯片中的称谓。但在本书后文中，为统一起见，我们将继续使用最为常用的命名方法。图 **2-1** 中的命名方式有可能会出现在 **CCNA** 的考试中，读者要留意理解。

TCP/IP 模型与 OSI 模型的最大区别之一是，TCP/IP 模型并不是一个凭借想象力设计出来，然后就交给人们去套用的理论模型，而是对已有的 TCP/IP 协议栈所进行的描述。TCP/IP 协议栈是诸多网络互联协议的集合，并以其中最基础的两个协议（TCP 和 IP）进行命名。除了这两个核心协议，TCP/IP 协议栈中还有很多其他协议。这些协议协同工作，构建了基本的网络互联框架，为不同应用层协议实现各自的目标打下了通信基础。

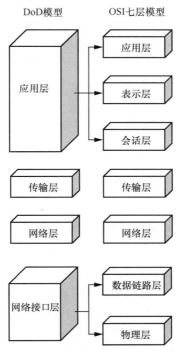

图 2-1　OSI 模型与 TCP/IP 模型（DoD 模型）的对应关系

　　应用层协议相当丰富，就连许多普通用户也对一些应用层协议耳熟能详。比如在门户网站上浏览新闻时使用的 HTTP，在网上银行交易纸黄金时所使用的 HTTPS，下载各类视频时所使用的 FTP，皱着眉头参照家用宽带路由器说明书进行配置的 DHCP，都属于应用层协议。这些贴近最终用户的协议，是希望成为**系统工程师**的读者应当着意钻研的课题，但它们并不是 Cisco 路由交换认证体系中的重点，在本书中也不准备作为重点进行介绍。我们在这一章的重点是对工作在下三层同时又对网络通信发挥着至关重要作用的五大协议进行介绍，它们分别是 TCP、UDP、IP、ICMP 和 ARP。

　　先抑后扬，让我们从最复杂的 TCP 说起。

## 2.1　TCP 概述

　　第 1 章介绍传输层的时候提到，传输层的某些协议是"面向连接"的，所谓的"面向连接"是指这个协议可以追踪数据的传输状态，并且可以在传输失败的时候对数据进行重传，而本节要进行介绍的 **TCP** 就是面向连接的协议。**TCP** 的中文全称是"传输控制协议"，这种协议可以给上层应用提供一种可靠的传输机制。通俗地说，就是通过这家快递公司发件，它可以通过追踪包裹的实时状态来监控投递进度，就算对方因为某种原因没有收到，它也会再次上门投递。

## 2.1.1　TCP 的头部格式

在 1.4 节中，我们按照 TCP/IP 五层模型对数据从应用程序发送的消息转化为比特流的过程进行了解释。从本章开始，读者就要开始深入了解"封装"的操作方法。为此，我们需要先"引见"几个基本的术语。

既然称为"封装"，那么这个数据在经历各层的处理时，会由相应的协议在这个数据"周围"添加一些"补充说明"，以便接收方在解封装时看到这些补充说明，从而执行一些相应的功能。当然，设备给数据添加"补充信息"时并不能任性，它必须参考相应的协议标准，而这些协议自然也都定义了添加补充信息的格式。虽说是在"周围"添加数据，但数据毕竟只有长度这一个维度，因此所谓的"周围"也只包括前、后两个位置。如果补充信息添加在了源数据的前面，这些信息就称为"头部"，如果添加在源数据的后面，则称为"尾部"。而各个协议所规定的补充信息添加格式，也就称为这些协议的"头部格式"和"尾部格式"。

注释：如果我们的讨论只局限在路由交换技术领域，而不涉及安全加密领域的话，那么给数据包添加头部信息要比给数据包添加尾部信息的做法常见得多，后者多用于对数据包进行校验。由于校验的功能往往由数据链路层提供，因此封装尾部的做法多发生于数据链路层。"帧"（frame）这个词在英文中的原意是"框子"，之所以用它代指经过数据链路层封装后的信息，就是因为这一层在对数据进行封装时会在头尾两侧都添加信息，因此数据链路层输出给下层的信息就变成了一个"夹心儿数据框"。在此我们顺便建议读者，如有可能，请尽量多阅读英文文档，尤其是 RFC 文档。在大多数情况下，准确地把握住了一个词，就能串出一套完整的概念体系，如 frame→框子→头尾都添加数据→校验→数据链路层的功能→分层体系。

说了这么多，唯一的目的就是引出 TCP 的头部格式，如图 2-2 所示。

### 源端口号和目的端口号

"端口号"这个概念在本书中第一次出现。这个概念极为重要，值得进行一番介绍。

一次通信的过程，既不以一台设备将比特流发送出去作为开端，也不以一台设备将比特流接收进来作为终结。对于每个参与通信的人来说，计算机接收到的这些比特流毫无意义，人们要的是自己看到、听到之后，转化到人脑里成为脑电波。所以，如果你想知道：网络中有那么多台计算机，传输设备是怎么从万千计算机中找到对方的计算机的呢？那么，你就不妨也思考一个极为类似的问题：应用层有那么多的进程，传输层协议是怎么从万千进程中把这个数据进程找到的呢？

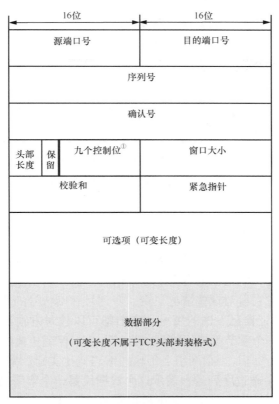

图 2-2 TCP 的头部格式

这个问题很快可以转换为，在整个通信的过程中，谁知道应该把这个数据交付给哪个进程？答案是：谁生成了这个数据，谁就知道应该把它交付到哪里。因此，当传输层协议封装数据时，它就有义务通过某种方法告诉对端设备的传输层协议，这个数据应该最终交给上层的哪个服务去处理。当然，传输层协议没法直接把"HTTP"四个大写英文字母封装在数据的头部，而只能封装代表相应服务的编码，这个编码就是端口号。端口号的使用也是有规矩的，其中 **0～1023 的端口号被分配给了一些固定的协议，如 FTP（TCP 20、21）、SMTP（TCP 25）等，这些端口号称为知名端口号，是由 IANA 分配的；1024～49150 的端口号可由应用程序动态选用，IANA 对这些端口的使用情况进行了登记；49151～65535 是临时端口。**

除了 OSI 模型在传输层和应用层之间定义了两个功能冗余的会话层和表示层，在现实世界（和 TCP/IP 五层模型）中，传输层之上只有一层，那就是应用层。因此，**端**

---

① 在定义了 TCP 的 RFC 793 中定义了 6 个控制位（URG、ACK、PSH、RST、SYN 和 FIN），保留位变为 3 个，这 3 个控制位包括 CEC 和 CWR（RFC 3168）以及 NS（RFC 3540）。这部分内容超出了 CCNA 的教学大纲，对此感兴趣的读者可以参考相关的 RFC 文档。

口号就是传输层赋予应用层进程的编号。这句话可以延伸为，所有有端口号的协议全都工作在应用层。

> 注释：如果你拥有一点路由技术方面的基础，读到这里时有可能会产生一个关于动态路由协议的疑问：难道拥有端口号的路由协议也是应用层协议吗？事先预告一下，我把自己对于这个问题的理解写在了第 10 章中（是的，不是第 9 章）。如果你压抑不住冲动，可以去找找看。对于零基础的读者，不建议提前思考这个问题。

把上面的内容总结起来就是：当传输层协议处理信息时，它会通过**源端口号**字段说明这个信息是由哪个进程生成的，同时通过**目的端口号**字段说明这个信息需要由接收方的哪个进程进行处理。

### 序列号和确认号

在数据从发送方主机的传输层到达接收方主机传输层的这个过程中，有可能会出现信息乱序的情况，甚至也很有可能丢失信息。而我们在前面刚刚说过，TCP 是面向连接的协议，因此它得对这些情况负责。序列号和确认号的作用正在于此。

**TCP** 为了保证自己发送的每一个字节都可以被对方收到，并且都是按顺序收到的，就必须对每一个字节都进行编码。当然，为了保证传输的效率，TCP 倒还不至于对每个字节都进行标识，否则网络上传输的编码就比实际数据还多，岂不是本末倒置？事实是，**TCP 只会通过序列号来表示这个数据段第一个字节的编码**，后面每一个字节的编码也就不言自明了。比如，一个数据段的序列号字段是 1117，那么，如果这个数据段一共携带了 810 字节的数据，它的最后一个字节的编码就是 1926，下一个数据段的序号应该从 1927 开始。

而确认号是接收方设备告诉发送方设备，接下来，它希望收到以哪个序列号开头的数据。如果一个数据段的序列号字段是 1117，而这个数据段一共携带了 810 字节的数据。那么，如果接收方正确地接收到了这个数据段，它就会要求发送方给自己提供 1927 开头的数据。换句话说，在正常情况下，此时接收方发送给发送方的 TCP 数据包，确认号就应该是 1927。

### 头部长度

如图 2-2 所示，TCP 头部当中可以根据需要添加一些可选项字段。所以，TCP 头部的长度是不固定的。既然 TCP 头部的长度不确定，**在 TCP 头部中，就需要有一个头部长度字段用来说明 TCP 头部的长度是多长**，从哪里开始是 **TCP 封装的数据部分**。

### URG 与紧急指针

URG 叫作"紧急位"，当这个位的数值为 1 时，后面 16 位的紧急指针就会生效。

如果一个数据段的 URG 位为 1，TCP 在处理时，就会将这个数据段中的紧急部分插入数据段的最前面，而紧急指针字段则会指明这个数据段中紧急数据部分的长度。由于紧急部分位于数据段最前面，因此知道了紧急部分的长度，就知道了正常数据的起始位置。当 TCP 优先处理完紧急数据时，就会以正常操作的形式再去处理后续的数据。

### ACK

**ACK 叫作"确认位"，当这个位的数值为 1 时，32 位的确认号才会生效。** 由于 TCP 提供的是可靠传输，而确认位在保障可靠传输的体系中厥功至伟，因此几乎所有 TCP 封装的头部都会将 ACK 位置于 1，例外情况详见后面的 TCP 连接的建立过程，这里暂时卖个关子。

### PSH

当 PSH 位的数值为 1 时，接收方不会将这个数据段放在 TCP 缓存中等待其他数据，而会立刻将数据包提交给用户进程。

### RST

当 RST 位的数值为 1 时，相当于 TCP 要求对端不经"四次握手"的过程，而是立刻断开 TCP 连接。关于 TCP 连接的断开过程，我们也会在后面单独介绍。

### SYN

**当 SYN 位的数值为 1 时，表示这台设备希望与对端建立 TCP 连接。**

### FIN

**当 FIN 位的数值为 1 时，表示这台设备希望与对端断开 TCP 连接。**

### 校验和

校验和的作用是检验数据信息在传输的过程中是否出现过变化。

### 窗口大小

窗口大小这个概念是所有同类图书作者的噩梦，不动用两页纸左右的篇幅、一整套抽象图形和大量纯理论术语，想把这个概念说清楚几乎就是天方夜谭。YESLAB 敢为天下先，尝试用一种不算那么理论的解释方法，来简单地介绍一下窗口这个概念的大致含义。

作者小时候，经常和父亲一起彻夜玩儿红白机双人《魂斗罗》游戏。玩游戏的两个人是合作关系而不是竞争关系，但是遇到天上不时飞过的霰弹枪，两个玩游戏的人也经常会因为分配不均而起争执。可总的来说，玩家还是会尽量与对方合作，以避免万一一方真的恼羞成怒，后果也很麻烦，因为任何参与游戏的人都有一种很恶劣的要赖方式，可以让另一位玩家也没法继续进行游戏，那就是——赖着不走，见图 2-3。

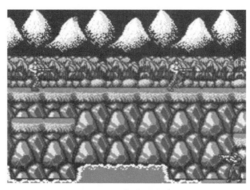

图 2-3　魂斗罗场景

注意，在图 2-3 中，如果左边的小人儿就这么站在那儿不走，右边的小人儿就算再英勇也没法单骑闯关，因为《魂斗罗》的窗口会被左边的小人儿拖住。换句话说，在《魂斗罗》游戏中，游戏的进展取决于落在最后的那个人的进展，这可以称之为"魂斗罗版的短板效应"。

回到窗口大小的话题。前面我们通过序列号和确认号说明了一个概念，那就是TCP 传输是讲究顺序的，数据是不能丢的，丢了是要重传的。因此所有数据都有自己的编号，所有编了号的数据都要到位。这样一来，当两台设备相互之间建立了 TCP 连接，一方发送数据，另一方接收数据的时候，收发的双方就可以了解对方发/收数据的进展了。为了实现可靠传输，TCP 定义了一个滑动窗口的概念（见图 2-4），以便发送方只发送接收方能够接收的信息。

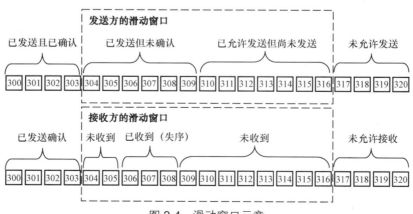

图 2-4　滑动窗口示意

A 是发送方的设备，我们可以看到它发送了序列号为 300～309 的数据，其中 300～303 已经收到了确认，304～309 没有得到确认。310～316 已经可以发送但是还没有发送，而 317 之后的数据还不能发送。如果此时 A 从 B 那里接收到了对 304 数据的确认，滑动窗口就可以相应地向前滑动到 317，这就是说，A 也可以对 317 数据进行发送了。对于 A 来说，已发送但还没有收到确认的那些数据就像是拖在最后的那个小人儿，它拖住了窗口向前移动，而 TCP 窗口的最前端也就相当于魂斗罗窗口的最前端，那是在最左边的小人儿移动之前，TCP 这个游戏最多可以继续发展的情节。

B 是接收方的设备，它对自己接收到的 300～303 的数据向 A 进行了确认，同时它也接收到了 306～308 的数据，但它没有对这些数据进行确认，因为 304 和 305 没有收到。滑动窗口允许 B 接收序列号 316 及以前的数据，但 304 和 305 也像《魂斗罗》窗口中左边的小人儿一样拖住了这个窗口。好在 316 之后的数据，A 倒是暂时也还不能发送。

除了端口号，我们对于其他字段的解释基本只能称为简介。在 CCNA 阶段，读者不需要对这些头部字段进行过于深入的了解。之所以介绍滑动窗口机制以及其他头部字段，都是为了帮助读者了解 TCP 是怎么为数据提供一种可靠的传输机制的。同时希望读者能够理解，**在通过 TCP 传输数据的过程中，通信双方之间会交互一些负责保障数据有序、完整、未经修改的信息**。

在前文中，我们尽量本着有话则长、无话则短的原则，对 TCP 定义的数据头部各个字段进行了简要的说明。常有些爱看剧的人，连续三集没意思就会弃剧。这种做法也常见于读书，只不过单位从"集"换成了"段"。无奈的是，连我自己也知道，TCP 数据包的字段分析有可能成为（继 OSI 模型各层介绍之后）本书被弃的第二个高峰，如果你觉得无聊但并没有直接弃书而跳读到了这一段，我向你表示由衷的感谢，作为对你的回报，我在这里提供给你以下三点信息。

- 关于数据包头部字段的介绍确实乏味，甚至并不是 CCNA 级别所要求的范畴，但这些数据包头部是协议赖以实现其功能的"定义级"信息，而本章即将介绍的这四个协议（尤其是头三个协议）又是当今互联网的"定义级"协议，重要性不言自明。
- 如果你实在不喜欢阅读理论性过强的内容，或者认为这些信息过于抽象，可以把书中这些枯燥的信息当成工具类信息使用，不通篇逐字阅读，仅简略浏览，在后面阅读的过程中遇到问题时再来有目的地重读。
- 马上要介绍的内容是 TCP 连接建立与断开的过程，我遗憾地通知你，设计这个过程的人也没有在他们的设计理念中融入太多的幽默元素。

## 2.1.2　TCP 连接的建立

介绍 TCP 的头部格式，无非是为了说明它的工作方式，下面我们结合上面介绍的一部分内容，特别是其中的几个标记位，来介绍 TCP 的工作流程。

　　TCP 既然称为面向连接的协议，必然就会在通信之前先建立连接。总的来说，一个 TCP 连接通常会经历三个阶段，分别为连接建立、数据传输及连接释放。我们先从 TCP 连接的建立过程说起。注意，为了简化叙述，在这个过程中，我们只把重点放在与连接建立相关的序列号、确认号及相应的标记位上，不考虑连接的端口号与其他头部字段。

　　如图 2-5 所示，TCP 连接建立的过程常常称为 **"三次握手"**。假设客户端要和服务器建立 TCP 连接，而三次握手就是客户端与服务器之间交换 ISN（初始序列号）的过程。假设客户端的 ISN 值为 x，服务器的 ISN 值为 y，那么三次握手的过程可以描述如下。

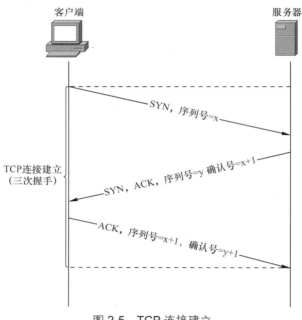

图 2-5　TCP 连接建立

### 第一次握手

　　客户端向服务器发送一个数据包，是为了与对方建立 TCP 连接。为了说明这个意图，这个数据包会在头部字段中说明以下几点。

- 我希望和你建立 TCP 连接（将头部的 SYN 标记设置为 1）。
- 我把我的初始序列号提供给你（将序列号字段的值设置为自己的初始序列号值 x。注意，我们之前说过，序列号表示数据的第一个字节，但 TCP 规定，TCP 连接建立的第一个 SYN 数据包不能携带数据部分，但它也会占用一个序列号）。

注意，这个数据包头部的 ACK 字段的值就是 0，因为这是双方的第一次交流，没有先前的信息可以确认。

### 第二次握手

服务器收到了客户端发送的数据包，同意与客户端建立连接。这时，服务器也会向客户端发送一个数据包。这个数据包旨在说明下面几点。

- 同意和你建立 TCP 连接（将头部的 SYN 标记设置为 1）。
- 你发来的请求信息已阅，期待收到你的下一个数据包（将 ACK 标记设置为 1，确认号的值设置为 x+1）。
- 我也把我的初始序列号提供给你（将序列号字段的值设置为自己的初始序列号值 y。注意，TCP 又规定了，这也是个 SYN 数据包，所以这个数据包也不能携带数据部分，但它也会占用一个序列号）。

### 第三次握手

客户端在收到服务器发送的数据包后，知道服务器同意与自己建立 TCP 连接，并与自己交换了初始序列号，此时它会向服务器发送三次握手过程中的最后一个数据包，这是为了告诉对方下述信息。

- 你发来的回复信息已阅，期待收到你的下一个数据包（将头部的 ACK 标记设置为 1，确认号的值设置为 y+1）。
- 这是根据你的要求发送给你的下一个数据包（将序列号值设置为 x+1。注意，这个数据包不再是 SYN 数据包了，因此它如果不携带数据，就不会占用序列号，这里我们姑且假设它携带了数据）。

显然，三次握手是通过 TCP 传输数据的前奏。连接建立之后，双方就可以开始在这个连接的基础之上传输数据了。那么，数据传输完成之后呢？

## 2.1.3 TCP 连接的断开

在完成数据传输后，需要通过一个更加复杂的"四次握手"流程来断开 TCP 连接。下面我们趁热打铁，介绍一下 TCP 连接断开的过程。

TCP 连接断开的整个过程如图 2-6 所示。我们假设当客户端希望断开与服务器之间的连接时，客户端将要发送的 TCP 数据包序列号为 k，用于确认服务器之前传输的数据包的确认号为 1，那么此时 TCP 连接断开的过程就可以描述为下面的四次握手。

### 第一次握手

客户端向服务器发送一个数据包，目的是告诉服务器，自己希望与它断开连接。为了说明这个意图，会在这个数据包的头部字段中说明以下几点。

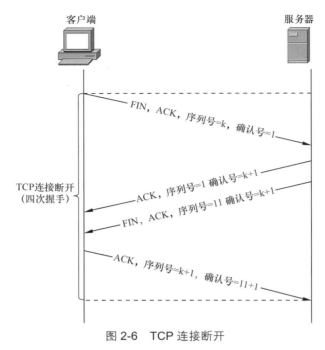

图 2-6 TCP 连接断开

- 我收到了你刚才发来的消息，期待你的下一条消息（将 ACK 标记设置为 1，确认号的值设置为 l）。
- 我现在希望和你断开 TCP 连接（将头部的 FIN 标记设置为 1）。
- 我把这个消息序列号提供给你（将序列号字段的值设置为 k。注意，TCP 再次作出规定，FIN 数据包可以携带数据，且无论是否携带数据，均占用一个序列号。我们在这里假设，TCP 连接断开阶段的四次握手数据包均不携带数据）。

### 第二次握手

服务器收到客户端发来的断开连接请求之后，断开了客户端到服务器的连接，并向客户端回复一个 TCP 数据包，目的是告诉客户端下述信息。

- 我收到了你发来的连接断开请求，期待你的下一条消息（将 ACK 标记设置为 1，确认号的值设置为 k+1）。
- 告诉你这个消息的序列号（将序列号设置为 l）。

### 第三次握手

这一次还是服务器发送给客户端的消息，这个消息的作用是为了请求客户端断开客户端到服务器的连接，在这个消息中，服务器表示：

- 我收到了你之前发来的连接断开请求，期待你的下一条消息（将 ACK 标记设置为 1、确认号的值设置为 k+1，因为第一次握手之后，客户端不会再向服务器发送数据了）；

- 我现在希望和你断开 TCP 连接（将头部的 FIN 标记设置为 1）；
- 我把这个消息序列号提供给你（将序列号字段的值设置为 ll。因为虽然第一次握手之后，客户端就不会再向服务器发送其他数据了，但第二次握手之后，服务器只断开了客户端到服务器的连接，服务器到客户端的连接依然存在，因此在第三次握手之前，服务器可能还会给客户端发送一些其他占用序列号的消息）。

### 第四次握手

　　客户端收到服务器发来的断开连接请求之后，也断开了服务器到客户端的连接，并向客户端回复一个 TCP 数据包，这个最后的数据包对服务器说：

- 我收到了你发来的连接断开请求（将 ACK 标记设置为 1，确认号的值设置为 ll+1。注意，即使在这条消息中，客户端仍会向服务器提供确认号）；
- 告诉你这个消息的序列号（将序列号设置为 k+1）。

　　上述过程就是 TCP 连接建立与断开的完整步骤。读者在这里不妨思考一下，为啥断开会话的流程非得比建立会话的过程多握一次手呢？

　　简言之，建立连接就像打电话，电话接通之前双方都还没开始交流，主叫方自然是有话要说，被叫方看到来电显示之后只要愿意接起来，就表示被叫方这会儿起码也想听听对方要说啥，因此双方在同一时间都有意愿建立通信。断开连接则像挂电话，一方说"没事了"想挂电话肯定不算完，遇到对方是个话密的人，再拉住你强聊一个小时都不算长。这个类比可以对应 TCP 建立和断开连接的两个流程中：在建立 TCP 连接的时候，因为响应方会在第二次握手时对 SYN 加以响应，同时自己发起 SYN；而在断开 TCP 连接时，响应方在接收到 FIN 时，自己很有可能还"有话要说"，所以响应方第二次握手可以仅仅对发起方的 FIN 进行确认（即发送 ACK），在自己也准备断开会话时再通过第三次握手发起 FIN。

　　TCP 建立和断开连接的步骤对于此后的学习至关重要。不过，这个过程倒是不用在这里就开始死记硬背，我们推荐读者在理解这个流程的基础上把图 2-5 和图 2-6 所示的连接建立和断开示意图看个"眼熟"，以此来熟悉 TCP 连接建立与断开的过程。

　　在本节最后，我们通过表 2-1 向读者介绍几个常用的基于 TCP 的应用层协议。在我们平常使用这些协议时，数据都会在经过传输层处理时封装上那样的 TCP 头部，也都会与对端的设备按照上面的过程建立和断开 TCP 连接。

表 2-1　　　　　　　　　　　几个常见的基于 TCP 的应用层协议

| 端口号 | 协议 | 说　　明 |
|---|---|---|
| 21 | FTP | 文件传输协议，听名字就知道其作用了。自己搭建一个 FTP 服务器供网友下载东西一直是挺常见的资源共享方法 |

续表

| 端口号 | 协议 | 说　明 |
|---|---|---|
| 23 | Telnet | 远程登录设备时使用的协议，后面我们会经常使用，但因为这个协议使用明文传输用户名和密码，因此并不推荐在实验室之外的环境中使用 |
| 25 | SMTP | 简单邮件传输协议，发送电子邮件最常用的协议之一 |
| 80 | HTTP | 超文本传输协议（有人不了解这个协议吗？） |

　　TCP 的学习总算可以告一段落了。虽然在这一章的后半部分，我们还需要足足介绍三个网络层协议。别急，因为那三个协议的篇幅加在一起，大概也只能占到 TCP 篇幅的一半。下面，我们先来看看和 TCP 同样工作在传输层的 UDP。

## 2.2　UDP 概述

　　TCP 是一个面向连接的协议，而 **UDP** 则正好相反，它是一个"无连接的"协议。这意味着，你不会在这一节读到关于握手流程的那些复杂的内容，可以省下一些时间和精力用来刷微博、微信。但是，TCP 费那么大工夫去握手可不是因为它空虚寂寞，这一切都是为了保障接收方能够收到自己发送的数据。UDP 省掉了这个过程，这也就说明，**UDP 并不关心对方能不能收到它发送的信息**。因此，如果说 TCP 发送出去的数据是能够随时查询投递状态的快递包裹或者挂号信，那么 UDP 发送出去的数据就是普通的平信，虽然扔到邮筒里之后，理论上确实会有人把它最终投递到接收者的邮箱里，但实际上没有人会对它的丢失承担责任，它的投递状态也是难以追溯的。既然不需要追溯信息，也就不需要再定义那么多用来确认数据包状态的头部字段。所以，与 TCP 相比，UDP 的头部格式要简单得多，详见图 2-7。而精简的数据包头部可以提高传输层的效率，增加数据包中数据的占比，同时也因为设备不需要再处理这么多的头部信息，所以也可以提高 **UDP 的处理速度**。

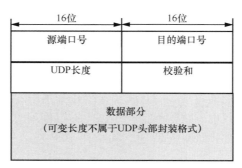

图 2-7　UDP 的头部格式

　　在真正动手写作 UDP 头部格式之前，我曾一度想用"不解释"三个字带过，这样不光可以省掉很多笔墨，还可以显得十分洒脱不羁。UDP 头部格式和 TCP 相比，实在是简单得吓人，甚至其中根本没有一个字段不包含在 TCP 定义的头部字段之中，再作解释，岂不是有复制粘贴之嫌？可一想到出版物毕竟不是课堂，更不是技术交流论坛，万一因为这三字被编辑打了回来，还得放下手头的其他工作回过头来补稿，反而弄巧成拙，所以这里还是简略地对 UDP 头部给出以下三点解释。

- 虽然 UDP 头部格式中包含的四个字段统统可以在 TCP 头部格式中找到，但因为 UDP 是无连接的协议，所以它并不要求对端向自己回复数据。这样一来，**UDP 的源端口号就成了一个按需使用的字段。当 UDP 发送的数据不需要对方回复时，可以将源端口号设置为 0。**
- 相信你福至心灵，早就看出了 UDP 头部是没有可选项字段的。没有可选项字段，UDP 头部长度也就因此而固定了下来。所以，对于 UDP 来说，定义头部的长度没有任何必要，而 UDP 头部中的"**UDP 长度**"字段描述的当然也就不是头部长度，而是整个数据段的长度，其中包括了头部字段和数据部分的长度。
- UDP 对数据提供的是不可靠的传输，因此虽然 **UDP 头部字段中提供了校验和字段，但这个字段的使用也不是强制的，**就像 UDP 源端口号字段是可选的道理一样。

关于 UDP，我们已经没有什么细节可惦记。在本节最后，我们遵循 TCP 的惯例，通过表 2-2 来向读者介绍几个常用的基于 UDP 的应用层协议。

表 2-2　　　　　　　　　　基于 UDP 的几个常见应用层协议

| 协议 | 端口号 | 说　明 |
|------|--------|--------|
| TFTP | 69 | 简单文件传输协议；和 FTP 类似，类似于 FTP 的简化版，多用于在同一个局域网中共享数据 |
| RPC | 111 | 远程过程调用；21 世纪初就开始使用互联网的人会对曾经利用 RPC 漏洞设计的冲击波病毒记忆犹新 |
| NTP | 123 | 网络时间协议；作用是为了同步设备的时间，是一种相当常用的协议 |

我们在这里简单总结一下：TCP 和 UDP 都工作在传输层，其中 TCP 是可以给上层应用提供可靠传输服务的协议；而 UDP 则是一个无连接的协议，不给上层协议提供有保障的传输。TCP 为了确保对方能够接收到自己发送的数据，会在传输数据之前先与对端"彼此建立联系"，这个过程称之为建立连接，因此 TCP 称为面向连接的协议。TCP 建立连接的过程叫作三次握手；相应地，它也会采用四次握手的过程与对端断开连接。而 UDP 则远没有这么麻烦，它不在乎对方是否能够接收自己的信息，也不在乎对方是否存在，就直接把信息丢给对方，因此称为无连接的协议。

在了解了传输层的两个"大咖"之后，下面我们来说说网络层的协议。

## 2.3 网络层协议概述

网络层的协议不胜枚举，完全不可能一一进行介绍。在本节，我们会挑其中几个对网络行为产生极大影响的协议进行介绍。

话说回来，虽说网络层协议多如牛毛，但在众多网络层协议之中，有一个协议太过耀眼，几乎忘记了其他协议的存在。它的重要性是如此不容忽视，以至于它的名称叫作**"互联网协议"**（Internet Protocol），简称为 IP。那么，让我们就从这个互联网协议说起吧。

### 2.3.1 IP

在那个"模型们"还没有走上历史舞台的年代，IEEE 发布了一篇论文，题为"一个实现数据网通信的协议"。这篇论文的两位作者（文顿·格雷·瑟夫先生和罗伯特·埃利奥特·卡恩先生）描述了一个在网络节点之间使用包交换的方式共享资源的网络互联协议。这个协议的核心叫作"传输控制程序"，它由两部分组成，其中一部分的功能是提供面向连接的传输；另一部分则是提供数据报文服务。后来，就像很多读者可能已经猜测到的那样：这个程序的两大功能按照分层的理念被分为两个协议，其中一个协议负责提供面向连接的传输，叫作传输控制协议，简称 TCP；另一个提供数据报文服务，叫作互联网协议，简称 IP。这两个协议分别工作在传输（Transport）层和互联网（Internet）层，由此诞生的四层模型就是后来的 DoD 模型（见对图 2-1 所说明的"注意"部分）。开始是需求，然后是协议，最后诞生了分层模型，这是具有盘古开天地或者创世纪意义的事件，至少对于网络世界来说，这样的形容毫不夸张。

因此，IP 原本就是传输控制程序中的一个组成部分，负责提供数据报文服务。既然原本的传输控制程序中已经安排了 TCP 来提供有连接的数据传输服务，那么 **IP** 必然也是一个无连接的协议，而它提供的数据报文服务肯定不包含在 TCP 之中。那么，IP 到底能够为数据报文提供什么样的服务呢？

这个关子卖得一文不值，因为不知道 IP 的人，不会有耐心把这本书读到现在——没错，**IP 提供的服务，主要就是寻址**。下面，我们按照前面的惯例，通过分析 IP 数据包头部格式，来研究这个协议能够提供的功能，请看图 2-8。

**版本**：IP 不只有一个版本，但我们当前最常使用的 IP 叫作 IPv4。所有 IPv4 封装的数据包，版本号字段的取值当然全都是 4。虽然新版的 IP（也就是 IPv6 协议）为了提供更丰富的地址资源，也为了修正 IPv4 的一些缺陷，而对数据包头部格式进行了重新定义，但它依然保留了版本字段，且取值为 6。当然，关于 IPv6 定义的头部格式，我们会在第 15 章中进行深入的介绍。

**头部长度**：如果看到这个字段时，你就开始自动在头部格式中搜索"可选项"字段，说明你的学习已经入门了。没错，头部长度需要通过头部格式中字段的取值进行描述，说明这个头部是不定长的，因此一定存在可选项字段，不过我们不会在这一章中介绍 IP 头部的可选项字段，因为它们并不常用。

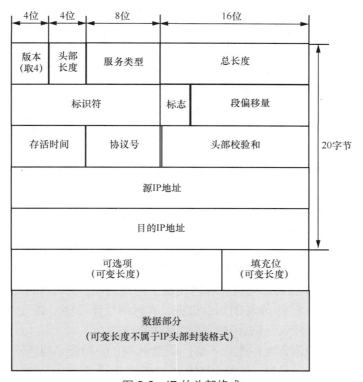

图 2-8  IP 的头部格式

**服务类型**：这个字段的作用是向设备说明，是否应该对数据包进行特殊处理，以及应该如何对数据包进行特殊处理。

**总长度**：总长度字段相当于 UDP 的长度字段，它的数值标明了这个数据包头部与数据部分的长度之和。图 2-8 标记得很清楚，IP 包头如果没有可选项，也没有携带任何数据，则长度为 20 字节。

**标识符、标志与段偏移量**：数据在链路中传输是有长度限制的，就像载货车在路上跑是有限重的一样。如果一辆车跑着跑着，发现车皮加货物的总重量超过了前面道路的限重，就应该停车卸货分装，这个过程叫作"分片"，有时也翻译成"分段"。可是最终，同一批货毕竟还是要拾掇齐了才能交付的。为了能把分装的货物按照原样组装回去，难免需要贴一些标签，说明哪些货是同一批的以及如何把它们组装在一起。标识符、标志和段偏移量就是这样的标签。

**存活时间**：存活时间简称 TTL（Time-To-Live）。这个字段定义的本来是数据包在网络中最长能跑多长时间。后来人们发现数据包跑得实在是太快了，就转而把这个字段定义成了数据包在网络中最多能穿过多少台路由器设备。设置这个字段的是为了防止数据因一些不靠谱的行程而"迷失"，在网络中沿着一条环路永远这样跑下去，这样跑的数据多了，网络岂不是会被堵死？

**协议号**：这个字段定义的是 IP 封装上层的协议，就像 TCP/UDP 的端口号字段定义的是它们上层的协议一样。

**头部校验和**：校验数据在传输的过程中，头部是否发生了变化。

**源 IP 地址和目的 IP 地址**：信封上的发信人地址和收信人地址。关于这两个 32 位的 IP 地址我们会单拿一章进行介绍。好消息是那一章的内容极为枯燥，敬请期待。

关于 IP，我们姑且介绍到这里，上面的内容仅仅有助于读者了解这个协议所定义的功能。但是这项协议最重要的信息在于它的地址部分，而介绍它的地址必须以一整章的内容展开说明，请读者少安毋躁。下面我们要介绍网络层的另一个协议，那就是与 IP 关系极为密切的互联网控制报文协议（ICMP）。

## 2.3.2　ICMP

没吃过猪肉，还没见过猪跑？没听说过 ICMP，还没在家里装宽带路由器的时候按照说明书去 ping 过几个地址？其实，ping 是一项测试工具，这个工具所使用的就是 ICMP，其目的是检测对方与自己在网络层上的连通性。说得再通俗点，就是看看发起 ping 的这台设备与它去 ping 的那台设备，在网络层能不能"通"。如果说 ICMP 是第二常用的网络检测协议，估计没有协议敢称第一。

在这里，有些读者也许感到不解：既然 ICMP 的功能是检测网络层的连通性，它的分层就应该高于网络层，何况 ICMP 还封装在 IP 头部之内，更让它像极了一个传输层的协议。这大概是这些读者第一次有机会产生这种不解。

首先，对于在我提出这个问题之前就有了产生这个疑问的读者，我表示钦佩，你的理解能力真的很强，而且你也的确相当准确地把握了分层模型的理解方式。确实，ICMP 既不完全属于网络层，也不完全属于传输层，而是介于这两层之间。为了便于读者理解网络层相关的操作和协议，我们姑且将 ICMP 放在网络层部分进行介绍。后面我们要进行介绍的 ARP 也存在同样的问题。

这是各类分层模型经常遭遇的尴尬之一，TCP/IP 模型是对 TCP/IP 协议栈所进行的一种描述，但世界上没有一种分类模型能够既无所不包地考虑到每一个已有协议的特点，又料事如神地预测到未来的所有需求与环境。这就像社会发展五段论对欧洲社会的过往进行了充分的概括，又对人类社会未来的发展作出了自己的预言。但这种历史发展规律未必能严丝合缝地套用到欧陆之外的地区。人类文明在不同的发展历程中表现出的共性还是远大于差异性。为了强调差异性而认为一切探讨共性的努力都是纸上谈兵，这种态度是弊大于利的。

TCP/IP 模型则是根据实际环境总结出来的协议模型，尽管大把协议还是无法按照它的分层方式而毫无争议地被归入某一层之中，但瑕不掩瑜，它提供的功能分类仍然对这个行业具有不容小觑的指导意义。推荐读者在学习不同协议的时候，先去思考一下它的分层，如果发现它的分层确实存在争议，那就"入乡随俗"，不必进行深入的理论挖掘。思考分层，有助于读者理解分层结构，并潜移默化地用它来指导配置和排错的工作。不进行理论挖掘，是因为这样做实在意义不大。在此，我还是想搬出在介绍OSI 模型时提到的那句话：分层模型固然重要，具体协议仅供参考。

回到正文，前面我们说 ICMP 是封装在 IP 数据包中的，具体方法是作为 IP 数据包中的数据部分，并且在前面添加上图 2-8 所示的 IP 数据包头部。封装后的 ICMP 消息如图 2-9 所示。

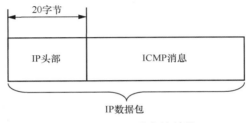

图 2-9　ICMP 消息的封装

当然，ICMP 也有自己定义的头部格式，它的头部格式如图 2-10 所示。

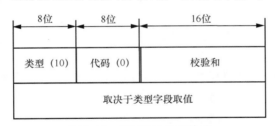

图 2-10　ICMP 的头部格式

从图 2-10 不难看出，ICMP 定义了一些不同的消息**类型**，就连头部格式都会因消息类型而有所区别。在这里，我们只介绍 4 种与日常使用关系最为密切的消息类型供读者参考。

- **回应（Echo）消息和回应应答（Echo Reply）消息**：这是 ping 工具用来测试数据包是否在网络层可达时，测试设备和被测试设备之间相互发送的消息。比如，主机 A 的 IP 地址为 10.0.0.2，主机 B 的 IP 地址为 10.0.0.3。那么，在我们通过主机 A 测试 A 到 B 网络层的连通性时，就可以输入命令 ping 10.0.0.3，向 B 发送 Echo 消息。如果这两台设备的网络层互相可达，主机 A 就会收到主机 B 发来的 Echo Reply 消息。关于 IP 地址的问题，我们会在后面的章节中详加阐述。

■ **目的地不可达（Destination Unreachable）消息**：如果路由器不能定位一个目的地址，就会发出这类消息。

■ **发送超时（Time Exceeded）消息**：当数据包的 TTL 为 0 时，路由器就会发出这类消息。trace 是除 ping 之外另一项使用 ICMP 的常用路径检测工具，它的原理就是通过接收路由器发送的超时消息来了解去往某个目的地址的沿途路径情况。trace 的具体做法是这样的：把去往那个目的地址数据包的 TTL 值依次设置为 1、2、3……以此类推，然后发送出去。于是，这些数据包在经过沿途的路由器时，其中总会有一个的 TTL 值递减至零，于是路由器就会向始发设备发出发送超时消息。根据收到的这些消息就能跟踪发往目的地址的数据包在网络上依次通过的路由器，从而统计沿途路径中的数据和时间开销。

关于 ICMP，我们的介绍已经足够读者完成 CCNA 阶段的学习，下面我们来介绍本章的最后一个协议：ARP。

### 2.3.3　ARP

对于没什么网络基础的读者，我们先对下一章进行一个小小的预告。在局域网中，每个接口都有一个硬件地址，叫作 MAC 地址。这个地址与 IP 数据包头部的地址最大的不同之处在于，它是出厂的时候就烧录在板卡上的。那 IP 地址呢？如果你配置过家用宽带路由器，或者对你家里的任何一台 PC 执行过网络配置，你就会明白：IP 地址是我们自己填在地址栏里的。当然，我们有时候也会对 IP 地址进行自动配置。但不管手动配置还是自动配置，IP 地址终究是**可以管理**的。

**如果一个数据帧经过局域网接口的封装，需要转发给这个局域网中的某台设备，那么它就一定要封装上那台目的设备的 MAC 地址**。问题是，始发的这台设备怎么才能知道烧录在人家硬件上的地址呢？答案是，它只能去问知道这个地址的设备。那么，哪台设备知道这个地址呢？通常情况下，这个问题的答案是：当然是那台设备自己知道自己的硬件地址（例外情况姑且不提）。

这样一来，我们发现问题变成了一个死循环：因为 A 设备不知道 B 设备的硬件地址，所以没法向 B 发包，所以 A 要设法搞到 B 的硬件地址，因为 B 知道自己的硬件地址，所以 A 要向 B 发包询问，因为 A 不知道 B 的硬件地址，所以没法向 B 发包。

有办法吗？

有。

假设在火车站，孩子丢了。因为不知道孩子在哪里，所以要找人问，因为只有孩子自己知道自己在哪里，所以这个问题应该问孩子本人，因为找不到孩子，所以没法问。怎么办？广播寻人呗。孩子听见广播，自己就找车站的工作人员带他去广播室了。

于是，我们想到，A 可以"以 B 的 IP 地址作为目的 IP 地址，以自己的 IP 地址作为源 IP 地址，以广播地址作为目的 MAC 地址，以自己的 MAC 地址作为源 MAC 地址"，这样封装一个二层的数据帧，把它发送出去。这样一来，虽然局域网中的所有设备都会收到这个数据包并查看其目的 IP 地址，但只有 B 在接收到这个数据包时，才会发现这个数据包找的是自己，于是它会以自己的 IP 和 MAC 地址分别作为源 IP 和源 MAC 地址，以 A 的 IP 和 MAC 地址分别作为目的 IP 和目的 MAC 地址，向 A 发送一个数据包，这样就将自己的 MAC 地址发送给了 A。从此 A 和 B 幸福地生活在了一起。注意，定义这种 MAC 地址解析方式的协议，就叫作 **ARP，全称地址解析协议**。

你也许想问，既然有了 MAC 地址，为啥还要搞出来一个 IP 地址，然后为了对应这两个地址，还得用乱七八糟的协议去解析，只有一个地址不好吗？

那麻烦可就大了。

前面说过，MAC 地址是烧录在硬件上的地址，它是一个物理地址，它的属性是自然属性，就像人脸一样。这个世界上固然千人千面，一张脸就足以唯一地定义一个人。但是靠这种纯自然的属性，是无法对人进行归类的。而无法归类就无法找寻，茫茫人海，想靠一张照片就找到这个人，恐怕比上青天还难。

而 IP 地址是人们定义的一个逻辑地址，它的属性是抽象属性，就像我们的家庭住址一样，是经过了抽象和汇总的。例如中华人民共和国北京市海淀区苏州街 18 号长远天地大厦 B1-1005 是一个层层缩小、层层具体的范围，在这个范围内，寻找一个人又是何其容易的一件事。

关于 MAC 地址与局域网，关于 IP 地址及其分类和汇总，后面的故事还有很多，请读者拭目以待。

## 2.4　总结

本章对应的 CCNA 考点：
1.5　Compare TCP to UDP。

由此可知，读者在学习本章时，应该关注 TCP 和 UDP 间的异同，但本章的内容远不止于此。如果套用第 1 章总结部分的比喻，本章的核心依然是讲授如何"跑动"。

具体来说，本章以 TCP/IP 协议栈为蓝本，介绍了几个网络协议，它们是 TCP、UDP、IP、ICMP 和 ARP。

在久保带人先生创作的知名漫画《BLEACH 境·界》中，传说中的尸魂界最强队伍被称为"零番队"，这支队伍虽只有五名成员，但他们的实力在整个护廷十三队中首屈一指，他们中的每个人都是尸魂界中某个意义重大事物的创始者。套用这部漫画的世界观，本章介绍的就是互联网世界的"零番队"，而本章介绍的网络协议就是这支队伍的成员，这些协议既是网络的"始祖级"协议，又是网络的"定义级"协议，因此也是网络的"柱石级"协议。虽然不能说这几个协议的重要性超过其他所有协议，但它们的重要性确实怎么强调都不为过。

TCP 是一个面向连接的协议，为数据提供可靠的传输。所谓"面向连接"的传输，就是先打电话联系好了再上门送快递，这样可以显著提高投递的成功率，是一种为了实现可靠传输才会采取的做法。UDP 则是无连接的协议，所谓"无连接"的传输，就是无论你现在的状态如何，我只求把信扔到你的邮筒里，这种做法显然不如 TCP 可靠，但是若从投递的效率来看，则会相应有所提升。

IP 原本和 TCP 都是传输控制程序中的一部分，负责提供数据报文服务。后来两个协议虽然各有所长，导致分家单干，但还是精诚合作，各自都闯出了天大的名堂。IP 的主要功能是为数据提供寻址功能，但也可以对数据执行一些其他操作，比如根据服务类型提供一些策略，或者对太大的数据包进行分片，等等。

ICMP 封装在 IP 之内，可以看成工作在网络层和传输层之间的协议。这个协议的作用是探测网络中的一些信息。常用的 ping 和 trace 都是借助 ICMP 来了解网络动向的工具。

ARP 是勾连二层物理地址和三层逻辑地址的桥梁，它采用广播请求的方式让设备获得目的设备的硬件地址，让对端使用硬件地址封装数据帧成为可能。

说到 ARP，就必须提到局域网环境。因此，我们必须对局域网环境展开更加深入和细致的介绍，这些内容尽在本书的下一章——以太网。

## 本章习题

1. DoD 模型的哪一层负责路由？
   a. 网络接口层
   b. 网络层
   c. 传输层
   d. 应用层

2. 以下关于 TCP 和 UDP 的描述中，正确的是？（选择两项）
   a. TCP 是无连接的协议，UDP 是面向连接的协议
   b. TCP 是面向连接的协议，UDP 是无连接的协议
   c. TCP 是可靠的传输协议，UDP 是不可靠的传输协议
   d. TCP 是不可靠的传输协议，UDP 是可靠的传输协议

3. TCP 头部的目的端口号是做什么用的？
   a. 告诉传输设备，这是哪种传输协议的数据
   b. 告诉传输设备，这是哪个应用层协议的数据
   c. 告诉接收方设备，这是哪种传输协议的数据
   d. 告诉接收方设备，这是哪个应用层协议的数据

4. TCP 的三次握手是为了做什么？
   a. 建立 TCP 连接
   b. 断开 TCP 连接
   c. 确认接收方已经按顺序接收到了完整的数据包
   d. 告知发送方重新发送前一个数据包

5. 相较 TCP，UDP 能够带来的好处是什么？
   a. 确保了数据的完整性
   b. 确保了数据的不可抵赖性
   c. 提高了传输效率
   d. 提高了传输设备性能，增加了链路带宽

6. 以下基于 UDP 的协议中，默认端口号正确的是？
   a. HTTP 80
   b. Telnet 23
   c. FTP 21
   d. TFTP 69

7. IP 头部的 TTL 字段的作用是什么？
   a. 限制数据包能够在网络中传输的时长
   b. 限制数据包能够穿越的路由器数量
   c. 限制数据包能够穿越的交换机数量
   d. 限制数据包能够穿越的传输设备数量

8. ping 测试是基于以下哪种协议实现的？
   a. ARP
   b. ICMP
   c. IGMP
   d. TCP

9. ARP 的作用是什么？
   a. 广播寻人
   b. 根据 MAC 地址解析 IP 地址
   c. 根据 IP 地址解析 MAC 地址
   d. 确定目的地主机是否在线

# 第3章

## 以太网

在网络世界，有些领域百花齐放，有些领域则一家独大。局域网就是一家独大局面的典型代表，而一统局域网江山的，就是**以太网**技术。

在标准化的以太网诞生之前，很多厂家都有自己的局域网技术，这些技术就像不同星球的文明独立设计出来的电话一样，相互之间无法兼容。后来，IEEE 推动了这些技术的标准化，产生了 IEEE 802 系列标准，才让不同厂商的设备可以兼容于同一个局域网中。以太网（IEEE 802.3）就是早期由 IEEE 进行标准化的技术之一，在标准化之前，它是一个由 DEC、英特尔和施乐三家公司联合开发的标准。

学过物理史的人可能对"以太"这个词略有了解。在人们理解问题还比较狭隘的年代，当光是一种电磁波的理念得到实验证明之后，坚信一切"波"都要依靠介质才能传播的人认为，必然有某种看不见的介质参与了光的传播，而这种莫须有的介质必须有一个名称。这时，人们想起了古希腊亚里士多德的五元素说，就将这种后来被证明并不存在的介质命名为"以太"（Ether）。于是，"以太"就成了一种理想介质的别称。而以太网在设计之初，即被定义为一种共享型的局域网络。在这个网络中，每个节点需要获取到介质才能传输，以太网由此得名。

IEEE 根据以太网的特性制定了表 3-1 所示的一系列标准。其中，人们通常所说的以太网是指这个表中的第一行，也就是速率为 10Mbit/s 的标准。表中 10BASE-T 中的"T"指的是 **UTP**，全称是非屏蔽双绞线，这也是以太网中常用的线缆类型。

表 3-1　　　　　　　　　　　以太网标准部分列表

| 速率 | 常用名称 | 非正式的 IEEE 命名 | 正式的 IEEE 标准命名 |
| --- | --- | --- | --- |
| 10Mbit/s | Ethernet | 10BASE-T | 802.3 |
| 100Mbit/s | Fast Ethernet | 100BASE-T | 802.3u |
| 1000Mbit/s | Gigabit Ethernet | 1000BASE-T | 802.3ab |
| 10Gbit/s | 10 Gig Ethernet | 10GBASE-T | 802.3an |
| 25Gbit/s | 25 Gig Ethernet | 25GBASE-T | 802.3bq-2016 |
| 40Gbit/s | 40 Gig Ethernet | 40GBASE-T | |

在本章，我们会对以太网中使用的 CSMA/CD 技术、全双工/半双工以太网、以太网的线缆类型及帧格式等内容进行介绍。

## 3.1 CSMA/CD 概述

很多信号源在一个共享介质上传输独立的波形，这是一种很麻烦的情况，因为波形叠加在一起就会变得难以正常识别。不信的话，可以尝试一下在会议上，挑一个领导发言的时机与其他同事高声讨论不相干的问题，看看领导的讲话是否还能被其他与会者正常识别。在局域网环境中，我们把这种情形产生的后果称作"冲突"；在会议室环境中，我们把这种情形产生的后果称作"解职"。你不想被解职，互联网中的设备也不想发生冲突，因此就需要一种机制来检测冲突，这种机制称为**载波监听多路访问/冲突检测**，简称 CSMA/CD。

CSMA/CD 媒体控制方法的工作原理可以概括为：

先听后说，边听边说；

一旦冲突，立即停说；

等待时机，然后再说。

显然，这里的"听"指的是监听，也就是检测这个局域网总线中传输的信号；而"说"则指的是传输，也就是向这个局域网总线发送数据。因此，具体来说，在数据发送前，所有连接到这个局域网中的设备都要监听这个局域网总线是否空闲。当没有数据帧正在被发送时，这台设备才会尝试发送电信号。如果发送信号的设备突然检测到局域网中发生了冲突，它就会立即停止发送数据帧，并发送阻塞信号，将发生冲突的情况通告给连接到这个局域网总线中的所有节点。而引起冲突的设备在收到阻塞信号后，会等待一个随机的时间，再次尝试发送数据。

## 3.2 全双工、半双工及自动协商

CSMA/CD 的原理决定了它只是一项相当被动的技术。因为这项技术**并不能避免共享介质上发生冲突，它提供的只是检测冲突的方案，以及冲突发生时保证以太网能够继续工作的方法**。在共享介质的以太网中，同一时刻只能有一个设备向这个介质发送数据，每一台设备都强制使用**半双工**（Half Duplex），即同一时间内只能有一台设备可以发送数据，因此称这些设备所在的环境是一个冲突域（Collision Domain）。

那么，是不是所有的以太网都是共享介质的以太网呢？

**顾名思义，共享以太网就是所有设备连接到同一个介质的以太网。比如早期用同轴电缆连接的以太网，或者用集线器（Hub）连接的以太网都属于共享以太网。而使用交换机（Switch）连接的以太网则不属于共享介质的以太网。**所谓共享介质，就是各方同处于同一个介质之中，换句话说就是在大厅吃饭；而非共享介质，就是通信的某几方处于一个独立的介质之中，换句话说就是在包间吃饭。

那么，都是用一个方方正正的盒子连接很多计算机，为什么用集线器连接的计算机就是在大厅吃饭，用交换机连接的计算机就是在包间用餐呢？好吧，我来解释，请看图3-1。

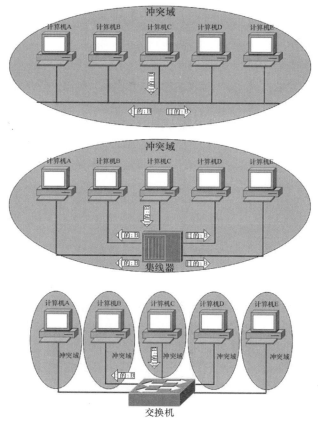

图3-1 共享以太网

集线器这玩意儿，实际上就是个多向接头，它唯一的功能就是把所有接头接到一起，然后把来自一个接头的信号复制给所有接头。这东西全无智能可言，所以它既不能也不需要进行配置。既然集线器就是一个接头，那么通过集线器连接在一起的设备还是相当于共享同一个介质，与通过同轴电缆连接在一起没有任何区别。也就是说，通过集线器相连的设备之间隔而不离，顶多也就相当于把桌与桌用一道布帘隔开，和能够隔音的包间相去甚远。

交换机则明显不同。它属于一种智能设备，工作在 OSI 模型的数据链路层。它可以有选择地将数据帧转发给某个特定的物理端口，还可以对数据帧进行缓存。因此交换机的存在可以避免不同物理端口之间的设备在发送信号时产生冲突。这种工作原理让交换机的每个端口都成了一个独立的冲突域，或者说，**交换机可以将不同的端口各**

**自隔离为一个独立的冲突域**。换句话说，如果交换机的每个端口都只连接一台设备，那么这些设备在传输信息时就不会发生冲突。这时，设备的以太网卡可以同时收发数据而互不影响，这种方式称为**全双工**（Full Duplex）。

> 注释：这里必须暂时打断大家的阅读，对一个名词进行解释。在第 2 章中，我们着意介绍了端口的概念。但是，事实上，在网络技术领域，"端口"（port）这个词是存在一词多义现象的。除了指代第 2 章中所述的应用协议编号，交换机的二层硬件接口也称为"端口"。因此，读者在阅读与交换机有关的技术作品时，如果看到了"端口"（port）这个词，它很可能指的就是那个看得见摸得着的二层硬件接口。在本书中，为了避免混淆，我们会尽可能地用"交换机二层接口"等更加清晰且没有歧义的表达来替代"交换机端口"的说法。事实上，在配置交换机二层接口时，我们还是要通过关键字 interface 进入相应的配置模式，这说明"交换机接口"的说法其实没有问题。

近年来，交换机的使用已经变得普及，而集线器则在渐渐淡出人们的视野。要我说，哪怕只从传输效率上看，集线器这玩意儿也应该弃用，因为使用半双工的以太网设备在同一时间内只能发送或者接收数据，而使用全双工的以太网设备则可以同时收发数据，让最大吞吐量达到双倍。

此时，作为未来的网络工程师，读者在这里关心的问题可能是，双工模式可以进行配置吗？答案当然是肯定的。不仅双工模式，以太网接口的速率也可以配置。不仅如此，有时还可以让链路两端的接口就双工模式、速率等进行自动协商。一旦协商通过，链路两端的设备就锁定在同样的双工模式和速率进行通信。在配置协商时，双方会首先协商使用最高速率全双工，其次使用最高速率半双工，然后降一级速率全双工、降一级速率半双工，之后再降一级速率全双工，以此类推，直到协商出双方都可以接受的速率。

例如，1000Mbit/s 接口的协商顺序如下：

1．1000Mbit/s 全双工；
2．1000Mbit/s 半双工；
3．100Mbit/s 全双工；
4．100Mbit/s 半双工；
5．10Mbit/s 全双工；
6．10Mbit/s 半双工。

既然是协商，就得有商有量。万一链路某一端的接口不支持自动协商怎么办呢？在这种情况下，支持协商功能的那一端就会选择一种默认的工作方式。

## 3.3 以太网连接线缆概述

### 3.3.1 UTP 及 RJ-45 接头

我们在前面刚刚讲过，UTP 指的是非屏蔽双绞线，这是以太网中最常用的电缆类型。目前常用的 3 个以太网标准分别是 10BASE-T（以太网）、100BASE-TX（快速以太网）和 1000BASE-T（吉比特以太网）。

　　UTP 电缆由成对的导线组成，这些导线互相缠绕在一起，因而得名"双绞线"。咱都懂电生磁、磁生电的道理，电流经过导线时会在导线外面形成磁场，这就会引起电磁噪声，从而对电缆中传输的信号造成干扰。为了消除这种干扰，人们采用了"以毒攻毒"的做法，让电缆两端设备发送信号的导线缠绕在一起组成一对，这样一来两根导线产生的磁场大部分可以相互抵消了。

　　常用的以太网标准中，双绞线包含 4 对导线，它们由一层薄塑胶包裹，每根导线的塑胶颜色不一样，电缆外有一层塑料外皮包裹保护。这根电缆末端安装有连接器，这玩意儿的学名叫 RJ-45 接头，人们又将它称为"水晶头"。每个头都有 8 个引脚，供这 8 根导线插入，如图 3-2 所示。

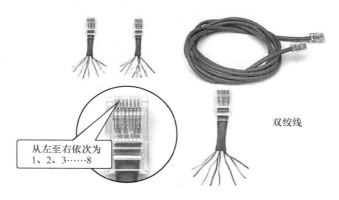

图 3-2　以太网 UTP 电缆和 RJ-45 水晶头

　　根据定义，局域网设备都会使用 UTP 中的 2 对导线执行数据传输。其中，家用计算机的网卡、路由器和无线接入点都会通过引脚 1 和引脚 2 发送数据，通过引脚 3 和引脚 6 接收数据。而局域网交换机则正好相反，它们会通过引脚 1 和引脚 2 接收数据，通过引脚 3 和引脚 6 发送数据。

　　聪明如你，一定想明白了一个道理。为了让发送的数据能够被对方接收到，我们应该保证自己发送数据的引脚能够连接到对方接收数据的引脚；而为了让对方发送的数据能够被我们接收到，我们也应该保证自己接收数据的引脚和对方发送数据的引脚相同。因此，我们在连接计算机和路由器的时候，就应当采用不同于连接计算机与交换机线序的连接线。

　　没错，**传统上**，我们在连接计算机网卡和路由器时所采用的连接线和我们连接计算机和交换机时所采用的连接线是不同的。如图 3-3 所示，网线有两种线序，一种叫作 568A，另一种叫作 568B。一根两端采用相同线序（多采用 568B）的双绞线，我们称之为直通线；而一端采用 568A、另一端采用 568B 的连接线，我们则称之为交叉线。

**理论上**，我们应该用交叉线连接同类设备，如计算机和路由器；而采用直通线连接不同类设备，如计算机和交换机。

| | 1 | 2 | 3 | 4 | 5 | 6 | 7 | 8 |
|---|---|---|---|---|---|---|---|---|
| 568A | 白<br>(绿) | 绿 | 白<br>(橙) | 兰 | 白<br>(兰) | 橙 | 白<br>(棕) | 棕 |
| 568B | 白<br>(橙) | 橙 | 白<br>(绿) | 兰 | 白<br>(兰) | 绿 | 白<br>(棕) | 棕 |

图 3-3 引脚线序

上一段中的"传统上"和"理论上"暗示了这一段的言外之意。确实，网络技术发展到今天，如果还没有一种便捷的技术手段能够消除这个小小的不便，让网络工程师能够腾出手来干点正经事，那简直是这个行业的悲哀。事实是，现代的设备几乎都支持智能的 MDI/MDIX 技术（在 Cisco 交换机上称为线缆交叉自适应，即 Auto-MDIX），让设备可以自动适应你使用的电缆。这种技术让我们再也不必把时间浪费在线序上了。说白了，用直通线还是交叉线？你就自己看着办吧。

最后多说一句，大多数这个行业的玩家，包括我自己，都有过自己做水晶头的经历，因此当然也就背过水晶头的线序。目前，刚入行的读者，还是有可能偶尔会被资深员工安排一些这类工作，因此把 568B 的线序背得烂熟于胸还是有一定必要的。

### 3.3.2 光纤浅谈

说完了铜线，不妨在这里也来简单聊聊光纤。我平生第一次接触光纤是在高三，那会儿我们流行一种叫作 MD 的卡带播放器，一台起码 4000 元。家里为了鼓励我努力学习备战高考，给我买了一台索尼的 MD。这玩意儿复制歌曲的时候，就是用的光纤，我经常把它拔下来看，觉得亮亮的甚是有高科技感，也不知道是啥原理。实际上，如果说铜线用的是电压的高低变化来描述传输中的数据，那么光纤就是用光脉冲来描述传输的数据。

跟铜线相比，光纤提供的带宽更高，传输距离也更长。哪怕是传输距离很短的多模光纤，距离也可以达到 2 公里（1 公里=1 千米），远远长于非屏蔽双绞线。所以在实际使用环境中，近距离的场合通常使用双绞线进行连接，而远距离则会使用光纤来连接。

对于还没有建立起分层模型概念的读者，我在这里专门起一小节来介绍光纤，主要就是为了说明一点：无论使用光纤还是双绞线，都只涉及设备的物理介质，但几乎不影响设备上层的配置。

## 3.4 以太网帧

### 3.4.1 以太网帧结构

前面我们说过，物理媒介与上层是相互独立的。这句话其实是在说，虽然物理层的连接方式并不单一，但以太网在数据链路层的协议实现方式几乎是统一的。换句话说，采用不同的物理媒介，不一定会影响数据链路层对以太网帧格式的定义。

在上一章中我们又曾说过，二层封装的数据之所以称为"帧"，是因为数据链路层协议在封装时不仅会给数据封装一个头部，还会给数据封装一个尾部，让数据看上去像被套在了一个框子（frame）当中，所以二层协议封装之后的数据称为"帧"（frame）。以太网的封装格式就是一个很好的例子。

图 3-4 所示为一种以太网定义的数据帧格式。

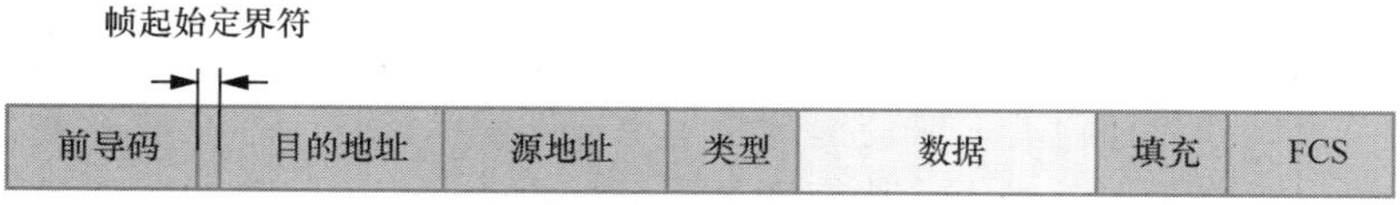

图 3-4　一种以太网帧格式

显然，这个数据帧格式的简单程度与 UDP 头部格式在伯仲之间。顾名思义，目的地址字段（6 字节）标识的是目的 MAC 地址，而源地址字段（6 字节）标识的是源 MAC 地址。此外，类型字段（2 字节）负责表明这个数据帧的上层采用的是什么协议，而 FCS 字段（4 字节）是用来让接收方检测这个数据帧在传输的过程中是否发生了错误。

图 3-4 中最开始的前导码字段长度为 7 字节，每字节的取值均固定为 10101010，其目的是告诉接收方自己要开始发送以太网数据帧了。在这 7 字节之后，第 8 字节的取值固定为 10101011，其目的是通过末尾的两个 11 标识数据帧从下一位开始，因此该字节称为帧起始定界符。总之，在概念上，喜欢听单口相声的读者可以把前导码理解成定场诗，把帧起始定界符理解成那一声醒木拍案，基本上就大差不差，虽然那一声醒木拍案多拍在定场诗的倒数第三个字或者倒数第二个字上，向来不会念完定场诗才拍。

相对来说，在图 3-4 所示的数据帧格式中，稍微有点讨论价值的反而是**数据字段**，因为这个字段**有字节数的限制，它的最小长度是 46 字节，最大长度为 1500 字节**。如果数据部分不满 46 字节，那么当以太网协议封装数据时，就会把它填充到 46 字节。再加上头部和尾部共 18 字节，最小的以太网帧不会小于 64 字节。如果同样将头部和尾部包括进去，那么最大的以太网帧不会超过 1518 字节。

当然，书到此处，MAC 地址已经出现在了数据格式之中，我们不得不对 MAC 地址这个话题进行一下深入的探讨了。

## 3.4.2　以太网 MAC 地址

以太网帧格式的目的 MAC 地址字段和源 MAC 地址字段都是 6 字节长，这个 6 字节长的地址常常表示为一个 12 位的十六进制数，如 0005.9A3C.7800 或者 00-05-9A-3C-78-00，这就是 MAC 地址的表示方式。

在前一章我们说过，当设备在局域网中转发信息时，需要拥有目的设备的 MAC 地址才能封装数据帧，因此需要这个 MAC 地址在局域网中是唯一的，才能保障它唯一标识了一个目的地（可能是一台设备，也可能是一台设备上的一个接口）。问题是，MAC 地址是由硬件设备厂商固化在接口板卡上的地址，所以，这个地址的分配是随着产品的销售随机流入各个局域网当中的，这样的地址怎么能确保在局域网中是唯一的呢？

显然，在理论上，要想确保 MAC 地址在局域网中是唯一的，必须保障它是全局唯一的。因此，为了让 MAC 地址全局唯一，**IEEE 为各个硬件厂商分配了一个唯一的 3 字节编码，称为组织唯一标识符（OUI），剩下的 3 字节再由不同的厂商分配给各个板卡**。这样，每个设备的 MAC 就是全局唯一的了。

关于 MAC 地址，我们还遗留了一个问题，那就是何为广播 MAC 地址？如果你想不起来了，我来帮你回忆一下：在设备发送 ARP 请求时，它要把数据帧的目的 MAC 地址设置为一个广播 MAC 地址。设备封装这样一个数据帧，是因为它不知道目的设备的 MAC 地址。为了让目的设备作出响应，它必须以一个所有设备都会查看的地址作为目的地址来封装这个数据帧，而广播 MAC 地址就是这样的地址。那么，广播 MAC 地址又是一个什么样的地址呢？具体来说，**广播 MAC 地址就是一个全"1"位的 MAC 地址，也就是 FFFF.FFFF.FFFF**（或 **FF-FF-FF-FF-FF-FF**）。

与广播 MAC 地址相对的，是我们前面提到的那个可以唯一标识目的地的全局唯一 MAC 地址，这种 MAC 地址称为单播 MAC 地址。而介于单播 MAC 地址和广播 MAC 地址之间，还有一种情形：有时，主机希望将数据帧发送给局域网中的一部分设备，因此它的目的 MAC 地址就既不能是标识全体设备的广播 MAC 地址，也不能是标识某一台设备的单播 MAC 地址；这时，帧中的目的地址就需要填写一个多播 MAC 地址。

虽然 CCNA 的课程与考试并不要求考生在多播 MAC 地址上花太多工夫，但既然提到了，也顺便科普一下多播 MAC 地址的形式。MAC 地址区分单播和多播的方式与 IP 地址不同，IP 地址是划分出一段连续的地址范围用作多播，而 MAC 地址是以二进制中的一位来表示该地址是单播地址还是多播地址。前文说到 MAC 地址由 6 个十六进制八位组构成，**IEEE 802.3 中规定第一个八位组的最低有效位用来标识单播和多播：0 为单播，1 为多播**。这样说可能不是很清楚，我们还是看个例子：01:00:5E:00:00:01 是一个多播 MAC 地址，因为图 3-5 中阴影显示的"1"表示这是一个多播地址。

| 十六进制 | 01 | 00 | 5E | 00 | 00 | 01 |
|---|---|---|---|---|---|---|
| 二进制 | 00000001 | 00000000 | 01011110 | 00000000 | 00000000 | 00000001 |

图 3-5　标识 MAC 地址单播还是多播的二进制位

在本章最后，为防止图 3-4 的名称让一部分读者觉得不太踏实，我再补充说明一点。目前，**以太网有两种封装格式**，图 3-4 所示的格式只是其中的一种，这种格式叫

作 **Ethernet II** 封装。这种封装方式相对来说比较常用，也比较简单，但它并不是 IEEE 的标准化数据帧封装格式。**IEEE 802.3 定义的封装格式要比 Ethernet II 格式复杂一些**。为避免读者产生混淆，我们在这里暂不对这种比较复杂的封装格式作详细介绍。

## 3.5 总结

本章对应的 CCNA 考点：

1.3 Compare physical interface and cabling types；

1.4 Identify interface and cable issues (collisions, errors, mismatch duplex, and/or speed)。

本章篇幅不长。在本章中，我们围绕着一些与以太网有关的话题进行了简单的探讨，比如以太网的得名、它的冲突检测机制、双工模式与自动协商等。我们还对以太网常用的两种物理介质，也就是双绞线和光纤进行了介绍。在本章的最后，我们把重点放在了以太网数据帧的封装格式上，并借助介绍 Ethernet II 格式的头部字段之机，对我们在上一章中欲言又止的一个概念——MAC 地址进行了说明。

在本章，我们曾经在提到共享介质的以太网这一概念时，提及了交换机转发数据帧的方式，并且把交换机和近乎转接头的非智能设备 —— 集线器进行了对比。在下一章中，我们会对网络中最为常用的两种设备 —— 路由器和交换机的概念及用法进行介绍。

## 本章习题

1. 以下哪个标准系列定义了以太网标准？
   a. 802.1
   b. 802.3
   c. 802.11
   d. 802.21

2. 在 CSMA/CD 网络中，两台设备同时发出了数据，会发生什么情况？
   a. 数据到达正确的目的地且保持完整
   b. 数据到达正确的目的地但遭到破坏
   c. 数据到达错误的目的地
   d. 数据无法到达目的地

3. 在 CSMA/CD 网络中，设备何时可以传送数据？（选择两项）
   a. 当获得了服务器的访问权限时
   b. 当设备没有检测到其他设备正在传输时
   c. 当媒介空闲时
   d. 当媒介连通时

4. 当通信双方的其中一方不支持双工模式自动协商时，双方使用以下哪种双工模式进行通信？

   a. 100Mbit/s 全双工

   b. 100Mbit/s 半双工

   c. 10Mbit/s 全双工

   d. 10Mbit/s 半双工

5. 路由器、交换机和集线器分别隔离了什么？

   a. 广播域、冲突域、无

   b. 广播域、冲突域、冲突域

   c. 广播域、广播域、冲突域

   d. 冲突域、冲突域、无

6. 以下叙述正确的是？

   a. 相同设备之间使用直通线，不同设备之间使用反转线

   b. 相同设备之间使用反转线，不同设备之间使用直通线

   c. 相同设备之间使用直通线，不同设备之间使用交叉线

   d. 相同设备之间使用交叉线，不同设备之间使用直通线

7. 与铜线相比，光纤带来的好处有哪些？（选择两项）

   a. 带宽更高

   b. 传输距离更长

   c. 更经济

   d. 更安全

8. 以太网数据帧中的 CRC 作用是什么？

   a. 接收方检查数据帧的完整性

   b. 传输设备检查数据帧的完整性

   c. 接收方检查数据帧的顺序

   d. 传输设备检查数据帧的顺序

9. 以下关于 MAC 地址的描述，正确的是？

   a. MAC 地址是设备的逻辑地址

   b. MAC 地址只能在一个局域网内部唯一标识一台设备

   c. MAC 地址的长度是 48 比特

   d. 全 0 的 MAC 地址是广播地址

# 第4章

## 路由器和交换机在网络中的作用

还记得第1章中邮递信件的故事吗？在那一章，我通过自己小时候对邮政系统"不甚成熟的理解方式"说明了一个道理：在我们寄送物品、传递信息时，中间过程是有可能被最终用户所忽略的。

最终用户能够忽略中间的传递过程，这肯定是件好事，比经常需要打电话投诉各种奇葩快递员强得多。类比网络技术领域，我们也可以得出类似的结论：让最终用户忽略网络通信的中间步骤，是网络工程师的最终奋斗目标之一。

网络技术毕竟是一个技术性极强的领域，这就决定了网络技术人员所服务的对象往往对这个领域一无所知或一知半解。可是，"不理解"并不等于"忽略"。用户搞不懂自己为什么掉线，并不意味着他们就会对自己连不上 Wi-Fi 的情况一笑而过，更不意味着他就不会对技术人员破口大骂。因此，作为专业人士，为了让最终用户能够忽略通信的中间过程，我们自己必须先熟练掌握这个过程，这样才能防患于未然。万一用户察觉到网络异常，这些知识也是我们及时有效解决问题的理论依据。

在前面的几章中，我们虽然也提到过有中间设备（如交换机）会参与数据的转发，但是并没有详细说明中间设备转发数据的过程。为了方便说明，我们甚至刻意营造了一种"熊孩子假象"，仿佛发送者和接收者之间有一条神奇的管道，只要发送者将数据传入管道的一端，数据就会顺利地到达管道的另一端。事实上，网络的中间设施多种多样，数据在网络中传输时可能会经过大量的中间设备，而每种设备对于数据的操作也不尽相同。在本章，我们会通过介绍数据在网络上传输时物理层设备、数据链路层设备和网络层设备对其进行的操作，来描述路由器和交换机在网络中的作用。

### 4.1  物理层设备和功能

之前说过，"傻集线器"（还真有不少人这么叫）可以视为一个多向接头。所以说，主机与主机之间只连了一台集线器，基本相当于主机与主机直接相连，如图 4-1 所示。在这个场景中，你可以把集线器视为物理层设备，也可以称**集线器工作在物理层**。

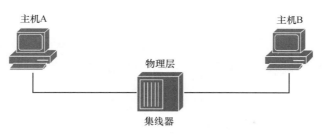

图 4-1　物理层设备示意

物理层设备工作在网络的底层（一层），数据在通过物理层设备传输时，物理层设备本身并不对数据进行封装/解封装等操作，数据在发送方经过从上到下的封装过程之后，需要经过物理层设备才能传输给接收方——毕竟物理层设备把发送方和接收方设备连接在了一起，并且如实地为它们传输了信息（见图 4-2）。

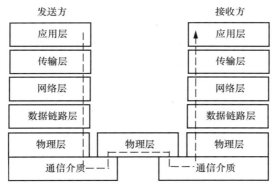

图 4-2　物理层设备的操作

总之，物理层规定了数据传输的机械、电子和功能等方面的标准，而集线器这种物理层设备也因此可以发挥连接设备、传递信息的功能。

## 4.2　数据链路层设备和功能

在前一章中我们也说过，集线器的使用已经基本退出了历史舞台，目前正在淡出人们的记忆。目前，网络上的通信主机之间大体上是不会直接相连的，也不会通过集线器相连。在局域网环境中，主机之间通常有一台或多台数据链路层设备，如图 4-3 所示。而上一章中我们提到的**交换机就属于典型的数据链路层设备**，我们计算机的**网卡也属于数据链路层设备**。

交换机这玩意儿，英文叫 switch，这个单词当然不是专门为交换机设计的，它的原意是"开关"。对于初学者来说，交换机和开关之间到底是什么关系似乎并不好理解。关于这个问题，我读过的最简单的解释来自维基百科法语版的 switch 词条，其中有一句话对交换机的作用作出了这样的解释。

"switch 是指一种网络开关，这种设备可以让连接在一起的通信设备（终端、计算机和服务器）之间相互建立通信……"（Un **switch** désigne un commutateur réseau, équipement ou appareil qui permet l'interconnexion d'appareils communicants, terminaux, ordinateurs, serveurs...）。

换句话说，这些设备本来就是连接在一起的，但是它们是否能"通"，谁和谁"通"，则取决于把它们连接在一起的交换机。

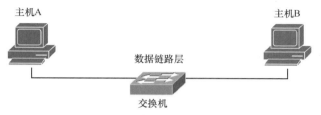

图 4-3　数据链路层设备示意

如果读者已经离开学校太久，可以通过图 4-4 回忆一下开关的效果，也可以把图 4-4 和后面我们要展开介绍的图 4-5 进行对比。

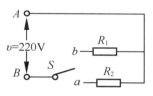

图 4-4　交换机与开关

那么，交换机是怎么实现这种功能的呢？

在以太网环境中，每个连接到网络中的设备都会有一个数据链路层地址（也就是上一章中我们刚刚介绍过的 MAC 地址）。**交换机会依据数据帧的目的 MAC 地址，有选择地将数据帧转发给这个数据帧的目的设备**，而不是漫无目的地转发给所有连接设备。说得再具体点，每台交换机上都有很多以太网端口（二层接口），因此一台交换机可以连接多台网络主机，而这些主机各有唯一的 MAC 地址。这样一来，当主机之间转发数据帧时，交换机就可以把自己的端口（也就是二层接口）和这些主机 MAC 地址之间的对应关系记录下来（交换表），此后交换机就会利用这个交换表来转发数据帧。下面我们通过图 4-5 来详细描述这个过程。

在图 4-5 中，主机 A 已经知道了主机 C 的 MAC 地址（6854.5ABB.8962），而且希望和它建立通信。显然，在主机 A 发给主机 C 的数据帧头部中，源 MAC 地址是主机 A 的 MAC 地址（6854.5ABB.8960），而目的 MAC 地址为主机 C 的 MAC 地址（6854.5ABB.8962）。在交换机收到这个数据帧时，交换机会查看这个数据帧头部的目的 MAC 地址，发现这是一个发给 6854.5ABB.8962 的数据帧，于是它就开始查找自己的交换表，查找后，交换机发现这台目的主机连接在自己的 G0/0/3 端口上，于是将数据帧从快速以太网端口 3 发出，传输给了主机 C。正是因为交换机的这种颇有针对性的工作方式，多台主机同时发送数据时才不会在同一个物理介质中相遇并发生冲突。所以我们在前一章中说，**交换机可以隔离冲突域**。

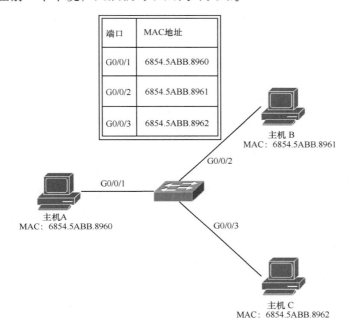

图 4-5　交换机功能示意

不过我们在上一章的末尾也说过，数据帧的目的 MAC 地址不仅可以是单播地址，也可以是广播地址。**当交换机收到一个目的地址为广播地址的数据帧之后，就会把这个帧从除接收该帧的端口之外的所有端口转发出去。**我们还是以图 4-5 为例。如果交换机从 G0/0/1 收到的是主机 A 发来的广播数据帧，那么它就会把这个帧从 G0/0/2 和 G0/0/3 这两个端口发送出去，**这种处理方式叫作泛洪（flooding）。**而泛洪出去的数据帧可以到达的设备共同组成了一个广播域。

除了交换机收到广播数据帧之外，还有另一种情形会让交换机执行泛洪，那就是**交换机在查找自己的交换表之后，发现这个数据帧的目的地址在自己的交换表中并不存在。**这个时候，为了确定这个数据帧的目的地址到底对应自己的哪个端口，**交换机也会采取广播寻人的方式来处理数据帧。**

综上所述，当数据链路层设备（比如交换机）接收到数据时，它们会查看帧在数据链路层封装的字段（比如源 MAC 地址和目的 MAC 地址字段），然后根据这些字段中的信息对数据帧执行相应的操作。所以，图 4-3 所示的两台设备在进行通信时，数据的处理过程可以抽象为图 4-6 所示的这样一个流程。

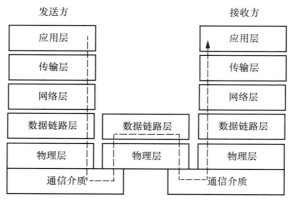

图 4-6　数据穿越数据链路层设备时的处理流程

　　这个过程具体描述起来就是，数据首先在源设备经过层层处理，最终以电信号的形式被传输到了物理介质上。而当数据链路层设备接收到这些信号时，会把它们还原（也叫解封装）成二层的数据帧，查看源设备在封装数据帧时添加的头部字段，并且根据这些字段决定如何对数据帧进行操作，然后把数据帧编码成电信号，按照之前决定的处理方式把它们发送到相应的物理介质上。信号最终经过物理介质设备传输后到达接收方，再经过接收方层层解封装的过程，还原出原始的应用数据。

　　说完了数据链路层设备，我们再简单地聊一聊网络层设备。

## 4.3　网络层设备和功能

　　**最典型的网络层设备就是路由器和三层交换机**，它们决定了数据包在网络中传输的路径。它们决定数据包转发路径的处理方式就复杂多了，我们会从第 10 章开始介绍这部分的内容。概括地说，**路由器（也包括三层交换机，后同）在接收到数据包时，会查看它的目的网络层地址（也就是目的 IP 地址）**，然后根据一个叫作"路由表"的本地数据库，**来判断如何转发**这个数据包。当然，路由器与路由器之间必须遵照一些相同的标准，才能同步路由表中的信息，能够让路由器之间自动同步信息的标准叫作路由协议，这是后话。

　　总之，按照图 4-6 所示的方式，我们也可以将两台主机之间穿越路由器转发数据时数据的处理过程总结为图 4-7 所示的流程。

　　在前文中我们说过，交换机可以隔离冲突域，或者说，交换机的每一个端口都是一个独立的冲突域。同时也提到过，交换机在接收到广播数据帧时，会对数据帧进行泛洪。因此，通过交换机相连的设备，默认都处于同一个广播域中。而路由器的处理方式则与此不同，在它收到以太网广播数据帧时，不会对其进行泛洪。所以，**路由器可以隔离广播域**。

　　图 4-8 所示的是一个包含了集线器、交换机和路由器的拓扑，其中每一个浅色阴影区域表示一个独立的冲突域，而每一个深色阴影区域则表示一个独立的广播域。通过这张图，相信所谓"交换机隔离冲突域、路由器隔离广播域"的概念一目了然。

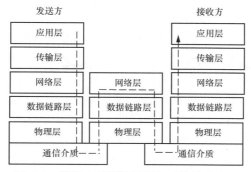

图 4-7　数据穿越网络层设备时的处理流程

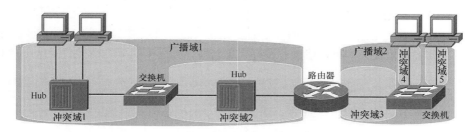

图 4-8　冲突域与广播域

注意，二层设备虽然经手了这个数据，但它并没有把它解封装为原始的应用层数据，也没有查看和处理数据链路层之上各层的封装信息；它只会把自己接收到的信号解封装为数据链路层的数据帧；同样，在三层设备处理数据时，它也不会把它解封装成原始的数据，而只是解封装为三层的数据包。这就像邮递员不负责处理邮件的内容，只负责处理邮件的信封一样。

希望读者读到这里时，能够渐渐开始理解在第 1 章中提到的概念，那就是：分层的理念让各层设备在功能上变得更加独立，这可以给工程师的排障工作提供理论依据。举个简单的例子，如果你发现你和局域网中的另一台主机之间打不了 CS 了，但游戏可以照玩儿不误，那么这个问题就应该跟你刚换了这个局域网中的二层（数据链路层）交换机关系不大，因为二层交换机在功能上压根区分不了你们二位玩的是 CS 还是星际。这就像你特别爱吃炸酱面，基本每天都得来上一顿，结果偶然有一天你吃了顿比萨饼，发现自己过敏了，那你第一个可以排除的过敏原就是面粉，因为要是你对面粉过敏，你在吃炸酱面的时候就应该有过敏反应，而不管这面粉的烹饪方式是意大利工艺还是本土风味。说到风味儿能不能接受，那应该另当别论了。

## 4.4　总结

本章对应的 CCNA 考点：

1.1.a　Routers；

1.1.b　Layer 2 and Layer 3 switches。

恰如对应的考点所示，在本章，我们的重点是把负责传输信息的设备加入通信的过程中，以阐述它们在通信过程中发挥的作用。在阐述各类传输设备的作用时，我们把这些设备分成了物理层设备、数据链路层设备和网络层设备，并对它们的工作方式分门别类地进行了介绍。在本章最后，我们通过对面粉过敏的示例，说明了分层理论是如何帮助工程师分析现象、发现问题的。

细心的读者一定会发现，我们在这一章将大量笔墨花费在了数据链路层的设备及其工作方式的介绍上。我们这样做的原因也很好理解，这是因为我们已经通过前一章的内容，对数据链路层的一部分原理进行了介绍。而对于网络层，哪怕是一些最基础的理论知识，我们也还没有展开进行介绍，因此，我们在本章中就必须尽可能回避这些理论。

好在当读者学完第 5 章的内容之后，也就具备了理解本书后文的理论基础。第 5 章涉及的内容既重要又抽象，请读者做好思想准备，打起十二分的精神迎接这一章的内容。

## 本章习题

1. 以下关于二层以太网交换机的描述正确的是？（选择两项）
   a. 配置了虚拟局域网（VLAN）的交换机会同时根据二层和三层地址信息作出转发决策
   b. 通过创建多个 VLAN 增加了广播域的数量
   c. 交换机收到了未知目的地址的数据帧后，会使用 ARP 来解析出正确地址
   d. 把大网络分割为多个小网络减少了冲突的数量
2. 以下关于冲突域的描述错误的是？
   a. 在一个冲突域中，同一时间只能有一台设备发送数据
   b. 交换机上的一个端口就是一个冲突域
   c. 两个冲突域之间的通信必须通过路由器
   d. 在网络中添加集线器并不能增加冲突域的数量
3. 路由器、交换机和集线器分别工作在 OSI 的第几层？
   a. 3、2、1
   b. 1、2、3
   c. 3、2、2
   d. 3、3、1
4. 以下关于路由器的描述错误的是？
   a. 路由器根据三层地址转发数据包
   b. 路由器根据路由表转发数据包
   c. 路由器收到广播后，会从所有接口进行泛洪
   d. 在网络中添加路由器可以增加冲突域的数量

# 第5章

## IP 编址

### 5.1　二进制到十进制的转换

　　首先说明，本章一反常态地取消了前面每章开头的概述性文字，不是因为我懒。工程技术领域的大多数理念来自仿生，所以想要描述得形象一些还不算太难。但数学则是纯粹的理论推演，并没有什么比方可打。所以，本章开头的叙述难免需要比较严肃的创作态度，也需要比较淡然的阅读心态。当然，即使如此，我的创作过程还是相当轻松愉快的，希望这种心态能够通过文字传递给每一位读者。

　　本章会在一首一尾分别介绍二进制转换为十进制和十进制转换为二进制的方法。如果读者对于这些知识比较熟悉，可以跳过不读，直接去阅读中间关于 IP 地址的内容。

　　那么，怎么才算熟悉呢？我们来做一个简单的测试，看看你对二进制是否敏感：

　　**世上有 10 种人，一种人懂二进制，还有一种人不懂二进制。**

　　你属于哪一种？

　　言归正传，我们先来聊聊二进制与十进制相互转换的方法。

　　让我们先从"进制"说起。用最简单也最不严谨的方式说所谓的"进制"，就是数到几的时候，让这个数增加一位，同时后一位从头数起。比如日常生活中，我们使用的**十进制**，就是在数到十的时候，让数字在原来一位数的基础上增加一位，变成"10"这样一个两位数。

　　如果读者之前的专业离理工科很远，属于文史哲一类，可能会对这个概念感到非常陌生，难道还有数到其他数进位的计数方法吗？

　　那当然！数学是人们根据自己的习惯定义的模型，数到几从一位数变成两位数完全可以根据人们的习惯而定。那么，难道还有什么地方的人习惯于数到其他数字进位吗？有，不过非常少见，比如古巴比伦采用的就是六十进制。之所以大多数独立的文明普遍选择了十进制，相传亚里士多德的解释是因为绝大多数人生来就有十根手指。

　　不知道你仔细观察过没有：计算机（包括路由器、交换机等）基本不长手指头，所以它们也不觉得用十进制来计数有什么优越性。对于这种电子设备来说，它们最适合处理只用 1 和 0 描述的信息，所以它们内部都是以**二进制**的形式处理数据的。具体到 IP 地址，虽然配置过它的人都知道，管理员在配置 IP 地址时输入的是十进制数，但网络中的主机和中间设备在处理 IP 地址的时候，还是会按照二进制的方式进行处理。管理员之所以可以输入十进制的 IP 地址，纯粹是因为十进制更符合人们的使用习惯。为了让人类和计算机都能够使用符合各自习惯的计数方法，网络技术人员就必须学会二进制与十进制的转换方法。

在十进制中，第一位上的 1 表示 1，第二位上的 1 表示 10，第三位上的 1 表示 100，以此类推，每位都有自己的权重值。因为是十进制，所以每位的权重都是后一位权重的 10 倍。而每个十进制数都可以表示为各位的数值与相应位权重值的乘积之和，比如 121 就可以表示为 $1\times10^2+2\times10^1+1\times10^0=1\times100+2\times10+1\times1=121$。

二进制数当然也符合同样的规律，第一位上的 1 表示 1，第二位上的 1 表示 2，第三位上的 1 表示 4，以此类推，因为是二进制，所以每位的权重都是后一位权重的 2 倍。所以，**如果把二进制数各位的数值与相应位权重值的乘积加在一起，就可以换算出这个二进制数对应的十进制数**。比如，二进制数 10000000 对应的十进制数，就是 $1\times2^7+0\times2^6+0\times2^5+0\times2^4+0\times2^3+0\times2^2+0\times2^1+0\times2^0=1\times128+0\times64+0\times32+0\times16+0\times8+0\times4+0\times2+0\times1=128+0+0+0+0+0+0+0=128$。

而二进制数 11100000 对应的十进制数是 $1\times2^7+1\times2^6+1\times2^5+0\times2^4+0\times2^3+0\times2^2+0\times2^1+0\times2^0=1\times128+1\times64+1\times32+0\times16+0\times8+0\times4+0\times2+0\times1=128+64+32+0+0+0+0+0=224$。

再比如，二进制数 10101101 对应的十进制数是 $1\times2^7+0\times2^6+1\times2^5+0\times2^4+1\times2^3+1\times2^2+0\times2^1+1\times2^0=1\times128+0\times64+1\times32+0\times16+1\times8+1\times4+0\times2+1\times1=128+0+32+0+8+4+0+1=173$。

二进制转换为十进制的方法比 20 以内加减法难不了多少。稍加练习，就可以口算 8 位二进制数到十进制数的转换。说完了二进制到十进制的转换方法，我们就可以开始介绍 IP 地址的编址方法了。至于十进制怎么转换成二进制，后文再说。

## 5.2 IP 地址

IP 地址是一种用于标识网络设备的数字标签，这就好比每个人都有一个电话号码。IP 地址在写法上是以二进制为单位进行操作的，因此我们需要在理解二进制的基础上对 IP 地址进行规划。读者接下来可以趁热打铁，一边学习 IP 地址的格式，一边练习 5.1 节提到的进制转换。

### 5.2.1 IP 地址的表示形式

在第 2 章，我们介绍了 IP 封装的头部字段格式。其中源 IP 地址和目的 IP 地址字段都是 32 位的。也就是说，**IP 地址是一个 32 位的二进制数**。可是前一节中，我们演算的所有二进制数都是 8 位的，这倒不是怕读者一上来就被 32 位二进制数转换成十进制数的庞大计算量吓倒，而是因为在用十进制表示 IP 地址时，人们从来不会把这 32

位二进制数作为一个整体转换为十进制数，而是会把它均分为四段——每段为 8 位二进制数，再把各段的 8 位二进制数分别转换成十进制数，十进制数与十进制数之间用点隔开，这就形成了 **IP 地址的通用表示方式，称为点分十进制**。再次强调，没人会把 32 位 IP 地址作为一个整体去计算它的十进制数，而会采取点分十进制的表示方式，将每段的 8 位二进制数分别以十进制表示出来。比如，人们会将 IP 地址 10101100 00010000 01111010 11001100 表示为 172.16.122.204，如图 5-1 **下半部分**所示。

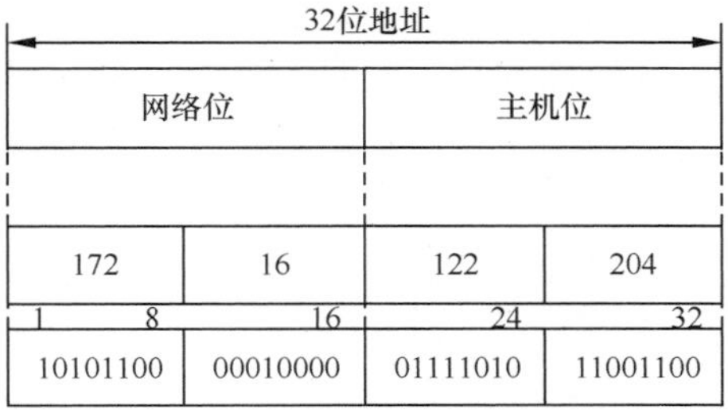

图 5-1　IP 地址示例

说完了图 5-1 的下半部分，我们接下来的任务当然是解释图 5-1 的上半部分。

在介绍 MAC 地址的时候我们说过，之所以 MAC 地址只能用来在以太网本地进行寻址，就是因为 MAC 地址的属性是自然属性，它就像人类的相貌一样，虽然世上没有两片相同的树叶，靠面孔足以唯一地确定一个人的身份，但因为人们的相貌是随机分布的，无法进行归类，所以靠相貌寻人堪比大海捞针。

显然，IP 地址作为一种逻辑地址，如果也以用户为单位进行随机分配，它就和 MAC 地址没有任何区别了。说得具体一点，容易进行寻址的地址都是层级化的地址，比如中华人民共和国北京市海淀区苏州街 18 号长远天地 B1-1005。

实际上，在分配 IP 地址时，地址空间被分成了两部分：前面一部分是网络位，这一部分是 IP 地址管理机构分配给各个网络使用的地址段；而后面一部分则是主机位，这一部分是由网络管理者分配给各个具体的设备使用的。对于图 5-1 所示的这个 IP 地址，它的前 16 位就是网络位，而后 16 位则是主机位。

有的读者在这里会产生这样的疑问：MAC 地址不也分成由地址管理机构分配给厂商的部分和由厂商分配给设备的部分吗？为什么 IP 地址就便于归类，而 MAC 地址就不便于归类呢？

这个道理再简单不过了，因为先把地址以前缀的形式（网络位）分配给各个网络，再由网络把主机位分配给各个主机，那么这些主机就像买了同一个小区住房的业主，他们不仅拥有相同的地址前缀，而且实际上也居住在一起。快递员在根据地址寻人时，只要先找到了这个小区，自然也就离该小区的某位业主很近了。即使有业主打算把自己的住房转卖，那么新业主接手之后，当然会连同地址也接手过来，老业主卖掉了这处住房，则会搬去其他地方，获得一个新的可归类地址来收发快递。因此，IP 地址以网络为单位进行归类，设备的地址不动，而寻址找的是地址而不是设备，当然比较容易找到。

反观 MAC 地址，先把地址分配给厂商，再由厂商分配给设备。厂商在销售产品的时候完全是随机的，因此很难保证所销售的产品会同时出现在同一个网络中。对于很多有国际影响力的厂商来说，它们的产品会销往这个星球的各个角落，那么这些产品的地址又怎么可能进行归类或者寻址呢？退一万步讲，就算我们可以通过一个无穷大的数据表进行寻址，一旦这个星球上有任何一台主机搬家，比如从北京搬去布宜诺斯艾利斯，烧录在主机上的地址也会跟着设备一起搬去南美，整个寻址网络中的所有设备要想再找到它就必须更新自己的寻址方式。所以，MAC 地址以厂商进行归类，地址跟着设备动，想要实现全网寻址几乎就是天方夜谭，因此只适合在局部环境中标识设备。

那么，既然 IP 地址分成网络位和主机位两部分，这两部分又是如何进行分配的呢？

## 5.2.2 IP 地址的分类

前面我们说了，IP 地址可以区分不同的网络，那么具体到各个地址，究竟前面多少位是网络位呢？

IPv4 定义了 5 种地址类型，其中 **A 类、B 类和 C 类地址为单播 IP 地址，D 类地址为多播地址，而 E 类地址为实验地址**，并不分配给大众使用。本章我们姑且忘掉 D 类和 E 类地址，专门说说单播 IP 地址的分类。

学习单播 IP 地址的分类需要记住两个问题：

- A、B、C 类地址是怎么划分的？
- A、B、C 类地址是怎么定义网络位的？

我们下面就来依次解答这两个问题。

### *A 类地址*（Class A）

在 **32 位 IP 地址中，第一位二进制数为 0 的地址属于 A 类地址；A 类地址的前 8 位二进制数是网络位**。

我们来算一笔账。

首先，按照 IP 地址的方式表示，32 位的 IP 地址要分成 4 段，每段 8 位。所以，第 1 位二进制数为 0 的地址就是第一段的二进制取值为 00000000～01111111 的地址。换算成十进制，就是 **0.x.x.x～127.x.x.x 的地址都属于 A 类地址**。

其次，A 类地址的前 8 位二进制数是网络位，8 位二进制数为一段。按照点分十进制的表示方法，第一个点前面的是网络位，后面的则是主机位。

### *B 类地址*（Class B）

在 **32 位 IP 地址中，前两位二进制数为 10 的地址属于 B 类地址；B 类地址的前**

**16 位二进制数是网络位**。

同理，按照 IP 地址的方式表示，前两位二进制数为 10 的地址就是第一段的二进制取值为 10000000～10111111 的地址。换算成十进制，就是**128.x.x.x～191.x.x.x** 的地址都属于 **B** 类地址。而 B 类地址的前 16 位二进制数是网络位，8 位二进制数为一段。按照点分十进制的表示方法，第二个点前面的是网络位，后面的则是主机位。

### *C 类地址（Class C）*

在 **32** 位 **IP** 地址中，前三位二进制数为 **110** 的地址属于 **C** 类地址；**C** 类地址的前 **24** 位二进制数是网络位。

同理，按照 IP 地址的方式表示，前三位二进制数为 110 的地址就是第一段的二进制取值为 11000000～11011111 的地址。换算成十进制，就是**192.x.x.x～223.x.x.x** 的地址都属于 **C** 类地址。而 C 类地址的前 24 位二进制数是网络位，8 位二进制数为一段。按照点分十进制的表示方法，第三个点前面的是网络位，后面的则是主机位。

最后，我们简单介绍一下多播 IP 地址。多播 IP 地址也就是 D 类地址（Class D）。在 **32** 位 **IP** 地址中，前四位二进制数为 **1110** 的地址属于多播地址。因此，按照 IP 地址的方式表示，前四位二进制数为 1110 的地址就是第一段的二进制取值为 11100000～11101111 的地址。换算成十进制，就是**224.x.x.x～239.x.x.x** 的地址都属于多播地址。

上述所有内容可以总结为图 5-2 所示的分类规则。

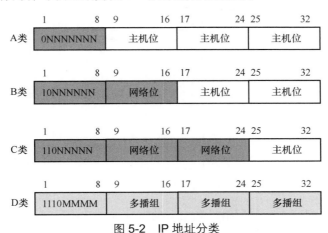

图 5-2　IP 地址分类

仔细对比图 5-2 和上文的读者也许注意到了，在以上列出的不同类地址范围中，并没有包含**每一个**可用的地址。下面我们说说没有包含在图 5-2 中的非主流地址。

- 貌似没有**第一位十进制数是 0 的地址**：因为这些是**未指定地址**。
- 貌似没有**第一位十进制数是 127 的地址**：这些地址叫作**环回地址**。这个地址经常用来测试计算机能否和自己实现网络层的通信。这一概念听着很荒唐，自己怎么可能无法和自己实现网络层的通信呢? 实际上,自己与自己的网络层通信是建立在 TCP/IP 协议栈已经正确安装的大前提下。这个概念在此不便展开,读者只需记住 ping 127.0.0.1 确实是一种非常常用的测试方法,因此第一位十进制数为 127 的地址已经有专门的用途,所以不能再分配给任何主机使用了。

- 主机位全 0 的地址: **主机位全为 0 的地址是这个网络的网络地址**,这个地址是不能分配给某一台具体的主机的。
- 主机位全 1 的地址: **主机位全为 1 的地址代表这个网段的所有主机地址**,这个地址也是不能分配给某一台具体的主机的。

这么一说,IP 地址本来就不够用,还有很多为各种用途预留的地址不能分配给用户。所以,作为管理员,我们难免就需要了解一个网络有多少个地址可供分配给用户。这个算法当然不难,主机位有几位二进制数,理论上就有 2 的几次方个地址,再减去全 0 的网络地址和全 1 的广播地址,就得到了实际可供分配的地址数量。图 5-3 所示为计算可用主机数量的一个示例。根据 $2^{16}$-2 这样一个简单的运算,我们立刻可以得出一个结论,也就是 172.16.0.0 这个网络中有 65534 个地址可分配给用户。

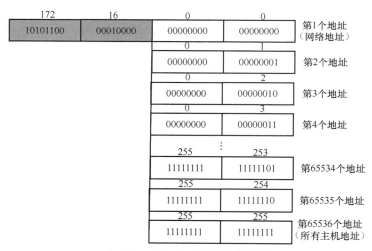

图 5-3  计算可用主机数量示例

除了上面这些不能分配给最终用户的特殊地址,还有一部分单播 IP 地址可以分配给大量的最终用户,这又是怎么回事呢?

我不知道有多少读者会出于好奇,而计算过这 32 位 IP 地址到底包括了多少个地址。我可以直接公布答案,那就是 IP 地址的总数满打满算不到 43 亿个。所谓"满打满算",就是指我们把网络地址、广播地址、特殊地址、多播地址全都当成可以分配给最终用户的地址计算了进去。也就是说,哪怕按照绝对数量计算,IP 地址也是无法满足全人类的使用需求的。所以,人们定义了一部分 IP 地址,这些地址可以在不同的内部网络中重复使用，而且组织机构在使用这些地址的时候也不需要向地址管理机构递交申请。当然，由于这些地址在太多内部网络中进行了复用，因此以这些地址作为源、目的地址的数据包就不能原封不动地被转发到互联网环境中。这就像通过人名找人很不靠谱一样，因为人们的姓名就是随机复用的，试问哪个学校没有同名同姓的同学。

具体到如何处理以这些地址作为源地址和目的地址的数据包，我们留待后面的第12 章再进行具体介绍。本章的重点是 IP 地址，所以我们在这里只负责向读者推荐这些（被定义为）可以在多个内部网络中进行复用的地址。

一般来说，这种我们可以在组织内部自行使用的地址称为私有 IP 地址，一共包括下面 3 段。

- A 类地址中：**10.0.0.0～10.255.255.255**。
- B 类地址中：**172.16.0.0～172.31.255.255**。
- C 类地址中：**192.168.0.0～192.168.255.255**。

### 5.2.3　掩码

在本节，我们最后还有一个小小的话题。就像前面说的一样，单播 IP 地址经常是分成主机位和网络位两部分的。为了方便设备计算出一个 IP 地址的网络位和主机位，**IP 地址经常需要与一个用来标识主机位和网络位的代码一起使用，这个代码叫作网络掩码（network mask）**。

掩码这个词儿，直译过来是"面具"，也有的翻译成"遮罩"。既然有的称"遮"，有的称"掩"，那么这个代码到底是为了"遮掩"什么呢？实际上，它是为了遮掩 IP地址的主机位，而露出 IP 地址的网络位。当然，你也可以把这个过程理解成，掩码像用盛面条的漏勺一样盛出了 IP 地址的网络位，而把主机位滤掉了。总之，**它的作用就是告诉网络中的设备，这个 IP 地址中前多少位是网络位。**

但这是怎么实现的呢？

要说清楚这个问题，必须先说说掩码的表示形式。**掩码的长度和 IP 地址一样，也是 32 位二进制数**。但掩码有一个固定规律，那就是它一定从连续的 1 开始，并有可能从某一位开始变为连续的 0，此后的每一位也都是 0。那么，它从哪一位开始变成 0呢？从它对应的 IP 地址主机位开始变成 0。也就是说，它对应的 IP 地址有多少位网络位，它的左边就有多少个"1"，剩下的主机位则全部为"0"。所以，A 类地址的默认掩码就是 8 个 1 后跟 24 个 0，换算成点分十进制就是 255.0.0.0；以此类推，B 类地址的掩码就是 255.255.0.0；而 C 类地址的默认掩码则是 255.255.255.0。

接下来说说这个掩码是怎么遮掩主机位，并且得到这个地址对应的网络地址的。简单地说，设备会对 IP 地址和掩码进行"与"运算，而"与"运算的规则是：只要进行"与"运算的两个二进制数中有一个是 0，计算的结果就是 0；只有当两个二进制数都是 1 时，结果才是 1。听上去有点难，其实容易得不能再容易了。下面我们结合图

5-4 来具体解释一下掩码和与运算。

| 172 | 16 | 2 | 160 | |
|---|---|---|---|---|
| 10101100 | 00010000 | 00000010 | 10100000 | IP 地址 |

| 255 | 255 | 0 | 0 | |
|---|---|---|---|---|
| 11111111 | 111111111 | 00000010 | 10100000 | 掩码 |

| 10101100 | 00010000 | 00000000 | 00000000 | 网络地址<br>（与运算结果） |
|---|---|---|---|---|
| 172 | 16 | 0 | 0 | |

图 5-4　掩码和与运算

172.16.2.160 是一个 B 类地址，因此它的掩码是 16 位，我们先从左边的 16 位二进制数说起。前面我们说过，"1 与 1"等于 1，"0 与 1"等于 0，所以"与 1"的运算相当于保持不变，于是 10101100 还是 10101100；而 00010000 也还是 00010000。这样一来，网络位的 172 和 16 这两个数值就保留了下来。

再看右边的 16 位，前面我们也说过，"谁与 0"都得 0，所以后 16 位更好算：因为掩码为全 0，所以与运算的结果也是全 0。这么一来，172.16.2.160 255.255.0.0 这个地址与掩码的组合，就可以告诉网络中的设备：172.16.2.160 这个 IP 地址的前 16 位是网络位，这个地址的网络地址就是 172.16.0.0。

## 5.3　划分子网与 VLSM

把单播 IP 地址分为 A、B、C 类有一个相当麻烦的后果，这种粗糙的分类方式造成了 IP 地址的严重浪费。比如说，一个 A 类地址网络包含的可用地址数量是 1600 多万个。很多读者恐怕对"1600 万"这个数没什么概念，我们不妨说得直白一点：人口数量能够达到 1600 万的国家，大概是这个世界上国家总数的 1/3，还有 2/3 的国家人口总数到不了 1600 万。至于企事业机构，据说沃尔玛（Walmart）是全世界雇员人数最多的企业，员工数量约 210 万人。这么算来，如果沃尔玛的员工每人有 7 台可上网设备，应该可以比较合理地利用一个 A 类地址段。

可想而知，能够高效地利用一个 A 类地址的机构，恐怕真的不会太多。

随着互联网的发展，网络的数量正在疯狂增加。而这些新增网络的规模大小不一，如果在给各个网络分配 IP 地址时都按前面介绍的 A、B、C 这种主类网络进行分配，这些 IP 地址的利用率恐怕会低得可怜。为了更加有效地利用数量上本来就捉襟见肘的 IP 地址，就应该在使用时把主类网络划分成更加细致的网络，而这种在主类网络中划分出来的网络称为**子网**。

就 A、B、C 这种主类网络而言，我们只要看到它的第一个十进制数，就可以根据它的主类判断出这个地址的前多少位是网络位。可是，既然我们可以划分子网，就说明我们可以打破 IP 地址"类"的限制，这就让 IP 地址本身没法再体现出自己的前多少位是网络位。为了表示一个 IP 地址的网络位数量，就必须将 IP 地址和它所对应的掩码一起使用。划分子网不难，方法就是从主机位那里"借位"，而这个过程显然涉及调整掩码长度的工作。这种打破了类限制，根据需要进行伸缩的掩码叫作可变长子网掩码（Variable Length Subnet Mask，VLSM）。

> **注释：**为了方便后面的介绍，我们先在这里介绍掩码的另一种更常用的表示形式。除了将掩码用与 IP 地址相同的点分十进制表示，我们也可以用"IP 地址/网络位的数量"来表示掩码。比如 172.16.122.204 255.255.0.0，因为这个 IP 地址的网络位是 16 位，所以这个地址可以表示为 172.16.122.204/16。

在具体介绍子网划分之前，我们先通过图 5-5 来复习一下主类网络的网络掩码和网络位之间是如何对应的。

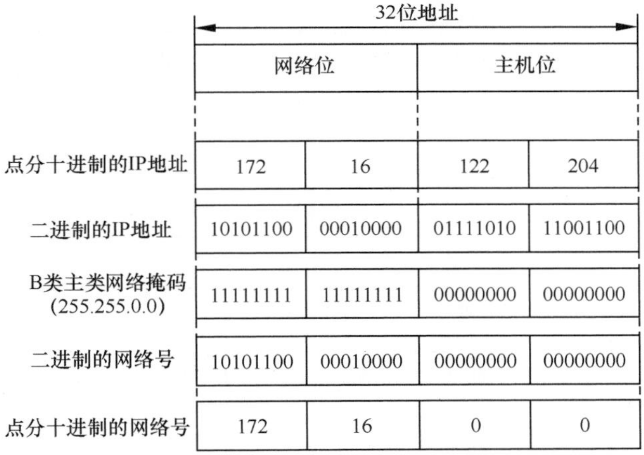

| | 32位地址 | | |
|---|---|---|---|
| 网络位 | | 主机位 | |
| | | | |
| 点分十进制的IP地址 172 | 16 | 122 | 204 |
| 二进制的IP地址 10101100 | 00010000 | 01111010 | 11001100 |
| B类主类网络掩码 (255.255.0.0) 11111111 | 11111111 | 00000000 | 00000000 |
| 二进制的网络号 10101100 | 00010000 | 00000000 | 00000000 |
| 点分十进制的网络号 172 | 16 | 0 | 0 |

图 5-5　一个主类网络（B 类网络）IP 地址的分析

图 5-5 所示为一个 B 类地址，这类地址的前 16 位为网络位，之后为主机位，所以它的掩码当然是 255.255.0.0。这一点我们前面刚刚讲过，下面来说"借位"。

比如说，如果某个需要使用这个地址段的网络，它的主机数量不超过 200，那么给这个网络分配的地址段有 8 位主机位就足够了，因为 8 位主机位的地址就可以提供 254 个主机地址（$2^8$-2）。所以，后面的 8 位主机位就可以充当"子网位"。只把最后的 8 位留作主机位，如图 5-6 所示。

如图 5-6 所示，因为这个网络只有不到 200 台主机，只要有 8 位主机位就足够使用了，所以我们从主机位中借用了 8 位充当子网位。于是，这个地址对应的掩码也不再是 B 类网络对应的 16 位网络掩码，而变成了 24 位的子网掩码，这个网络对应的网络部分也就包含了原 IP 地址的前 24 位。

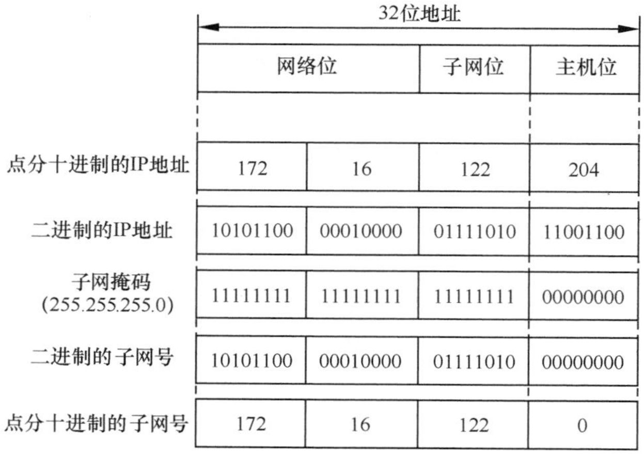

图 5-6　划分子网（一）

当然，上面这个例子容易给读者造成这样一个错觉，那就是哪怕划分子网，我们也得沿着点分十进制的"点"来进行切割，而不能在 4 段之间划分。为了消除读者的这种误会，我们通过图 5-7 划分了 27 位掩码的子网。

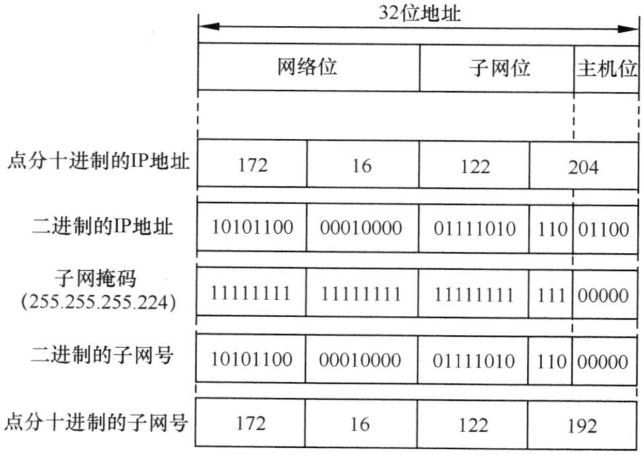

图 5-7　划分子网（二）

上面这个示例在"借位"时彻底打破了 IP 地址段的限制。也许一个 27 位的掩码和一个不以 0 结尾的子网号乍看之下让人不甚习惯，但是算法和前面介绍的完全相同，实在没有什么值得进行附加说明的内容。在使用上，172.16.122.192/27 这个网络可以满足主机数量不超过 30（$2^5$-2）的环境。

既然存在划分子网的可能性，下面我们来谈谈具体的操作。

一个显而易见的道理是，当我们确定了需要多少个子网位之后，主机位的数量也就相应确定了；而当我们确定需要多少个主机位之后，子网位的数量也可以轻易得到。

所以在划分子网时，我们就可以有两种做法。一种是根据需要的子网数量来确定我们需要多少个子网位。当然，使用这种方法也要保证每个子网中可用的 IP 地址数量都不小于实际子网中的主机数量；另一种是根据每个子网的主机数量来确定主机位数，然后确定子网位数。

## 5.4 无类域间路由（CIDR）

相信大家都听说过石头、沙子和水的寓言。如果我们忽略这个寓言的引申意义，就可以把这个现象解释为：当一个空间的体积固定时，占用空间的物体粒度越细，对空间的浪费就越少。IP 地址的空间是固定的，而划分子网是为了打破 IP 地址类的限制，让 IP 地址块变得更"细"，以达到减少浪费的目的。

可是，除了让 IP 地址块变得更细，我们有时还希望让地址块变得更"粗"。在介绍 MAC 地址时，我们反复提到了一个概念，这种地址之所以无法进行全网寻址，就是因为这种地址全然无法归类。如果一种地址无法进行归类，但又要依靠它来进行寻址，那么有多少个使用这种地址的设备，转发设备上就需要有多少个指示这些设备所在地址的数据条目，否则转发设备怎么知道这些设备身处何处？更要命的是，数据条目的数量和设备处理转发时所消耗的时间成正比，这就和通信簿里的人越多，找某个人的电话号码就越难的道理完全一样。

这么说吧，中间设备适合用什么样的地址来转发信息？显而易见，越容易汇总的地址越适合设备处理转发。从这个层面上看，固定长度的子网掩码再次成了一个障碍。只不过，这一次我们不需要进一步划分出更"细"的地址块；相反，我们希望汇总出更"粗"的地址块。

不理解？见图 5-8。

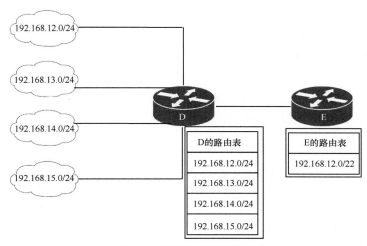

图 5-8 无类域间路由示例

在图 5-8 中，路由器 D 因为与 4 个在数值上连续的 C 类网络直连，所以它知道怎么转发去往这 4 个 C 类网络的数据包。"路由表"就是路由器上记录如何转发（去往某个 IP 网络的）数据包的数据库（关于路由表的内容，我们会在后文中不厌其烦地介绍）。现在，路由器 D 希望把通过自己能够去往这 4 个网络的信息告诉路由器 E。

就像我们在前面说的那样，如果路由器 D 把这 4 个网络挨个儿告诉路由器 E，路由器 E 的数据库中就会有 4 个条目。但是对于路由器 E 来说，无论要向这 4 个网络中的哪一个转发数据包，它都只会把数据包交给路由器 D。所以，如果能够把这 4 个网络汇总成一个更粗、更短小精悍的网络，那么路由器 E 在执行路由表查询的时候就会减轻工作量。于是，我们看到，路由器 D 在告诉路由器 E 可以把去往这 4 个网络的数据包转发给自己的时候，把这 4 个网络汇总成了一个 22 位掩码的条目：192.16.12.0/ 22，具体的过程如图 5-9 所示。

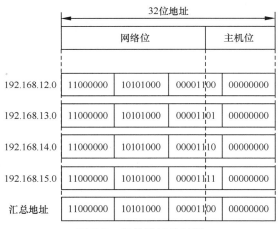

图 5-9　汇总地址的过程

显然，如果我们把这 4 个地址写作二进制，就会发现它们的前 22 位都是相同的，因此这 22 位也就是汇总后的网络位。把汇总地址的二进制再换算成十进制，得到的汇总地址就是 192.16.12.0/22。

## 5.5　十进制到二进制的转换

可变长子网掩码（VLSM）和无类域间路由（CIDR）的计算过程都涉及十进制到二进制的转换，因此我们必须说明一下应该怎么把十进制数转换成二进制数。首先声明，下面介绍的方法并不是主流，但是用来将不大于 255 的十进制数转换成二进制数时，却要比主流方法还要快一些。我们把这种方法叫作"凑位法"，这个算法可以总结为以下 8 步。

- 第 1 步：这个十进制数是否大于或等于 128？如是，在二进制数的第 8 位上写上"1"，然后把这个十进制数减去 128；如否，在二进制数的第 8 位上写上"0"，保持这个数字不变。

- 第 2 步：现在，这个十进制数是否大于或等于 64？如是，在二进制数的第 7 位上写上"1"，然后把这个十进制数减去 64；如否，在二进制数的第 7 位上写上"0"，保持这个数字不变。
- 第 3 步：现在，这个十进制数是否大于或等于 32？如是，在二进制数的第 6 位上写上"1"，然后把这个十进制数减去 32；如否，在二进制数的第 6 位上写上"0"，保持这个数字不变。
- 第 4 步：现在，这个十进制数是否大于或等于 16？如是，在二进制数的第 5 位上写上"1"，然后把这个十进制数减去 16；如否，在二进制数的第 5 位上写上"0"，保持这个数字不变。
- 第 5 步：现在，这个十进制数是否大于或等于 8？如是，在二进制数的第 4 位上写上"1"，然后把这个十进制数减去 8；如否，在二进制数的第 4 位上写上"0"，保持这个数字不变。
- 第 6 步：现在，这个十进制数是否大于或等于 4？如是，在二进制数的第 3 位上写上"1"，然后把这个十进制数减去 4；如否，在二进制数的第 3 位上写上"0"，保持这个数字不变。
- 第 7 步：现在，这个十进制数是否大于或等于 2？如是，在二进制数的第 2 位上写上"1"，然后把这个十进制数减去 2；如否，在二进制数的第 2 位上写上"0"，保持这个数字不变。
- 第 8 步：现在，这个十进制数是否为 1？如是，在二进制数的第 1 位上写上"1"；如否，在二进制数的第 2 位上写上"0"。

现在，我们找个不大于 255 的十进制数来实践一下这个算法。

建议每位读者现在从手边拿起一本书（也可拿本书作为示例），取封底标价的整数位来试一试。在写作本书时，我手头的书标价为 49 元。

49 小于 128，所以它的第 8 位二进制数是 0。

49 小于 64，所以它的第 7 位二进制数依然是 0。

49 大于 32，所以它的第 6 位二进制数是 1，我们把 49 减去 32，等于 17。

17 大于 16，所以它的第 5 位二进制数是 1，我们把 17 减去 16，等于 1。

1 小于 8，所以它的第 4 位二进制数是 0。

1 小于 4，所以它的第 3 位二进制数也是 0。

0 小于 2，所以它的第 2 位二进制数依然是 0。

因为是 1，所以它的第 1 位二进制数则是 1。

所以，总结起来，这本书的售价是 110001 元人民币，当然，我说的是二进制。

上面这种算法貌似复杂，但实际上比主流做法更便于口算，因为这种做法以减法为主，而主流算法则以除法为主。我们都知道，大部分人更擅长一级运算而不是二级运算。

当然，这种算法也有局限，那就是如果十进制数过大，它就会比主流算法慢。好在这个行业基本不需要我们把超过 255 的十进制数转换成二进制数，这也是我推荐这种算法的首要原因。

## 5.6  查看设备上的 IP 地址

在了解了 IP 地址的结构之后，下面我们简单说说如何查看自己终端设备的 IP 地址。

终端设备的操作系统及其版本林林总总，在 Windows 11 系统中，我们可以先单击任务栏里面网络连接的图标。例如，如果你的计算机是使用 Wi-Fi 连接到网络中的，那么就单击那个 Wi-Fi 图标，如图 5-10 所示。

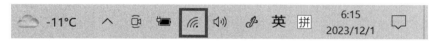

图 5-10  单击连接图标

对，我这儿确实是够冷的，我起得也确实是够早的，但你需要单击的是图 5-10 中框出来的那个图标。接下来，在弹出的列表中，找到你连接的那个网络，然后单击"Properties"（属性），如图 5-11 所示。

图 5-11  单击"Properties"

接下来，把显示的菜单拉到底，你就能看到自己设备的 IP(v4)地址了，如图 5-12 所示。

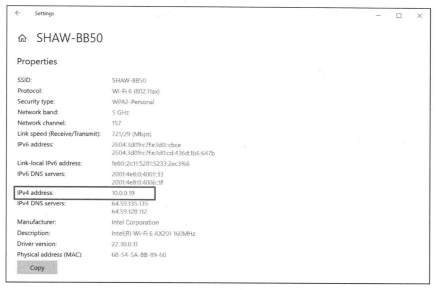

图 5-12　查看 Windows 11 系统 IPv4 地址的一种方式

查看 macOS 系统（版本 11.7.10）IP 地址的方法也大同小异，先找到左上角的苹果图标，单击并选择"系统偏好设置…"，如图 5-13 所示。

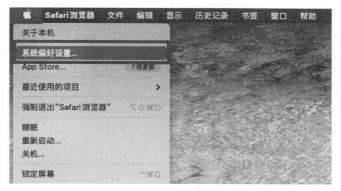

图 5-13　macOS 系统中选择"系统偏好设置…"

接下来在弹出的菜单中选择"网络"就可以看到系统的 IP 地址了，如图 5-14 所示。

Linux 系统图形用户界面（GUI）中查看 IP 地址的方法因具体系统的不同而异，但大差不差。你需要先找到并且选择"Setting"（设置），再选择标签"Network"（网络），在列表中找到你连接的那个网络，然后单击旁边的齿轮图标，如图 5-15 所示。

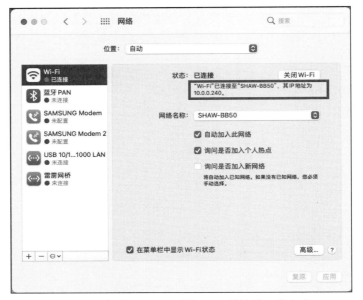

图 5-14  查看 macOS 系统 IPv4 地址的一种方式

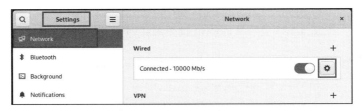

图 5-15  找到自己连接的网络并单击齿轮图标

在弹出的窗口中，你就能看到这个系统的 IP 地址了，如图 5-16 所示。

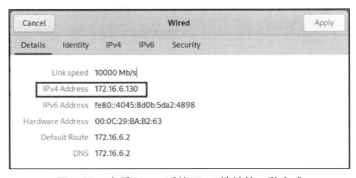

图 5-16  查看 Linux 系统 IPv4 地址的一种方式

除此之外，读者也可以在上述系统中通过命令行界面（CLI）查看系统的 IPv4 地址，具体的命令和方法互联网上俯拾即是，这里不再提供演示。需要特别说明的是，

CCNA 大纲包含了查看客户端设备系统 IPv4 地址的内容，但同一系统不同版本中查看 IPv4 地址的方法有可能存在细微差别。不过，近几年推出的系统基本可以保证，你在桌面上单击不超过 4 次鼠标就可以看到系统的 IPv4 地址，所以这并不是一个很复杂的操作。

## 5.7 一点补充说明

关于 IP 地址的分类，很多人会产生一个模糊的疑问，却因为默认老师、同行也不知道这个问题的答案而没有将它宣之于口。这个问题就是，既然主类 IP 地址这种 A、B、C 的分类方法有百害而无一利，那么设计者为什么在一开始要这样设计地址的分类呢？直接像我们现在的做法一样，全面打破这些分类的限制，不是更好吗？

要解释这个问题，必须回溯一下历史。

其实在最初，根本没有什么 A、B、C 类的分类方法，所有 IPv4 地址统一以前 8 位充当网络位，而以后面的 24 位充当主机位，因为在那个年代，网络很少，每个网络又都很庞大，处理数据转发的设备则很弱小，IP 地址的数量看上去无比充足，互联网又似乎只局限在军事和学术领域使用。可想而知，那时的设计者所关注的并不是怎么节约 IP 地址资源，而是怎么帮助设备减小因处理数据造成的延迟。一个再明白不过的道理是，如果设备根本不需要查看 IP 地址的具体信息，更不需要去研究什么劳什子的掩码，就能直接知道地址的哪些位是网络位，哪些位是主机位，那么它就可以用最快的速度去处理和转发数据包。所以，把 IP 地址的网络位和主机位通过定义固定下来，对于设备的转发效率是最有利的。

后来，出现了局域网，这种网络的数量很多，而每个网络的规模很小。IP 地址动辄以千万为数量级进行分配显然不合时宜。于是，设计者在原有的基础上，对 IP 地址的分类进行了修改。这才出现了 16 位网络位的 B 类地址和 24 位网络位的 C 类地址。同时，通过分类，设计者明确了 A 类地址的第一位二进制数为 0，B 类地址的前两位二进制数为 10，C 类地址的前三位二进制数为 110。这样一来，设备虽然不能再像过去那样，按照前 8 位为网络位、后 24 位为主机位的方式来统一处理数据包的转发，但是它们至少可以在查看到 IP 地址前三位二进制数的时候，就清楚地知道这个 IP 地址的网络位与主机位分别占多少二进制位。所以，A、B、C 类网络的划分，不仅是为了应对网络数量激增和每个网络中主机数量骤减的现实，同时也兼顾了设备处理能力不足的缺陷，是那个时代平衡了各方需求的一种策略。

现在，设备的数据处理能力已经今非昔比。因此，网络数据转发的主要矛盾再也不是设备在分析 IP 地址网络位与主机位时所造成的那点微不足道的处理延迟，而是 IP 地址粗略分配和用户数量暴涨造成的地址资源严重短缺，以及设备在处理大量路由转发时因路由表冗余造成的转发延迟。所以，按照现在的眼光来看，甭说当年统一的 8 位网络位不合时宜，就是后来精心安排的 A、B、C 类地址的分类方式也显得如此荒诞不经。

## 5.8 总结

本章对应的 CCNA 考点:

1.10　Verify IP parameters for Client OS (Windows, mac OS, Linux)。

虽然对应的考点既不多、也不难,但本章传递的知识基本上是网络技术从业者的基本功,读者甚至应该在学习阶段就将本章介绍的算法熟悉到能够口算的程度。

具体来说,本章我们详细阐述了各种与 IP 地址有关的技术,包括 IP 地址的表示形式、掩码、VLSM 和 CIDR。作为必不可少的背景知识,我们在本章的一头一尾分别介绍了二进制到十进制和十进制到二进制的转换方法。本章的知识既零散又完整。说零散,是因为本章很少有知识点可以在总结部分用一两句话进行概括;说完整,是因为它的所有内容都围绕着 IP 地址展开。读者在复习时,应该首先复习二进制和十进制相互转换的方法,然后复习 IP 地址的表示形式及掩码的概念,同时也看看 VLSM 和 CIDR。此外,本章也介绍了如何在 Windows、macOS 和 Linux 系统的图形用户界面中查看系统当前的 IPv4 地址。至于有类(A、B、C 类)单播 IP 地址,在当今网络中已不常用。虽然我们在后文介绍某些路由协议的原始版本时,还会偶尔提及有类地址的概念,但这部分内容可以仅作为历史背景来进行了解。

## 本章习题

1. 二进制数 01101010 等值的十进制数是多少?
   a. 100
   b. 102
   c. 104
   d. 106

2. 十进制数 234 等值的二进制数是多少?
   a. 11010101
   b. 11011010
   c. 11101010
   d. 11100101

3. 下列关于 IP 地址分类的描述错误的是?
   a. A 类地址以 0 开头,前 8 位二进制位是网络位
   b. B 类地址以 10 开头,前 16 位二进制位是网络位
   c. C 类地址以 110 开头,前 24 位二进制位是网络位
   d. D 类地址以 1110 开头,前 24 位二进制位是网络位

4. 以下哪项不是有效的子网掩码?
   a. 255.0.0.0
   b. 255.24.0.0

c. 255.252.0.0

d. 255.255.255.240

5. 以网络 192.168.20.24/29 为例，以下主机地址的设置正确的是？

a. IP 地址 192.168.20.14，子网掩码 255.255.255.248，默认网关 192.168.20.9

b. IP 地址 192.168.20.30，子网掩码 255.255.255.240，默认网关 192.168.20.17

c. IP 地址 192.168.20.30，子网掩码 255.255.255.240，默认网关 192.168.20.25

d. IP 地址 192.168.20.30，子网掩码 255.255.255.248，默认网关 192.168.20.25

e. IP 地址 192.168.20.254，子网掩码 255.255.255.0，默认网关 192.168.20.1

6. 要想将一个大网络分为 5 个子网，每个子网中包含 5~26 台主机，应使用哪个子网掩码？

a. 255.255.255.0

b. 255.255.255.224

c. 255.255.255.240

d. 255.255.255.252

7. 把以下网络进行汇总，最精确的表示是哪一项？

172.16.4.0/25

172.16.4.128/25

172.16.5.0/24

172.16.6.0/24

172.16.7.0/24

a. 172.16.4.0/22

b. 172.16.0.0/21

c. 172.16.0.0/22

d. 172.16.4.0/25

8. 以下哪一个 IP 地址不属于 RFC 1918 定义的私有 IP 地址？

a. 10.0.0.1/16

b. 172.26.0.1/16

c. 172.36.0.1/16

d. 192.168.0.1/16

9. IP 地址 172.16.28.252 的子网掩码是 255.255.240.0，这个网络的网络地址是多少？

a. 172.16.0.0

b. 172.16.16.0

c. 172.16.24.0

d. 172.16.28.0

# 第6章

## 操作与配置 Cisco IOS 设备

从网络实施的角度看，前面的几章属于务虚，都是在给后面介绍"如何做"提供理论基础。而从本章开始，我们正式迈入务实的阶段，开始以 Cisco 产品为基础，脚踏实地地学习如何运用各种理论知识。

虽然这不是本书第一次提到 Cisco 设备的概念，但路由器、交换机这些网络设备，对于刚刚接触网络行业的读者而言恐怕显得有些陌生。如果读者在此前确实对这个行业一无所知，那么现在你脑海中的路由器、交换机等产品，要么是前几章拓扑中那些或方或圆的标记，要么是你家宽带路由器的形象。别着急，读完本章之后，你不仅会了解到这些设备的"长相"，更会了解它们的运行方式，以及一些基本的操作和配置方法。

### 6.1 认识 Cisco 设备

对连自家网络都没有配置过，只要掉网就打运营商客服热线的广大普通用户来说，如果贸然问他们知不知道路由器、交换机是什么，他们可能会反问你几个诸如"好吃吗"之类的问题。正是这些萌萌哒用户才是我们能够以专业人士自居的群众基础。

如果本书的读者此前也不了解路由器、交换机这类网络设备的外观，那太好了！如果前面几章可以在理论层面上将你与用户大众区分开，从下面开始，你就可以彻底实现脱离大众的梦想。为此，我们需要眼见为实，看看 Cisco 路由器到底什么样子。图 6-1 所示为一台 Cisco 2600 系列路由器的外观。不得不承认，这款路由器的型号确实旧了些，但作者在更新图书时确实没有找到比图 6-1 到图 6-3 更合适的新型路由器图片。当然，这个型号的路由器虽然旧了些，用在如今的网络中确实差点意思，但是放在本书里当当教具还是完全可以胜任的。

如你所见，路由器确实不是圆的，顶上也没有印着象征转发数据包的那 4 个箭头。光靠外观，很难把这个方方正正的"盒子"和网络拓扑的图标联系起来。

这张图不仅给我们提供了设备的前视图，而且还告诉我们，Cisco 2600 路由器是一个 1U 的设备。这个"U"是 Unit（单元）的缩写，代表 Cisco 2600 在安装网络设备的机架中会占用一个"格子"的空间。为了能把"盒子"装进"格子","格子"的高度是有标准的，这个标准就是 U。

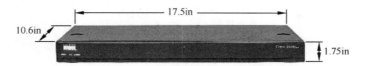

1U=4.445cm=1.75in
图 6-1 Cisco 2600 系列路由器前视图

那么，1U 又是多大呢？图中标识得很清楚：1U=4.445cm=1.75in。图中标识的长度都是以 in 为单位的，这是长度单位英寸（inch）的缩写。读者有可能不熟悉英制，那么可以找个换算器把这些长度单位换算成公制。如果要我口头描述它的体积，这东西就是大一号的 Xbox Series S（注意不是 X），但重量可不是仅仅沉了一星半点。

我估计，没有谁会买一台网络设备放在显眼的地方当摆设。理想情况下，它们应该会被锁在除专业技术人员之外的其他人员根本接触不到的机房重地。而我们这些专业技术人员对于美的需求是完全可以被忽略的。所以你也看到了，这些设备的设计遵循的都是实用路线，没有任何艺术特色可以拿来分析。有鉴于此，关于路由器前视图，我们姑且说到这里。下面我们通过图 6-2 来看看这台设备的后视图。

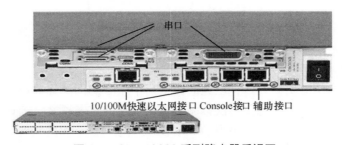

串口

10/100M快速以太网接口 Console接口 辅助接口

图 6-2 Cisco 2600 系列路由器后视图

看得出来，后视图比前视图要稍微"有料"一些。至少我们可以看到在拓扑中那些"左右逢源"的连接线都是接在哪里的。除了各种接口，我们还如期看到了这台设备的开关和它右边的电源接线插口。

显然，在图 6-2 所示的 4 类接口中，串口和快速以太网口都是用来转发数据的。接口好比车站，从北京去天津可以坐火车，那就要去火车站，当然也可以坐大巴，但那就要去大巴站。不管在哪个车站，坐什么交通工具，最终殊途同归。

那么控制口和辅助口又是干什么用的呢？顾名思义，控制接口（Console 接口）是控制设备用的，辅助接口（AUX 接口）的作用也是对设备进行管理，需要通过调制解调器远程建立连接，现在基本已经没有人使用。

从广义上看，路由器、交换机都属于一种特殊的计算机，它们的主要功能就是对数据进行转发。计算机可不是计算器，没法直接把按键集成在面板上，因为这类设备的功能过于复杂，必须通过外接设备进行控制。家用计算机的外接设备（外设）种类很丰富，包括输入信息的键盘和鼠标、输出信息的显示器和打印机等。好在控制网络设备不需要外接这些多的外设，我们只需把这些设备与一台计算机进行连接，然后通过计算机的外设进行控制就可以了。这样既不用在这些网络设备上提供大量不同类型的控制接口，又不用在批量管理众多网络设备时忙于插拔各式外设。

这个时候，很多读者难免会产生这样一种疑问：网络设备能不能通过串口和快速以太网口这种信息传输接口来进行控制呢？难道我们非要通过专门的控制接口才能管理它们吗？既然网络设备也属于计算机的一种，PC 的 USB 接口就既可以用来对计算机进行管理控制（比如外接键盘和鼠标），又可以实现信息传输（比如外接 U 盘）呀。

问得好。答案我知道，但是先不告诉你。

下面我们来看图 6-3。

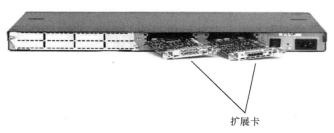

扩展卡

图 6-3  设备的扩展卡

虽然在介绍分层模型时，已经通过信用卡中心的例子强调过了模块化的重要性，但是说到硬件，我不禁想要再次强调一下模块化的重要意义。选择模块化的网络设备好比自己攒 PC，丰俭由人，功能随心；反之则像我们早年间买笔记本计算机那样，只能从产品线提供的有限选择中挑选一个相对符合自己需求的产品。不过时至今日，大多数笔记本计算机厂商意识到了让用户自定义 PC 可以给用户和厂商带来双赢，因此现在这些厂商的在线商城也基本可以让用户自定义需要的配置了。

对于路由器、交换机这样的网络设备，如果用户可以根据自己需要的硬件接口和应用功能等需求，自由选择安装在设备中的模块，无疑可以方便用户按需部署自己的网络。Cisco 采取的做法是，为大多数网络设备产品线的中端及以上产品提供了模块插槽，同时也提供了针对不同产品的各类硬件模块，以供工程技术人员根据功能需求灵活定义自己的产品。

当然，除了 1U 设备，Cisco 也有很多设备为了实现更加强大的性能或者提供更加丰富的功能，而在一个机框内组合了大量的板卡。它们显然属于高端网络设备，在性能成倍增加的背后，也伴随着价格的大幅增长。图 6-4 所示为一台 Nexus 7000 系列交换机的外观和其配套的板卡。

图 6-4　用于数据中心环境的高端 Cisco 交换机

　　看完上面的介绍，希望读者已经对 Cisco 设备有了一个初步的印象。虽然网络设备并不属于消费类电子产品，我们不会经常在各类论坛上看到人们针对它们的功能和性能展开针锋相对的讨论，也鲜少有读者会为了买一台高端路由器而豪掷巨资，但这些设备其实也没有那么神秘。说到底，它们只是一种特殊类型的计算机而已。从下一节开始，我们将对这些设备进行更为深入的介绍。

## Cisco 设备的硬件

　　前面我们看到的是路由器的外观，下面我们参照图 6-5 来看看它的"五脏六腑"，以及启动的步骤。本节内容会是整本书最易理解的知识，因为它基本可以拿来和普通的家用计算机进行类比。

　　下面我们用文字分别介绍一下图 6-5 中各部分硬件的功能。

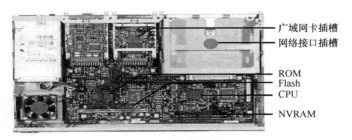

图 6-5　设备的内视图

- **插槽**：我们刚刚说了，模块化的设备会为扩展板卡提供插槽，用户可以根据自己的需要选配板卡，插在这个插槽里。
- **CPU**：中央处理器的功能想必不用多说。
- **RAM**：其实就是计算机里面的内存，作用是**存放临时运行文件**。

- **Flash**：相当于计算机中的硬盘，用来**存放设备的操作系统**。
- **ROM**：是一个固化在主板上的模块，里面**存放着一个迷你操作系统**。估计我不说你也猜出来了，它相当于计算机的 BIOS。
- 除了 ROM，还有一个叫作 **NVRAM** 的模块固化在主板上，它的全称为"非易失性 RAM"。顾名思义，存储在这个 NVRAM 里面的信息在断电后不会丢失，所以这个模块的作用是**存放设备在启用后加载的启动配置文件**。

既然说到了设备的硬件构成，我们就在这里顺便介绍一下设备的启动过程。概括起来，设备在启动时会执行以下 3 个（和家用计算机启动过程极为类似的）步骤。

- 硬件自检。
- 定位并加载 Cisco 操作系统的映像文件。
- 定位并运行启动配置文件。

如果再这么写下去，有的读者可能会不耐烦，更有甚者，可能会产生买台低端路由器装个魔兽 3 的冲动。但事实就是如此，智能设备模仿的都是人类的大脑，目的无非就是将运算和存储这两大功能有机结合起来而已。要说它们之间的区别，只会体现在性能的差异和不同系统提供的逻辑功能上。既然如此，下面我们就来谈谈 Cisco 认证系列中最核心的内容——这些设备的系统以及它们的使用（配置）方式。

## 6.2　Cisco 设备的管理与配置

在这一节中，读者会真正进入 Cisco 设备的世界，一窥工程师的日常操作。从这一节开始，读者可以将理论转化为实践，在 Cisco 设备上体验所学到的知识——理论与实践相结合是非常好的学习方法。那就让我们开始吧！

### 6.2.1　通过 Console 接口连接网络设备

当我们启动 Cisco 设备后，所面对的是一个完全没有配置过的设备。如果我们需要让它完成某些任务，就必须对它进行配置。在这里，我们介绍最为常用的一种配置方式，那就是通过连接图 6-2 所示的 Console 接口对设备进行管理。

当然，通过计算机连接 Console 接口，需要一根数据线，干这事儿的数据线，业内俗称为 Console 线。这类线的一端是一个 RS-232 的 DB-9 接口（串口），用来连接我们的计算机；另一端是 RJ-45 接头（水晶头），用来连接 Cisco 设备的 Console 接口，如图 6-6 所示。如果你没有 Console 线，不妨在入职前上网淘一根。这种线用不着自己去做，便宜的 Console 线十来块钱就可以入手，还免去了自己查询线序制作接头之苦，省力省心。

图 6-6 Console 线

注释：笔记本计算机刚开始进入国内的寻常百姓家应该是 1998 年前后的事儿。那会儿的笔记本计算机很多带软驱。要是能买到一个 6 斤以内的笔记本计算机，肯定属于超轻量级。不知道从什么时候起，笔记本计算机就开始进入"拼薄"的年代。渐渐地，软驱没有了；然后，串口也没有了；再后来，光驱没有了；现在，很多笔记本计算机干脆连 RJ-45 接口都没有了。好在 USB 接口还在，如果你的笔记本计算机是 2008 年之后买的，你就几乎肯定需要添置一个 USB 转 RS-232 的转接头/转接线，这样你的笔记本计算机才能连接上 Console 线，如图 6-7 所示。

图 6-7 USB 转串口线

看到图 6-2、图 6-6 和图 6-7，连接物理线缆就是小菜一碟了。一句话，把对得上的物理接口都连接起来后，就完成了关键的、决定性的一步。

完成了计算机的串口与网络设备 Console 接口之间的物理连接后，下一步是打开计算机中的一个虚拟终端程序（这里以 SecureCRT 为例，建议读者下载并安装一个 SecureCRT 程序），新建一个连接，然后按照图 6-8 所示进行设置。

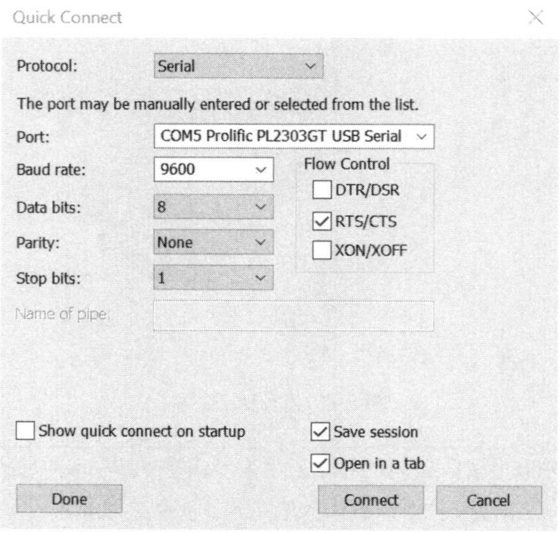

图 6-8　虚拟终端的设置方法

如图 6-8 所示，我们首先需要将建立连接的 Protocol（协议）选择为 Serial（串口）。

- Protocol（协议）：串口（Serial）。

然后，就会看到如下的选项。

- Port（端口）：这里需要选择连接网络设备的端口号，我们稍后说明。
- Baud rate（波特率）：选择 9600。
- Data bits（数据位）：选择 8。
- Parity（奇偶校验）：选择 None。
- Stop bits（停止位）：选择 1。

注释：上面的设置在各类图书中常常被简称为 "96008N1"。

现在来回答刚刚遗留的问题：我们不知道这个由 USB 转出来的串口编号，那么在图 6-8 中，Port 这个下拉框中应该怎么选择？

目前的 SecureCRT 以及很多软件只会在 Port 的下拉框中向用户提示能够使用的端口。在图 6-8 的示例中，我只在计算机中插入了一根 USB 转串口的连接线，Port 下拉框中也只会提示一个 USB Serial，也就是 COM5。

如果读者希望对此加以确认，或者读者使用的虚拟终端版本只支持用户手动选择 COM 编号，我们就需要打开这台计算机 Windows 系统的 "Device Manager"（设备管理器）。然后单击 "Ports"（端口）这一项，就可以看到这个 USB 串口的编号，在图 6-9 所示的设备管理器中，我们可以看到这个串口的编号是 Prolific PL2303GT USB Serial COM Port(COM5)，这就是图 6-8 中我们在 Port 的下拉框中选择这一项的原因。

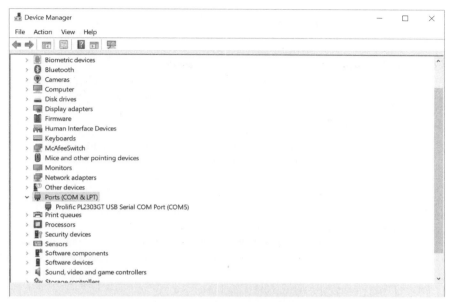

图 6-9  查看 USB 转串口的编号

完成图 6-8 的设置后，我们就可以单击"Connect"（连接），建立这台笔记本计算机与网络设备之间的通信了。从下一节开始，我们即将进入 Cisco 网络设备操作系统（Cisco IOS）的环节，来学习如何管理这些网络设备。

注释：物理线路连接上了，按 Enter 键，屏幕上会有弹出字符。如果没有，去掉图 6-8 上的 RTS/CTS 的勾选再试试。如果还不弹出字符，果断换线再试，因为市场上的伪劣线缆实在不少。

### 6.2.2  Cisco 网络设备的基本配置

就像我之前说的那样，专业技术人员对美的需求一般没有那么高。所以，对于此前从来没有接触过这个行业的读者，如果你指望通过虚拟终端的界面感受到什么华丽的视觉甚至音响效果，你一定会大失所望——此 IOS 非彼 IOS。事实上，你通过虚拟终端软件看到的 Cisco IOS 系统只会有各种字符，管理人员需要通过键盘向设备输入命令来要求它实现某项功能，因此管理人员需要熟悉各个功能所对应的命令。这种类型的界面统称为命令行界面（CLI）。

当然，我在第一次接触 IOS 的时候，还是比较适应这种操作环境的，毕竟我最开始使用 PC 时，用的操作系统就是命令行界面的 DOS。同时，我也希望告诉每一位读者，专业设备使用命令行界面对于我们是极为有利的，它不但可以提高行业门槛，而且方便我们操作。我的经验是，功能越丰富的设备，命令行界面就越友好，因为对于一个功能极其复杂的系统，通过图形用户界面找到可以配置某个功能的"路径"，经常会比在命令行界面找出能够实现某个功能的"命令"更麻烦。

### 设备的启动过程

书接上文，在单击了"Connect"按钮之后，我们打开设备背面的电源，虚拟终端的窗口中就会显示出这台设备的启动信息。这个过程如例 6-1 所示。

例 6-1　*Cisco IOS 的启动*

```
System Bootstrap, Version 12.1(3r)T2, RELEASE SOFTWARE (fc1)
Copyright (c) 2000 by cisco Systems, Inc.
C2600 platform with 32768 Kbytes of main memory

program load complete, entry point: 0x80008000, size: 0x8ceb78
Self decompressing the image :
##########################################################################
################################################################### [OK]

Smart Init is disabled. IOMEM set to: 10

Configured I/O memory percentage was too large. Using 10 percent iomem.
              Restricted Rights Legend

Use, duplication, or disclosure by the Government is
subject to restrictions as set forth in subparagraph
(c) of the Commercial Computer Software - Restricted
Rights clause at FAR sec. 52.227-19 and subparagraph
(c) (1) (ii) of the Rights in Technical Data and Computer
Software clause at DFARS sec. 252.227-7013.


        cisco Systems, Inc.
        170 West Tasman Drive
        San Jose, California 95134-1706




Cisco Internetwork Operating System Software
IOS (tm) C2600 Software (C2600-IPBASE-M), Version 12.3(5a), RELEASE SOFTWARE (fc1)
Copyright (c) 1986-2003 by cisco Systems, Inc.
Compiled Tue 25-Nov-03 05:59 by kellythw
Image text-base: 0x80008098, data-base: 0x80F002E0

cisco 2620 (MPC860) processor (revision 0x600) with 29696K/3072K bytes of
memory.
Processor board ID JAD052306CS (1393757906)
```

```
M860 processor: part number O, mask 49
Bridging software.
X.25 software, Version 3.0.0.
Basic Rate ISDN software, Version 1.1.
1 FastEthernet/IEEE 802.3 interface(s)
1 Serial network interface(s)
1 ISDN Basic Rate interface(s)
32K bytes of non-volatile configuration memory.
16384K bytes of processor board System flash (Read/Write)



         --- System Configuration Dialog ---

Would you like to enter the initial configuration dialog? [yes/no]:
```

在上面的启动过程中，我们可以看到很多井号（#），这些井号表示设备正在将 IOS 从 Flash 中解压并加载到 RAM 中。除了 IOS，RAM 要加载的东西还包括系统的配置文件，只不过配置文件不是从 Flash 中加载，而是从 NVRAM 中加载。下面我来解释一下。

上文我们说过，NVRAM 中记录的信息不会丢失，所以才叫"非易失性 RAM"。反观 RAM，RAM 中记录的信息在每次设备重启或关闭时都会清空。打个比方，RAM 中的配置就像没有存盘的游戏进度，虽然有效，但由于 RAM 每次重启都会清空，因此只在当前有效，所以保存在 RAM 中的配置称为**运行配置文件（running-config）**，这些配置即时生效，重启失效；而 NVRAM 中记录的信息就像玩家存的盘，它是管理员保存的配置数据，这些数据记录着他/她截至上次保存配置之前所执行的配置。这些配置在系统重启后还会保留，而且会在重启时加载到 RAM 中并在重启后生效，因此称为**启动配置文件（startup-config）**（当然，我们可以选择设备重启时是否将 NVRAM 中的配置加载到 RAM 中）。而 Cisco 设备启动的第 3 步，就是定位并运行启动配置文件。在这个过程中，设备会将 NVRAM 中的启动配置文件加载到 RAM 中作为运行配置文件。

如例 6-1 所示，在启动信息中，我们可以了解到很多关于这个设备的信息，包括设备的型号（Cisco 2600）、IOS 的版本（Version 12.3(5a)），以及各种存储器的容量、设备包含的接口等。在这些信息的最后，设备会询问我们是否进入初始配置对话框。一般情况下我们不会进入初始配置，因此这时我们应该输入 **no**，或者简写为 **n**。当然，如果你对于初始配置对话框会引导用户配置哪些信息感兴趣，可以尝试回答 **yes**（或者 **y**）进去看一看。读懂设备的引导信息需要初级英语阅读能力，如果你看烦了，或者不小心进入了初始配置对话框，可以按下组合键 Ctrl+C 退出。

如果我们选择不进入初始配置对话框，就会登录这台设备，如图 6-10 所示。

```
        --- System Configuration Dialog ---
Would you like to enter the initial configuration dialog? [yes/no]: n
Press RETURN to get started!

Router>
```

图 6-10　登录路由器界面

### 配置模式

说到这里，我需要引入一个概念，那就是 **Cisco IOS 是有 "配置模式" 的**。换句话说，**系统对于执行不同命令的模式进行了归类**。管理员要想实现某种功能，必须在正确的模式下输入实现这个功能的命令。对于这些模式，我们会随着各类配置命令陆续进行介绍。在这里需要介绍的第一个操作模式，就是图 6-10 最后一行显示的配置模式，这个模式称为 "用户模式"。

在 Cisco IOS 的命令行界面中，不同的配置模式拥有不同的**提示符**，这个提示符位于设备的名称之后，它清晰地展示了当前所处的模式。图 6-10 中启动的是一台路由器，默认情况下，路由器的名称就是 "Router"。通过图 6-10 我们看到，**用户模式的提示符就是 "Router" 后面的那个 "大于号"（>）**。

用户模式是一个功能高度受限的模式。在这个模式下，我们不能做的配置很多，能做的却很少。因此我们在进入这个模式后，往往会直接输入进入下一个模式的命令：**enable**，如图 6-11 所示。

```
Router>enable
Router#
```

图 6-11　从用户模式进入特权模式

当输入 enable 后，可以看到设备名称后面的提示符从大于号变成了井号（#），而 **Router#** 这样的提示信息表示现在处于**特权模式**。相比用户模式，特权模式确实还是有一些特权的，因为管理员已经可以对设备进行一些极为简单的配置了，而且我们还可以在这种模式下查看和这台设备有关的各类信息。

> **注释**：用户模式进入特权模式的命令是 enable，特权模式退出到用户模式的命令是 disable 或者 exit。

如果想要进行大量的配置工作，仅仅进入特权模式还是不够，我们需要**在特权模式下输入 configure terminal 进入全局配置模式**。顾名思义，"全局配置" 模式就是管理员修改这台设备 "全局" 配置的模式。不过，如果管理员需要修改一些 "局部" 配置，也需要先进入全局配置模式，再从全局配置模式进入相应的局部配置模式（比如接口配置模式）。全局配置模式的提示符是设备主机名后面的 **"(config)#"**，如图 6-12 所示。

```
Router#conf t
Enter configuration commands, one per line.  End with CNTL/Z.
Router(config)#
```

图 6-12　从特权模式进入全局配置模式

### 友好的 IOS

对于不适应命令行界面的读者来说，Cisco IOS 很可能看起来不太可爱。当然，你现在合上书转行还来得及，但我相信任何一个能够体现人们价值的行业都不会太简单，太好上手。所以，我们在这一部分的主旨就是帮助广大读者"从命令行界面的绝望之岭劈出一块有爱的希望之石"。

#### 简化命令

读者大概发现了，我们在图 6-12 中仅仅输入了 conf t。不是 configure terminal 吗？事实上，Cisco IOS 支持管理员输入简化的命令，因此输入 conf t 就可以实现命令 configure terminal 的功能。

既然如此，输入 c t 不是更省事儿吗？你或许想问。

不能这样做的问题在于，在全局配置模式下，c 打头的命令太多了，绝不止 configure 这一个。所以，如果你只输入到 c 这个字母，系统就搞不清你输入的这个 c 是指使用其中的哪条命令。说得具体一点，**管理员要想清楚地告诉设备，自己希望实现哪条命令，就至少要把命令输入到没有歧义的那一个字母**。

不过，如果你输入的命令对设备来说有歧义，设备是会告诉你这条命令存在歧义的。此时，设备会提示"% Ambiguous command:"，冒号后面跟着这条有歧义的命令，"Ambiguous command"这两个词儿直译过来就是"这条命令有歧义"。

你看，命令行界面也挺友好的吧？

当然，这么友好的界面一定提供了某种方法，可以让我们检验目前输入的内容对于设备而言是否已经足以消除歧义，这种方法就是在输入时按下 **Tab 键**。此时，如果你输入的信息已经足以消除歧义，那么在按下 Tab 键之后，IOS 就会帮你把这个关键字补全；如果还不够完整，IOS 就不会做出任何反应。

#### 帮助机制

不知道现在的模式能够实现哪些功能？不知道自己输入的命令错在哪里？不想重复输入类似的命令？问问 Cisco IOS，也许它提供的帮助机制可以为你解忧。这个帮助机制可以为管理员提供下列功能。

- 上下文关联帮助。
- 错误信息提示。
- 历史命令保存区。

下面我们依次来介绍上面这三项功能。首先，我们从**上下文关联帮助**说起。

相较于图形用户界面，Cisco IOS 命令行界面最大的麻烦在于，管理员需要记住实现某项功能的命令，以及可以使用这条命令的配置模式。所以说，如果我们可以在进入某个配置模式的时候，就一目了然地看到这个模式下能够实现的所有功能，那我们简直就可以把命令行界面当图形用户界面来用了，不是吗？

Cisco IOS 确实提供了这样的功能，而且使用起来十分简单。我们只需要在相应的配置模式下输入一个问号（?），就可以看到这个模式下可以使用的命令关键字，如图 6-13 和图 6-14 所示。同时 IOS 还会在这个关键字后面附上一句话，来解释这条命令的功能。

```
Router>?
Exec commands:
  access-enable    Create a temporary Access-List entry
  access-profile   Apply user-profile to interface
  clear            Reset functions
  connect          Open a terminal connection
  credential       load the credential info from file system
  crypto           Encryption related commands.
  disable          Turn off privileged commands
  disconnect       Disconnect an existing network connection
  enable           Turn on privileged commands
  exit             Exit from the EXEC
  help             Description of the interactive help system
  lat              Open a lat connection
  lock             Lock the terminal
  login            Log in as a particular user
  logout           Exit from the EXEC
  modemui          Start a modem-like user interface
  mrinfo           Request neighbor and version information from a multicast
                   router
  mstat            Show statistics after multiple multicast traceroutes
  mtrace           Trace reverse multicast path from destination to source
  name-connection  Name an existing network connection
--More--
```

图 6-13　路由器在用户模式下的命令清单

```
Router#?
Exec commands:
  access-enable    Create a temporary Access-List entry
  access-profile   Apply user-profile to interface
  access-template  Create a temporary Access-List entry
  alps             ALPS exec commands
  archive          manage archive files
  audio-prompt     load ivr prompt
  auto             Exec level Automation
  beep             Blocks Extensible Exchange Protocol commands
  bfe              For manual emergency modes setting
  call             Voice call
  ccm-manager      Call Manager Application exec commands
  cd               Change current directory
  clear            Reset functions
  clock            Manage the system clock
  cns              CNS agents
  configure        Enter configuration mode
  connect          Open a terminal connection
  copy             Copy from one file to another
  credential       load the credential info from file system
  crypto           Encryption related commands.
  ct-isdn          Run an ISDN component test command
--More--
```

图 6-14　路由器在特权模式下的命令清单

不只如此，如果你只记得某条命令的前几个字母，而忘记了后面字母的拼写，依然可以使用"?"来询问 IOS。因此，如果你想输入命令关键字 clock，但输入到 cl 就忘记了后面的字母是什么，就可以在 cl 后面输入"?"来向设备求助，如图 6-15 所示。

```
Router#cl?
clear  clock
```

图 6-15　询问以 cl 开头的命令

图 6-15 说明，在特权模式下，以 cl 开头的命令关键字有两个：clear 和 clock。所以，如果在特权模式下输入 cl 之后直接按 Enter 键，我们可以期待系统提示这是一条

"Ambiguous command"。

如果你只记得这条命令的第一个关键字，却不知道需要在它后面添加什么参数，你还是可以使用问号（?）向 IOS 求助，如图 6-16 所示。

```
Router#clock ?
  set  Set the time and date
```

图 6-16  询问关键字 clock 后面可以添加哪些参数

总之，在你搞不定某条命令的拼写或者由哪几个关键字构成，甚至搞不定某项功能需要使用哪条命令来配置的时候，问问 IOS，也许它能帮你。

说完了上下文关联帮助，下面我们来聊聊**错误信息提示**。所谓"错误信息提示"，是指如果管理员输入错了命令，设备会提示你这条命令输入有误，如图 6-17 所示。

```
Router#clone
% Unknown command or computer name, or unable to find computer address
```

图 6-17  命令输入有误

这句提示语翻译过来的意思是"如果你输入的是某条命令或者某台计算机的名称，这个词我（IOS）识别不了，这也有可能是因为我找不到这台计算机的地址"。这句话好像不太好理解，输错了命令跟计算机地址有啥关系？下面我来简单解释一下。

除了命令关键字，管理员也有可能会在命令行中将某台设备的主机名与命令关键字结合起来输入。所以，在管理员输入了一条命令之后，如果设备发现对于某个词自己无法找到匹配的命令关键字，它就会认为这是某台设备的主机名，于是它就会把这个词当成一个主机名去向域名服务器（DNS）进行查询，希望 DNS 告诉自己这个主机名所对应的 IP 地址。这个过程可不是在设备本地查询，因此速度比较"坑爹"，而且覆水难收，中间的过程你还打断不了，只能等待设备查询完成才能继续操作。所以，如果你手比较潮，经常会敲错命令中的某些字母，然后看也不看直接按 Enter 键，而你的网络中又根本没有 DNS，那设备就会时常发起查询，而且这些查询根本就是白费工夫。所以，**在网络中没有 DNS 的时候**，管理员经常会在全局配置模式下输入命令 **no ip domain-lookup** 来制止设备对未知命令发起域名查询。

说完了错误信息提示，我们最后说说"历史命令保存区"。这个功能的作用是，当管理员希望再次使用前面配置过的命令时，可以通过键盘上的上下方向键来查找此前输入的命令。

当然，如果你希望修改那条命令中的某些参数，那就难免需要移动光标，表 6-1 是我们在配置设备时比较常用的快捷键。使用频率最高的是表中的第一个和第二个快捷键。如果其他的记不住，完全可以用键盘的箭头键和删除键来代替，不过最好别偷懒，技多不压身。

表 6-1                          常用的编辑命令

| 命令 | 说明 |
| --- | --- |
| Ctrl+A | 把光标移动到命令行开始位置 |
| Ctrl+E | 把光标移动到命令行结束位置 |
| Ctrl+F | 将光标向右移一个字符 |
| Ctrl+B | 把光标向左移一个字符 |
| Esc+F | 将光标向右移一个单词 |
| Esc+B | 把光标向左移一个单词 |
| Ctrl+D | 删除当前字符 |
| Ctrl+Z | 退出到特权模式 |

就像我们在本节开始的时候说的那样，本节旨在向读者传达一种理念：命令行界面并不可怕，它与图形用户界面只存在形式上的差异。

接下来，我们会正式向读者展示如何在 IOS 中执行一些基本的配置。

### 一些基本的配置

#### 对设备进行命名

给设备命名是一个严肃的话题，和给宠物起名有显著区别。在一个网络中，设备的名称就是区分不同设备的标记。**命名设备需要在全局配置模式下，使用命令 hostname** *设备名称*。比如，如果我们想把当前的设备命名为 yeslab，做法如图 6-18 所示。

```
Router(config)#hostname yeslab
yeslab(config)#
```

图 6-18  将路由器命名为 yeslab

**注释：**在介绍某项功能所对应的命令时，我们会用黑体字表示这条命令的关键字，而用斜体字表示命令的变量。这是后面介绍所有命令时的通用做法，读者会渐渐熟悉。

注意，我们把路由器命名为 yeslab，是因为这本书是由 YESLAB 的讲师所编写的。因此在书里经常出现 YESLAB 可以强化读者的品牌认知，实现广告宣传的效果，最终达到让读者来 YESLAB 报名学习的目的……在真实的工程项目中，我们不推荐读者给设备起这种毫无意义的名称。

当然，我不是说 yeslab 这个名称毫无意义，而是说这样的名称没有向管理员提供关于这台设备的任何有用信息。在命名设备的时候，我们至少应该标识出这是一台什么类型的网络设备，有时还要说明这台设备所属的分支机构所在地或者部门。如果该网络中有多台同类设备，还要对设备进行编号。说白了，在使用中，你把设备命名成 R1，都比把它以你的企业命名要合理。至少，看到这个名称你就能知道这台设备是一台路由器。

你或许会觉得疑惑：难道我用 Console 线连接的是什么设备我自己不知道吗？为

什么还需要通过设备的名称告诉我？

　　还记得我在引出图 6-3 的时候埋下的那个伏笔吗？其实，那个问题的答案一点都不出人意料：路由器、交换机这类网络设备当然也可以通过转发数据的接口对设备进行管理。通过这种方式，人们可以远程对设备进行管理。这是一种最为常用的管理方式。远程管理设备时，工程师的工作方式常常是坐在办公室（而不是机房），用面前的大屏幕台式机（而不是 11 英寸屏笔记本计算机）管理大量远在某地机房的设备。也就是说，你根本不需要去接触正在被管理的那些物理设备，你甚至有可能根本接触不到那些设备。此时，你连续进行配置的设备一多，经常会产生一种飘飘欲仙的感觉，恍惚间搞不清自己目前登录的是哪一台设备。这时候，配置模式提示符前面那个鲜艳的主机名绝对比一盒清凉油管用得多。至于远程管理设备的具体方法，我们还是要留到下一章再说，这里算是填上图 6-3 前面挖的坑。

### 给设备设置标语

　　给设备设置标语是一个严肃的话题，和给自媒体首页设置标语有显著区别。我们在这里设置的标语，是设备提示给管理员的信息，这些信息提供的是警告或其他说明。设置标语需要在全局配置模式下完成，命令为 **banner**。**banner** 这个命令后面可以跟几种不同的关键字，这些关键字的作用是规定设备显示这个标语的情形。比如 **banner login** 就是设置用户登录设备时显示的标语。再比如 **banner motd** 则是设置每日标语（**Message-Of-The-Day**），这个标语会在登录设备之前显示给登录设备的人。比如，如果我们想要设置"welcome！"这个 motd，具体的配置方法如图 6-19 所示。

```
Router(config)#banner motd # Welcome!#
```

图 6-19　为路由器设置"welcome"的标语

　　需要强调的是，把标语设置为 welcome 无异于开门揖盗。据说，有一位美国黑客在登录到一台设备上之后，对网络大肆破坏，后来这名黑客也因此被受害方告上法庭。但是法庭最后判这名黑客无罪释放，因为律师向法院出示证据，证明他入侵的设备是欢迎（welcome）人们登录的。如今，welcome 这句本来最为常用的标语，已经几乎被人们弃用，改成了"WARNING"。

### 进入接口配置模式

　　在前面介绍全局配置模式的时候曾经提到，如果管理员希望修改接口的配置，也需要先进入全局配置模式，再从全局配置模式进入接口配置模式。网络设备是专业的信息传输设备，这类设备必然非常依赖接口，因此很难想象配置一台设备时不需要对接口进行配置。下面我们来演示进入接口配置模式的方法。

　　**进入接口配置模式相当简单，只需要在关键字 interface 后面跟上希望进入的接口**。在图 6-20 中，我们可以看到管理员希望进入设备的 FastEthernet（快速以太网）0/0 接口。至于后面的那个 N/M，体现了设备对接口的编号规则，其中 N 代表模块槽位号，而 M 代表了这个模块中的第几个接口（都是从 0 开始计数的）。所以，f0/0 就是指这台设备 0 号槽位的 0 号接口。同理，如果输入 interface e1/2 就会进入 1 号槽位的 2 号 Ethernet（以太网）接口的配置模式。

```
Router(config)#interface f0/0
Router(config-if)#
```

图 6-20　进入路由器 f0/0 接口

在图 6-20 中，我们可以看出接口配置模式的提示符是**(config-if)#**。if 在这里当然不是"如果"的意思，而是接口（interface）的缩写，所以(config-if)#这个提示符表示目前这个模式是在配置设备的接口。

虽然这个提示符明确地告诉了我们目前处于接口配置模式，但是从这个提示符看不出来我们正在配置哪个接口，甚至连这个接口是一个串行接口还是以太网接口都看不出来，这就要求管理员在配置时一定要保持清醒。

### 设置 Console 密码

时至今日，大多数企业的业务是高度依赖网络通信的。换句话说，如果网络中断，这些企业的业务有可能会彻底瘫痪。遗憾的是，网络对于这些企业的重要性，并没有让所有企业提升它们对于设备安全的重视程度。

虽然前面曾经说过，路由器、交换机等网络设备都应该摆放在"非请勿入"的机房重地，但除了专业的网络服务供应商的机房和少数企业的重要机房之外，大多数安置网络设备的机房提供给这些设备的安全措施仍然是一把 20 世纪 90 年代的挂锁，好一点的换成电子锁或者装个防盗门，再好一点的还会装个监控摄像头，但还有很多企业甚至根本没有提供保护措施，人人可以自由穿梭于机房。也就是说，任何人只要找到一根 Console 线，就可以对这些网络设备的配置进行修改。这个过程哪怕只有几分钟，而且那个"任何人"的技术水准很菜，造成的破坏都有可能是灾难性的。

所以，如果我们能够要求通过 Console 接口连接到设备的用户进行密码验证，就可以在很大程度上消除这个风险。毕竟对于绝大多数未经授权私自登录这台设备的人而言，他们一旦发现登录需要密码，就会立刻放弃尝试。

要求通过 Console 接口连接进来的用户进行密码验证，需要先从全局配置模式下进入 **Console 线路配置模式，命令是 line console 0**（因为只有一个 Console 接口）；接下来，需要使用命令"**password** *密码*"来设置登录密码；最后还要使用命令 **login** 要求端口实施登录认证。综上所述，将这台路由器的 Console 接口密码设置为 cisco 的全部过程如图 6-21 所示。

```
Router(config)#line console 0
Router(config-line)#password cisco
Router(config-line)#login
```

图 6-21　为路由器 Console 接口设置密码 cisco

前面我们说过，对于绝大多数未经授权私自登录这台设备的人，他们一旦发现登录需要密码，就会立刻放弃尝试。但是请务必相信我：只要有人真的决定尝试一下登录设备，他们尝试的密码肯定是 **cisco**。这是因为大多数培训机构和高校的实验室设置了 cisco 作为密码，这导致很多刚刚入行的人会习惯性地把 cisco 设置为密码。更要命的是，很多人会习惯性地将 cisco 设置为密码，这一点在业内无人不知无人不晓。所以，像图 6-21 这样把密码设置成 cisco，就和把银行卡的密码用贴纸贴在卡面上的做法相差无几。

我的建议是，既然要设置密码，就要设置一个不那么好猜中的密码，至少不要把密码设置成 cisco。

**其他线路配置模式的命令**

在通过 Console 接口配置设备的过程中，你有可能会遇到各种各样的情况，比如饿了、烦了、想解大手了，等等。就算忽略这些生理需求，现实生活也是足够丰富多彩的，有太多原因可以让管理员离开自己正在配置设备的那台笔记本计算机。那么，在你回来的时候，还可以接着对设备进行配置吗？

默认情况下，如果你两次操作设备的时间间隔在十分钟以内，还可以继续操作，否则就要重新登录一次设备（如果你通过前面介绍的方法给 Console 接口配置了登录密码，当然就要重新输入一遍这个密码）。不过，我们完全可以**调整管理员无操作登出的时间。具体做法是在 Console 线路配置模式下使用命令 exec-timeout 进行配置**，如图 6-22 所示。

```
Router(config)#line con 0
Router(config-line)#exec-timeout 0 0
```

图 6-22　将 Console 接口的操作时间设置为永不超时

在图 6-22 中，**命令 exec-timeout 需要跟两个参数，第一个数字表示管理员无操作登出的"分钟数"，第二个数字表示"秒数"。**所以，如果我们希望把无操作时间调整为 11 分 17 秒，那么对应的命令就应该是 **exec-timeout 11 17**。如果我们按照图 6-22，**将后面的两个参数全都设置为 0，则表示操作时间永不超时**。

此外，当管理员登录到设备中进行操作的时候，会发现自己的输入信息经常被弹出的日志消息打断（见图 6-23）。一旦打断，管理员很容易搞不清自己输入到了什么地方，也就只好从头输起。这非常讨厌。

```
Router#con
*Mar 1 00:09:54.055: %SYS-5-CONFIG_I: Configured from console by console
```

图 6-23　输入时被日志消息打断

在图 6-23 中，管理员正在试图输入 conf t 进入全局配置模式，结果被突然间弹出的日志消息打断。要想避免这种情况，可以进入 Console 线路配置模式，输入命令 **logging synchronous**。

### 设置虚拟终端密码

除了通过 Console 连接，管理员也可以通过 **Telnet** 协议来远程管理设备。所以我们在前面提到过，管理员也可以通过传输接口，对设备发起远程管理。

> 注释：为了方便后面的介绍，这里顺便介绍两个术语。当管理设备的流量与设备传输的流量都通过相同的接口进入设备时，我们就称这种管理方式为带内管理，比如管理员通过 Telnet 协议远程管理设备时，管理设备的流量当然也是通过传输信息的接口流入设备的，而专门用于管理的那些接口（Console 接口、AUX 接口）根本就没有接线；反之，当管理设备的流量由独立于传输流量的通道进入设备时，我们称这种管理方式为带外管理。通过 Console 线连接 Console 接口来管理设备就是典型的带外管理。

相比使用 Console 线管理设备，远程管理设备显然门槛更低。一个人要想拿 Console 线本地管理设备，他/她至少得先有资格进入设备所在的那个院落，然后还要有资格进入设备所在的那栋大楼，最后要有资格进入设备所在的那个房间。总而言之，如果有人通过 Console 接口连接的方式篡改了设备的配置，仅仅让网络负责人进行检讨是远远不够的，这家企事业机构对外来人员和内部人员的管理制度肯定存在漏洞。而远程管理则不同。理论上，只要手边有台能连上网的计算机，每个人都可以对其他设备发起远程管理。**所以，要想让一台 Cisco IOS 的设备接受远程管理，就要先设置好认证远程用户身份的密码。** 配置远程登录密码的方式和配置 Console 连接密码的方式极为相似，如图 6-24 所示。

```
Router(config)#line vty 0 4
Router(config-line)#password cisco
Router(config-line)#login
```

图 6-24 为虚拟终端配置登录密码 cisco

图 6-24 和图 6-21 相比，唯一的区别在于进入线路配置模式的那条命令，也就是第一条命令，因此这里只需要对它进行解释。图 6-24 第一条命令中的关键字为 **vty**，意思是**虚拟终端连接，这种连接就是用户通过信息传输接口向设备发起管理访问时建立的连接。** 它不像物理连接那样看得见摸得着，因此是虚拟连接。**一台设备最多可以接受多少个用户同时向自己发起虚拟连接，这一点因设备和系统而异。** 图 6-24 一共为 5 条 vty 线路设置了密码，它们分别是 vty0、vty1、vty2、vty3 和 vty4。所以，命令 **line vty 0 4** 的作用就是同时进入（从 vty0~vty4 的）这 5 条 vty 线路的配置模式，同时对它们进行配置。如果管理员只希望同时有一位用户向这台设备发起远程管理访问，当然也可以只配置 vty0。此时在全局配置模式下输入命令 **line vty 0** 即可。

之前说过，要想让一台 Cisco IOS 的设备接受远程管理，就要先设置好认证远程用户身份的密码。此时有逆反心理的读者可能会很好奇：如果我没有设置 vty 密码，就对设备发起远程管理，会出现什么情况呢？

此时设备会在管理员对自己发出 Telnet 连接之后告诉这位管理员"远程访问需要设置密码，但是这台设备没有设置任何密码"，然后就拒绝这次远程访问请求，如图 6-25 所示。

```
Password required, but none set
```

图 6-25　因为缺少 vty 密码，所以设备不接受管理员发起的远程访问请求

通过 Console 接口连接到设备的时候，有可能会遇到无操作登出时间（超时时间）和输入时被日志消息打断的问题。通过 Telnet 协议远程管理，如果也遇到这样的问题怎么办呢？

在这里推荐读者在 **vty** 线路配置模式中，尝试使用一下"其他线路配置模式的命令"部分中介绍的那两条命令，看看那两条命令能不能用于 **vty** 线路配置模式中。

**设置特权模式密码**

从用户模式进入特权模式，再从特权模式进入全局配置模式的过程，也是管理员的权限范围从几乎什么都做不了到几乎什么都可以做的过程。在特权模式下，管理员的权限就已经明显高于在用户模式下的权限，因为在特权模式下，管理员的权限已经让他们可以随意地查看设备信息。有时，我们并不反对一些设备管理员能够登录到设备的用户模式，但是很不希望他们进入特权模式，这时，我们就可以通过设置特权模式的密码，让设备管理员在从用户模式进入特权模式时提供自己的身份以供设备认证。

配置特权模式密码的方法相当简单，管理员只需在全局配置模式下输入命令"**enable password** *密码*"。比如，如果我们想把特权模式的密码设置为 cisco，就可以参照图 6-26 的方法进行设置。

```
Router(config)#enable password cisco
```

图 6-26　设置特权模式密码

Cisco IOS 命令行界面相比于图形用户界面的一大优势在于，管理员可以清晰地看见设备的配置。而如果我们使用命令 **enable password cisco** 配置特权模式密码，那么当我们查看设备配置的时候，这条命令也会赫然显示在配置文件中，如图 6-27 所示。

```
!
enable password cisco
!
```

图 6-27　查看配置命令时显示的信息

查看配置信息是管理设备时常常需要去做的一件事。如果在管理员查看设备信息时，被某些心怀不轨的人"瞥见"了这条命令，那么你特意配置的这条命令对这些"有心人"来说也就形同虚设了。为了避免这个问题，全局配置模式下还有另一条设置特权模式密码的命令——"**enable secret** *密码*"，如图 6-28 所示。

```
Router(config)#enable secret cisco
```

图 6-28　设置特权模式密文密码

通过这条命令设置的特权模式密码，在我们查看配置命令时显示出来的就会是乱

码，因此即使被别人看到也不用担心了，如图 6-29 所示。

```
!
enable secret 5 $1$d/T/$8Xpo5RWFFGs4jYEvJNgxt/
!
```

图 6-29　查看配置命令时显示的密文信息

既然说到了查看信息的问题，下面我们就来介绍如何在 Cisco IOS 中查看一些关键信息。

### 查看设备/系统信息

在本节，我们介绍的内容还是 Cisco IOS 中的一些命令，但这些命令的功能不再是修改设备的配置，而是查看设备的一些重要信息。当然，Cisco IOS 中的信息相当丰富，因此查看这些信息的命令也是不胜枚举。我们在这里仅介绍几个最为常用的命令，至于查看设备和系统信息的其他命令，会在用到它们的时候再进行介绍。

首先我们先来说说图 6-27 和图 6-29 所示的信息是怎么显示出来的。

此前我们说到过，管理员配置的信息会保存到 RAM 中。由于重启时这部分信息就会消失，因此称为运行配置文件，也就是当前生效的配置文件。在 Cisco IOS 中，要查看任何信息基本都是在用户模式下使用 **show** 命令实现。比如，如果我们要查看设备的运行配置文件，就可以使用命令 **show running-config** 来实现，如例 6-2 所示。

例 6-2　*show running-config 的输出信息*

```
R1#show running-config
Building configuration...

Current configuration : 757 bytes
!
version 15.2
service timestamps debug datetime msec
service timestamps log datetime msec
!
hostname R1
!
boot-start-marker
boot-end-marker
!
!
!
no aaa new-model
!
!
!
!
```

```
!
!
no ip domain lookup
ip cef
ipv6 multicast rpf use-bgp
no ipv6 cef
!
!
multilink bundle-name authenticated
!
!
!
!
!
!
!
!
!
!
!
!
!
!
!
!
!
!
!
interface FastEthernet0/0
 no ip address
 shutdown
 duplex full
!
interface FastEthernet1/0
 no ip address
 shutdown
 speed auto
 duplex auto
!
interface FastEthernet1/1
 no ip address
 shutdown
 speed auto
```

```
 duplex auto
!
ip forward-protocol nd
!
!
no ip http server
no ip http secure-server
!
!
!
!
control-plane
!
!
line con 0
 exec-timeout 0 0
 logging synchronous
 stopbits 1
line aux 0
 stopbits 1
line vty 0 4
 login
!
!
end
```

在上例中，我们能够清晰地看到设备的配置信息。由于我们查看的是一台空配设备的信息，因此内容相当简单直白，这里不再逐条命令进行介绍。

如果读者读到这里，还能记得设备的启动过程，就会想知道如何查看 NVRAM 中保存的启动配置文件。其实，要查看设备启动配置文件的命令，完全可以通过上面的 **show** 命令推测出来，这条命令就是 **show startup-config**。这条命令的输出信息如例 6-3 所示（有简化）。

*例 6-3　show startup-config 的（简化）输出信息*

```
R1#show startup-config
Using 85 out of 129016 bytes!
!
hostname R1
no ip domain lookup
line con 0
exec-timeout 0 0
logging synchronous
```

上面两条命令显示的信息都是配置命令，也就是管理员自己输入的信息和设备默认的配置信息。下面我们介绍一条查看设备自身信息的重要命令，这条命令是 **show version**，它的输出信息如例 6-4 所示。

*例 6-4* *show version 的输出信息*

```
R1#show version
Cisco IOS Software, 7200 Software (C7200-ADVENTERPRISEK9-M), Version 15.2(4)S,
RELEASE SOFTWARE (fc1)
Technical Support: http://www.cisco.com/techsupport
Copyright (c) 1986-2012 by Cisco Systems, Inc.
Compiled Fri 20-Jul-12 15:03 by prod_rel_team

ROM: ROMMON Emulation Microcode
BOOTLDR: 7200 Software (C7200-ADVENTERPRISEK9-M), Version 15.2(4)S, RELEASE
SOFTWARE (fc1)

R1 uptime is 18 minutes
System returned to ROM by unknown reload cause - suspect boot_data[BOOT_COUNT]
0x0, BOOT_COUNT 0, BOOTDATA 19
System image file is "tftp://255.255.255.255/unknown"
Last reload reason: Unknown reason




This product contains cryptographic features and is subject to United
States and local country laws governing import, export, transfer and
use. Delivery of Cisco cryptographic products does not imply
third-party authority to import, export, distribute or use encryption.
Importers, exporters, distributors and users are responsible for
compliance with U.S. and local country laws. By using this product you
agree to comply with applicable laws and regulations. If you are unable
to comply with U.S. and local laws, return this product immediately.

A summary of U.S. laws governing Cisco cryptographic products may be found at:
http://www.cisco.com/wwl/export/crypto/tool/stqrg.html

If you require further assistance please contact us by sending email to
export@cisco.com.

Cisco 7206VXR (NPE400) processor (revision A) with 245760K/16384K bytes of
memory.
Processor board ID 4279256517
R7000 CPU at 150MHz, Implementation 39, Rev 2.1, 256KB L2 Cache
6 slot VXR midplane, Version 2.1

Last reset from power-on
```

```
PCI bus mb0_mb1 (Slots 0, 1, 3 and 5) has a capacity of 600 bandwidth points.
Current configuration on bus mb0_mb1 has a total of 600 bandwidth points.
This configuration is within the PCI bus capacity and is supported.

PCI bus mb2 (Slots 2, 4, 6) has a capacity of 600 bandwidth points.
Current configuration on bus mb2 has a total of 0 bandwidth points
This configuration is within the PCI bus capacity and is supported.


3 FastEthernet interfaces
125K bytes of NVRAM.

65536K bytes of ATA PCMCIA card at slot 0 (Sector size 512 bytes).
8192K bytes of Flash internal SIMM (Sector size 256K).
Configuration register is 0x2102
```

　　如上面的例子所示，这条命令可以给管理员提供设备的硬件构成、IOS 的版本等大量信息。如果作一个类比的话，这条命令提供给管理员的信息多少有点类似于在 Windows 系统中打开"控制面板"中的"系统"一项时看到的信息。这些内容可以帮助管理员更好地了解这台设备。

　　值得一提的是，这条命令显示的信息中包含了 **Configuration register** 这一项（见阴影部分）。这一项在国内翻译为"寄存器值"，这个数值的作用会在后面进行介绍，这里先提出来引起读者的注意。

　　本章介绍的最后一条 show 命令的功能是查看与接口有关的信息。这条命令就是 "**show interface** *接口类型 接口编号*"。比如，当管理员希望查看 f0/0 接口的信息时，对应的命令就是 **show interface f0/0**。这条命令的输出信息如例 6-5 所示。

*例 6-5　show interface f0/0 的输出信息*

```
R1#show interfaces fastEthernet 0/0
FastEthernet0/0 is administratively down, line protocol is down
  Hardware is DEC21140, address is ca00.e020.0000 (bia ca00.e020.0000)
  MTU 1500 bytes, BW 100000 Kbit/sec, DLY 100 usec,
     reliability 255/255, txload 1/255, rxload 1/255
  Encapsulation ARPA, loopback not set
  Keepalive set (10 sec)
  Full-duplex, 100Mb/s, 100BaseTX/FX
  ARP type: ARPA, ARP Timeout 04:00:00
  Last input never, output never, output hang never
  Last clearing of "show interface" counters never
```

```
Input queue: 0/75/0/0 (size/max/drops/flushes); Total output drops: 0
Queueing strategy: fifo
Output queue: 0/40 (size/max)
5 minute input rate 0 bits/sec, 0 packets/sec
5 minute output rate 0 bits/sec, 0 packets/sec
   0 packets input, 0 bytes
   Received 0 broadcasts (0 IP multicasts)
   0 runts, 0 giants, 0 throttles
   0 input errors, 0 CRC, 0 frame, 0 overrun, 0 ignored
   0 watchdog
   0 input packets with dribble condition detected
   0 packets output, 0 bytes, 0 underruns
   0 output errors, 0 collisions, 0 interface resets
   0 unknown protocol drops
   0 babbles, 0 late collision, 0 deferred
   0 lost carrier, 0 no carrier
0 output buffer failures, 0 output buffers swapped out
```

通过这条命令，我们可以看到一个接口的地址信息、一些统计数据等。其中，这条命令的第一行（见阴影部分）常常是管理员查看的重点。说得再具体一点，当一个接口本应处于工作状态，管理员却发现它并没有工作的时候，经常需要通过这条信息来判断具体的原因。

概括地说，这条命令可能的显示结果主要包括 5 种。我们下面分别来介绍一下这 5 种显示结果代表的含义。

- FastEthernet 0/0 is up, line protocol is up。这是最好的显示结果，表示这个接口工作一切正常。相当于试纸显示你试孕成功。
- FastEthernet 0/0 is administratively down, line protocol is down。这是第二理想的结果。如果出现这个结果，大部分情况下，你只需要进入这个接口的接口配置模式下，输入命令把接口打开，问题就能解决。相当于医生告诉你，你可以调整好心态，回家试孕。
- FastEthernet 0/0 is down, line protocol is down。这种情况和上一种差不多。如果出现这种情况，很有可能的结果是，你发现对端端口的状态是 administratively down。这时，你只要打开对端端口，这里的问题也就迎刃而解了。相当于医生告诉你，回家做做你先生的思想工作。
- FastEthernet 0/0 is up, line protocol is down。这是第三理想的结果。这表示物理层的工作是正常的，但是有某些原因导致线路协议未启动，比如链路两端接口的某些参数不匹配或者设置不当。相当于医生告诉你，你可以排除器质性的问题，但是这位医生还找补了一句：最好有空请你先生也来检查一下。
- FastEthernet 0/0 is down, line protocol is down (disable)。这种显示结果比较糟糕，如果不是线路连接的问题，那就是链路双方中有某一方的接口出了问题，总之问题出在物理层上。基本相当于医生跟你说：想开点，其实领养一个孩子也挺好的。

到目前为止，我们已经介绍了很多关于 Cisco IOS 设备的基本命令。在上文的介绍中，虽然读者可以通过图示中默认的主机名看出，我用来演示的设备是一台路由器，但是我并没有刻意指明这台设备是一台路由器还是一台交换机，因为上述命令在这两类设备上的配置几乎是没有区别的。

在本章的最后，我需要专门用一小段文字介绍一下路由器串行接口（Serial Interface）的配置方式，因为它确实和配置以太网接口有一定的差别。

### 路由器串行接口的配置

如今，串行接口的使用在企业园区网中已趋式微，绝大多数路由器也早已不再配备串行接口。不过，考虑到很多现网仍然在使用串行接口，工业级网络及 Cisco IR 系列工业级路由器也依然提供和使用串行接口，当然也考虑到完全删除串行接口对于作者改版负担过大……下文中还是简单介绍一下串行接口的相关概念和配置。

路由器的串行接口在配置时与普通的以太网接口（如 f0/0 或 g0/0/0）存在一点小小的差异。因为**通过一条线缆相连的两个串行接口并不是完全平等的，它们分为一个 DTE 接口和一个 DCE 接口。**

**DCE 的全称叫作数据通信设备，而 DTE 则叫作数据终端设备。**从名字上就能看出来，DCE 似乎更像通信的主导方，DTE 则有点像通信的接收方；DCE 更像标准的制定方，DTE 则更像标准的采纳方，而事实也是如此。在两个串行接口进行通信时，通信实现的前提是这两个接口必须采用相同的时钟频率进行通信。因此，这就要求其中一个接口在通信的过程中扮演庄家的角色，它负责告诉对端的接口，两端使用什么样的时钟频率进行通信。这个庄家接口就是 DCE 接口。

路由器的接口本身并不会天然决定这个接口是一个 DCE 接口还是 DTE 接口，它是 DCE 还是 DTE 取决于连接它的那根串行线缆。**对于管理员来说，要知道这个接口是 DTE 还是 DCE 可以通过命令"show controller** *接口编号*"进行查看。如果我们看到这是一台 DCE，并且希望它和对端进行通信，在这个接口的接口配置模式下就必须要额外添加一条命令，用来向对端的接口通告通信的时钟频率。此时，我们需要在接口配置模式下输入命令 **clock rate 64000**。

在上文中，我们介绍了使用命令 **show interface** 查看以太网接口状态时，各种 up/down 的组合分别提示了哪些情况。同样，如果我们使用这条命令查看串行接口的状态，也可以得到类似的提示。

- Serial 0 is up, line protocol is up：同以太网接口的情形。
- Serial 0 0/0 is administratively down, line protocol is down：同以太网接口的情形。

- Serial 0 0/0 is down, line protocol is down：同以太网接口的情形，**也有可能是 DCE 没有提供时钟频率信息。**
- Serial 0 0/0 is up, line protocol is down：同以太网接口的情形，也有可能是两端的 IP 地址不匹配。
- Serial 0 is down, line protocol is down(disable)：同以太网接口的情形。

## 6.3  总结

本章在大纲中找不到完全对应的项目，但读完本章的读者想必也看出了本章的重要性。在本章，我们"从外到内"对设备进行了一次通通透透的介绍。本章通篇从设备的外观说起，谈到了设备的硬件构成，此后的大部分篇幅用来向读者介绍如何连接设备并对其进行管理，如何执行一些基本的操作配置，如何查看一些重要的配置及设备信息。本章是读者配置 Cisco 设备的启蒙环节，衷心希望通过本章的内容，读者能够建立起学好操作设备技能的信心。从本章开始，往后各章的体例基本都以"理论知识+配置 Cisco IOS 的操作方式"的形式呈现在读者面前。

### 本章习题

1. 路由器等设备的规格计量单位是什么？
   - a. V
   - b. U
   - c. R
   - d. in
2. 路由器等设备的启动配置文件存储在哪里？
   - a. RAM
   - b. Flash
   - c. ROM
   - d. NVRAM
3. 路由器等设备的运行配置文件存储在哪里？
   - a. RAM
   - b. Flash
   - c. ROM
   - d. NVRAM
4. (config)#是什么配置模式下的提示符？
   - a. 用户模式
   - b. 特权模式
   - c. 全局配置模式

　　　　d. 接口配置模式

5. 在命令行界面中配置系统时钟时，如果不确定 **clock** 后面应该输入什么，该怎么办？

　　　　a. 使用 Tab 键

　　　　b. 使用空格键

　　　　c. 使用组合键 Ctrl+Z

　　　　d. 使用问号（?）

6. 在命令行界面中输入命令时，Tab 键的作用是什么？

　　　　a. 告诉你这条命令的作用

　　　　b. 帮你把这个关键字补全

　　　　c. 告诉你以这些字母开头的关键字都有哪些

　　　　d. 告诉你下一个关键字都有哪些

7. 在使用 **banner** 命令为设备设置标语时，推荐使用以下哪个作为标语？

　　　　a. Welcome!

　　　　b. Hello Friend!

　　　　c. One World One Dream!

　　　　d. Warning!

8. 在命令行界面中先后使用命令 **line con 0** 和命令 **exec-timeout 08 10** 的作用是什么？

　　　　a. 把系统时钟设置为 8 点 10 分

　　　　b. 把系统时钟设置为 8 月 10 日

　　　　c. 把 Console 接口的空闲超时时间设置为 8 分 10 秒

　　　　d. 把 vty 线路的空闲超时时间设置为 8 分 10 秒

9. 要想知道设备下次启动时会使用哪些接口配置，应该输入以下哪条命令？

　　　　a. **show running-config**

　　　　b. **show startup-config**

　　　　c. **show version**

　　　　d. **show ip interface brief**

## 管理网络设备

本章的内容是第 6 章的延续。在本章中，我们会继续讨论 Cisco IOS 的工作原理和管理方法。当然，本章与上一章也并非全无区别。它们主要的区别在于，第 6 章我们介绍的管理工作都是在一台设备本地完成的。而在本章中，为了说清楚我们要介绍的这些技术，就必须引入多台设备。从第 8 章开始，我们会开始以具体的路由或交换技术为单位，逐章介绍它们的原理及实现方法。考虑到网络技术一定与通信有关，而通信必会涉及不止一台设备，因此本章不仅内容本身相当实用，而且读者阅读本章的内容后也可以促进后续章节的学习。

废话少说，我们马上进入本章需要介绍的第一项技术——CDP。

## 7.1 CDP

CDP（Cisco Discovery Protocol）是 Cisco 私有的协议。默认情况下，Cisco 设备会自动运行 CDP。通过 CDP，彼此直连的 Cisco 设备可以相互了解到很多关于对端的信息。CDP 工作在数据链路层，所以使用不同网络层协议的 Cisco 设备也可以获得对端的信息。比如，两台分别使用 IPv4 和 IPv6 地址的设备可以通过 CDP 获取到对端的信息。

那么，以图 7-1 所示的拓扑为例，Cisco 设备之间会通过 CDP 相互了解到对方的哪些信息呢？

图 7-1　CDP 测试拓扑

眼见为实，**要想知道 Cisco 设备通过 CDP 获取到的相邻 Cisco 设备信息，可以通过命令 show cdp neighbors detail 来进行查看。**这条命令的输出信息如图 7-2 所示。

*CCNA*

```
R1#show cdp neighbors detail

Device ID: R2
Entry address(es):
  IP address : 10.1.1.2
Platform: cisco C2800, Capabilities: Router
Interface: Serial1/0, Port ID (outgoing port): Serial1/0
Holdtime: 148

Version :
Cisco IOS Software, 2800 Software (C2800NM-ADVIPSERVICESK9-M), Version 12.4(15)T
1, RELEASE SOFTWARE (fc2)
Technical Support: http://www.cisco.com/techsupport
Copyright (c) 1986-2007 by Cisco Systems, Inc.
Compiled Wed 18-Jul-07 06:21 by pt_rel_team

advertisement version: 2
Duplex: full
```

图 7-2　命令 show cdp neighbors detail 的输出信息

如图 7-2 所示，CDP 能够提供给管理员的直连设备信息还是挺丰富的，从设备的主机名、地址、型号（和类型）、相连的接口到它的操作系统版本、双工类型等，不一而足。

除了上面的这条命令，还有一条关于 CDP 的命令更加常用。这条命令就是 **show cdp neighbors**，它可以通过设备列表的形式告诉管理员所有直连 Cisco 设备的汇总信息。这条命令输出的信息虽然相对简单一些（见图 7-3），但是图 7-2 提供的重要信息仍然可以通过这条命令显示出来。

```
R1#show cdp neighbors
Capability Codes: R - Router, T - Trans Bridge, B - Source Route Bridge
                  S - Switch, H - Host, I - IGMP, r - Repeater, P - Phone
Device ID     Local Intrfce   Holdtme   Capability   Platform   Port ID
R2            Ser 1/0         162                R    C2800      Ser 1/0
```

图 7-3　命令 show cdp neighbors 的输出信息

因为在图 7-1 中，R1 上只有一台直连的 Cisco 设备，所以我们通过命令也只看到了 R2 这台路由器对应的汇总信息。

读到这里，读者应该已经接受了一个理念，那就是使用 CDP 确实能给设备的管理者带来许多便利。但是我希望在这里向读者传递一个理念：**便利与安全是一对矛盾双生胎**。换句话说，当其他条件固定不变时，我们不太容易同时提高一个系统的便利性与安全性。我相信，在读者回顾一切和"安全"有关的谆谆教诲时，难免会认为这些建议都或多或少给我们带来了一些不便。比如，密码复杂一点会更安全；车开慢一点会更安全；安检严格一点会更安全，等等。同样的道理，当我们发现某项技术为我们带来了极大便利时，不妨立刻审视一下它给安全性带来的威胁。安全性和便利性之间的这种关系在数学上被称为零和博弈。

CDP 给我们带来了很多便利，让我们可以更加轻松地了解所处的网络。更让人感到惬意的是，管理员甚至不需要对设备进行配置就可以享受这种便捷，唯一需要做的就是在想要了解信息的时候，输入上面这两条 **show** 命令而已。可是，这同时也意味着 CDP 会把我们网络中某些设备的信息泄露给别人。试想，如果图 7-1 中的 R2 是服务提供商（比如联通）的边缘设备，而 R1 是某家用户企业网（比如 YESLAB）的边缘设备，那么无论谁是联通的工程师，都不希望 R1 上可以看到 R2 的设备信息。也就是说，在有些情况下，我们并不希望对端的设备得知有关本端设备的信息。这时，就要在设备的全局配置模式下通过命令 **no cdp run** 来禁用 CDP，如图 7-4 所示。

```
R1(config)#no cdp run
R1(config)#
```

图 7-4　禁用 CDP

我们在第 6 章说过，全局配置模式的作用是调整与这台设备全局有关的配置。所以，一旦在全局配置模式下禁用了 CDP，那么这台设备就不会再去发现所有自己连接的设备了。套用上面的例子，这就意味着不光联通的边缘设备发现不了 YESLAB 的边缘设备，就连 YESLAB 网络中的其他设备也发现不了 YESLAB 的这台边缘设备，这当然是不合理的。为了修正这个错误，我们可以在全局禁用 CDP 之后，再在那些我们希望启用 CDP 的**接口**（配置模式）下输入 **cdp enable** 命令，从而在指定接口上启用 CDP，如图 7-5 所示。

```
R1(config)#int s1/0
R1(config-if)#cdp enable
```

图 7-5　在接口启用 CDP

既然 CDP 是 Cisco 私有的协议，其他厂商肯定不便使用。所以，如果 Cisco 设备与其他品牌的设备相连，通过 **show cdp** 系列命令自然看不到和那些设备有关的信息。不过，有些其他厂商也设计了类似于 CDP 的协议，可以发现同品牌邻居设备的一些信息。此外，现在也有了一个能够让不同厂商设备发现彼此的链路层发现协议（LLDP），可以方便不同厂商设备的对接。这就叫"科技成就生活之美"，听上去耳熟吗？

下面我们介绍一种能够带给管理员更多便利的协议。

## 7.2　Telnet

就像我们在第 6 章中介绍的那样，管理员除了在机房通过 Console 线连接设备的 Console 接口，在本地对设备进行管理之外，还有一种相当常见的设备管理方式，那就是远程对设备发起管理访问。两种管理方式相较而言，后一种方式不仅可以免去频繁插拔 Console 线缆之苦，而且可以足不出户管理设备，因此会比本地管理设备轻松舒适得多。而实现这种远程管理的协议，就是这一节我们要重点介绍的 Telnet 协议。

Telnet 协议在第 6 章中其实已经多次出现，但第 6 章仅仅提供了一些关于这个协议的"意象"，没有涉及实现方式，也没有涉及原理。不过，读者想必也猜到了：要想远程管理网络设备，先决条件是发起管理的设备与被管理设备之间在**网络层**是互通的，因为数据链路层只能实现局部寻址。所以，在使用 Telnet 前，需要预先在路由器上配置 IP 地址。下面我们以图 7-6 所示的拓扑为例，演示 Telnet 的方法。

图 7-6　Telnet 协议测试拓扑

图 7-6 所示的拓扑包含了三台路由器，下面我们首先在这些设备的各个接口上配置 IP 地址。**配置 IP 地址的方法非常简单，在接口配置模式下输入命令"ip address *IP 地址　掩码*"**即可。在第一次配置某个接口之后，要输入 **no shutdown** 命令来开启这个接口，否则在查看接口状态的时候，就会看到我们在第 6 章中介绍的 administratively down 这种状态。配置这三台设备主机名、接口的过程如例 7-1 所示。

例 7-1　*Telnet 环境的基本配置*

```
R1>enable
R1#conf terminal
R1(config)#hostname R1
R1(config)#interface serial 1/0
R1(config-if)#ip address 10.1.1.1 255.255.255.0
R1(config-if)#no shutdown

R2>enable
R2#conf terminal
R2(config)#hostname R2
R2(config)#interface serial 1/0
R2(config-if)#ip address 10.1.1.2 255.255.255.0
R2(config-if)#no shutdown
R2(config)#interface serial 1/1
R2(config-if)#ip address 10.2.2.1 255.255.255.0
R2(config-if)#no shutdown

R3>enable
R3#conf terminal
R2(config)#hostname R3
R3(config)#interface serial 1/0
R3(config-if)#ip address 10.2.2.2 255.255.255.0
R3(config-if)#no shutdown
```

配置好接口之后，下一步的工作我们在第 6 章中已经进行了介绍，那就是在被管理设备上对 vty 线路进行配置，即配置远程登录密码。我们在第 6 章也说过了，如果没有远程登录密码，设备就会以管理员没有设置密码为由，拒绝远程管理连接。而这一步配置的方法以及因没有设置密码导致访问被拒的过程如例 7-2 所示。

*例 7-2 配置 vty 线路*

```
R1#telnet 10.1.1.2
Trying 10.1.1.2 ... Open


Password required, but none set

[Connection to 10.1.1.2 closed by foreign host]
------------------------------------------------------------

R2(config)#line vty 0 4
R2(config-line)#password cisco
```

完成上述设置之后，我们就可以对设备发起 Telnet 远程管理访问了。不过，既然"要想远程管理网络设备，先决条件是发起管理的设备与被管理设备之间在网络层是互通的"，那么在 Telnet 之前，就不妨先来测试一下管理发起设备和被管理设备之间，网络层是否可以互通。而我们之前曾经花了一页纸篇幅介绍的一项协议似乎正好可以胜任这项工作。

ICMP 的 ping 工具用起来十分简单，而且在各类命令行界面（CLI）系统中测试命令都很类似，那就是"**ping** *被测 IP 地址*"。比如，我们在 R1（管理发起设备）上测试它是否能够和 R2 互通，就可以使用 ping 10.1.1.2 命令来发起测试。在 Cisco IOS 中，如果测试的结果是感叹号（!），表示 R1 收到了 R2 回复的 echo-reply 数据包，如果是点（.），则表示 R1 没有收到 R2 的 ICMP 回复消息。说得更具体点就是，一个感叹号代表一个数据包收到了回复，一个点代表一个数据包石沉大海。

在此后所有与路由技术有关的章节中，我们都会以令人震惊的频率使用这条命令。它的输出信息如例 7-3 所示。

*例 7-3 通过 ping 工具测试 R1 与 R2 在网络层能否通信*

```
R1#ping 10.1.1.2
Type escape sequence to abort.
Sending 5, 100-byte ICMP Echos to 10.1.1.2, timeout is 2 seconds:
!!!!!
Success rate is 100 percent (5/5), round-trip min/avg/max = 36/44/52 ms
```

一旦双方在网络层可以进行通信，而且被管理设备上也配置好了 vty 密码，我们就可以开始对它进行 Telnet 了。**Telnet 的具体命令是"telnet** *要访问的 IP 地址*"。在我们发起连接后，被管理设备会要求我们输入上面刚刚配置的密码。如果输入正确，就会通过设备的主机名清晰地看到，我们已经登录到了另一台设备上。第一次实现远程登录，对于很多人来说是新奇而激动的，请珍惜这种情感。

如果读者以 R1 作为管理的发起设备，以 R2 作为被管理设备发起 Telnet 连接，这个过程就会和图 7-7 所示相同。

```
R1#telnet 10.1.1.2
Trying 10.1.1.2 ...Open


User Access Verification

Password:
R2>
```

图 7-7　R1 通过 Telnet 远程访问 R2

在前面的介绍中，我们提到了一个概念。如果没有设置远程登录密码，设备就不会允许人们远程登录，而设备本身默认是没有设置远程登录密码的。这是很好理解的，我要是厂商也只能这么设计。若非如此，无论是给设备设置一个默认的远程登录密码，还是在管理员没有设置密码的情况下默认允许用户远程登录设备，都会让那些“勇于尝试，有探索精神”的不速之客们有机可乘。

但是，如果管理员真的很想无密码登录，倒也不是没有办法，我们可以在 vty 线路下把登录时要求管理员提供密码的那条命令去掉。这样一来，情况就变成了：管理员配置了密码，只是不要求人们登录时验证这个密码。这样，管理员就可以不输入密码直接远程登录设备了，如图 7-8 所示。

```
R2(config)#line vty 0 4
R2(config-line)#no login


R1#telnet 10.1.1.2
Trying 10.1.1.2 ...Open


R2>
```

图 7-8　R2 配置 **no login** 命令后，R1 不输入密码即可 Telnet 访问 R2

在这里强调一点：设备允许用户无密码远程登录，并不代表厂商鼓励网络工程师采用这种部署方案。我的建议是，除了实验室环境，永远也不要采用上面的方式部署设备。这种做法等同于你没有给自己的信用卡设置密码，还把信用卡扔在门外——任性的方式有很多，这一种真心不推荐。

下面我们换个话题，说说多人登录的问题。

20 世纪 80 年代末，我爸买了台红白机（FC），经常自己一个人玩儿得不亦乐乎，我有的时候看了不爽。好在那玩意儿有两个手柄，对于有的游戏来说，两个手柄都可以操作游戏的主人公。这也就是说，我爸拿着左边的主手柄（那会儿叫主把）玩儿，我可以拿另一个手柄（副把）使坏。比如前面有个坑，他走到跟前按“跳”，我却在边上瞅准了时机按“蹲”，机器一犹豫，主人公就掉坑里挂了，上面这个过程简称“坑爹”。

明明觉得自己有掌控权，突然发现还有别人能和自己分庭抗礼，换了谁，都会觉得这是一件很不爽的事儿。可是，一条 vty 线路就代表可以有一个用户远程登录到设备上。虽然通过 Console 接口连接相当于手握“主把”，但我们更想知道有多少人和自己同时登录到了这台设备上。此时，我们可以通过命令 **show users** 来查看这台设备上登录的用户，这条命令的输出信息如例 7-4 所示。

*例 7-4  通过 **show users** 命令来查看设备上的用户*

```
R2#show users
    Line       User        Host(s)           Idle       Location
*  0 con 0                 idle            00:00:00
   2 vty 0                 idle                     00:00:10 10.1.1.1

   Interface  User                Mode        Idle    Peer Address
```

注释：这条命令显示的信息中，会有一行前面打着星号（*），这一行就是你目前正在管理设备的连接。

如果通过这条命令，我们发现这台设备上登录了一位不速之客，可以通过命令"**clear line** 线路编号"把这个用户清除出去，这个清除的动作，业内俗称"踢人"。这条命令中的线路编号是指例 7-4 的显示信息中，Line 这一列最开始的那个**数字**。"踢人"的操作比较简单，测试的感觉令人心旷神怡，留给读者自行品味。

除了一台设备上可以同时登录多个用户，一个用户也可以同时登录多台设备。比如 R2 的管理员就既可以用 Telnet 登录 R1，也可以用 Telnet 登录 R3。操作步骤是这样的：我们在 R2 上 Telnet 10.1.1.1 登录 R1；在完成了 R1 上的操作后，**同时按住键盘上的 Shift、Ctrl 和 6 三个键，然后松开，再按下 X 键**，就可以退回到 R2，但是这条 Telnet 连接并没有断开；接下来你当然就可以在 R2 上 Telnet 10.2.2.2 登录 R3；而当你完成了 R3 的操作之后，也可以通过按组合键 **Shift+Ctrl+6**，再按 **X** 键的方式再次退回到 R2 上。当然，此时你到 R3 的 Telnet 连接也没有断开。

既然没有断开，怎么恢复这条连接呢？

方法是，首先使用命令 **show sessions** 查看这条连接的编号，如例 7-5 所示。

*例 7-5  通过 **show sessions** 命令来查看设备上的用户*

```
R2#show sessions
Conn Host              Address         Byte  Idle Conn Name
   1 10.1.1.1          10.1.1.1          0     0   10.1.1.1
*  2 10.2.2.2          10.2.2.2          0     0   10.2.2.2
```

通过这条命令，我们可以看到，R2 对外发出了两条 Telnet 会话。其中，前面有星号的那条代表最近登录的一条。只要按下 Enter 键，就可以恢复这条 Telnet 连接。如果希望恢复去往其他设备的 Telnet 连接，只需要输入对应的线路编号就可以了，什么关键字都不用加，如例 7-6 所示。

*例 7-6  恢复一条 Telnet 连接*

```
R2#1
[Resuming connection 1 to 10.1.1.1 ... ]

R1>
```

此时，如果管理员希望断开某一条 Telnet 连接，命令是"**disconnect** *连接编号*"。

> 注释：disconnect 是断开自己与其他设备的 Telnet 连接，而 clear line 则是清除别人与自己设备的 Telnet 连接。同理，show sessions 查看的是自己与其他设备建立的 Telnet 连接，而 show users 查看的则是其他人与自己这台设备建立的 Telnet 连接。如果担心搞混，可以从英文直译的角度去记忆上面这四条命令。

## 7.3　设置配置寄存器值

家里的 PC 用了这么多年，系统出点儿差错是难免的。大多数系统坏了不求人的主儿，对于系统登录不上时所采取的方式一般有三种派别，一种是保守派，一种是改良派，一种是革命派。保守派会事先备份出一个靠谱儿的系统，出了问题可直接恢复；改良派则往往会试着进入安全模式，如果能进入安全模式，他们就会尝试在安全模式下对系统进行恢复；革命派比较简单粗暴，那就是不管三七二十一直接重整系统。天性使然，本人属于坚定的革命派。

不管派别如何，既然原来的系统不能用了，这台设备总得提供点其他什么界面可以让我们重新搞出一个能用的系统出来。若非如此，智能设备何异于傻瓜设备，计算机何异于计算器。

Cisco IOS 就是路由器的操作系统。所以，总有某些情况，管理员会为了调整设备中的系统或者配置，而希望设备可以进入其他系统当中，或者加载其他的配置。**在 IOS 中，指挥设备启动和引导的参数，就叫作寄存器值。**如果你读了前面那一章，还敢肯定自己是第一次看到这个名词，你可以打电话找人民邮电出版社，要求他们把前一章遗漏的几页纸补全。因为在前一章 **show version** 这条命令的输出信息中，你应该已经看到过寄存器值的形式，也应该已经听说过寄存器值这个名词了。下面我们仔细说说这个值是怎么决定设备的启动顺序的。

首先，寄存器值前面的"**0x**"是表示后面的数字为十六进制的通用表示。我们没有介绍过十六进制，但是介绍过二进制和十进制。实际上，二进制与十六进制的相互转换远比二进制与十进制的相互转换容易，因为 16 等于 $2^4$，所以每 4 位二进制数就唯一对应一位十六进制数，就算用背的方法来机械记忆，也比 20 以内加减法的记忆量小。我们充分信任读者举一反三的能力，在这里不进行介绍了。

既然是一个 4 位的十六进制数，我们接下来把它分解成 16 位的二进制数，分别介绍一下它们的作用。友情提示：下面的内容是脑细胞的大规模杀伤性武器，而且很容易让人在阅读过程中产生焦躁情绪，因此请在喝浓咖啡后再阅读。

如图 7-9 所示，寄存器值将最低一位二进制数定义为第 0 位，最高一位定义为第 15 位。而这 16 位中，有 6 位可以影响设备的启动方式，从而产生多种启动方式。

首先，**最右侧的 4 位二进制数（也就是最后 1 位十六进制数）称为启动字段**。顾名思义，这个十六进制数对启动过程的影响最大。**如果这个十六进制数取值为 0，那么设备就会进入 ROM Monitor 模式；如果取值为 1，则会加载 ROM 中的 IOS。**

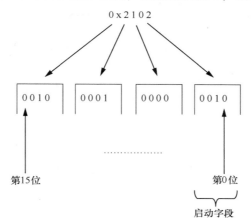

图 7-9   寄存器值详解

其次，忽略其他可能的条件，如果启动字段的这个十六进制数既不为 **0**，也不为 **1**（一般为 **2**），则设备会加载 **Flash** 中的 **IOS**，也就是进入正常的启动流程。

最后，设备会查看寄存器值的第 **6** 位二进制数。如果第 **6** 位为 **1**，则忽略 **NVRAM** 中的启动配置，进入初始配置；如果第 **6** 位为 **0**，则按照正常的流程加载 **NVRAM** 中的启动配置，换句话说就是采用之前保存的配置文件。

"忽略其他条件"这句话涵盖了很多内容，鉴于这些内容超出了 CCNA 大纲的范围，我们不作介绍。不过，为了向读者展示设备完整的启动流程，我们把设备启动过程中有可能执行的所有判断，全部通过图 7-10 进行了展示，读者如有需要，可以自行参详。为了突出重点，我用**深色和浅色**标识了上文中介绍过的几种最常见的设备启动流程，其中浅色是设备正常的启动流程。至于那些"忽略的条件"，我用虚线框"框"了起来。读者可以按照先浅后深的重要性顺序，有层次地复习图 7-10 所示的设备启动流程，最后视需要选读虚线框中的内容。

下面我们来介绍几种最常用的寄存器值及其对应的含义。

- **0x2100**：启动字段值为 0，因此系统会立刻进入 ROM Monitor 模式。
- **0x2102**：设备启动时，会从 Flash 中读取 IOS，并从 NVRAM 中读取启动配置（正常启动）。
- **0x2142**：第 6 位取 1，因此设备在启动时会忽略 NVRAM 中的启动配置文件，进入初始配置（Setup）模式。

右侧两个十六进制数的玩法，相信读者已经理解。下面简单介绍一下为什么左侧两个十六进制数总是"21"。在解释这个问题时，建议大家随时翻看图 7-9 中，寄存器值的十六进制与二进制对应关系。

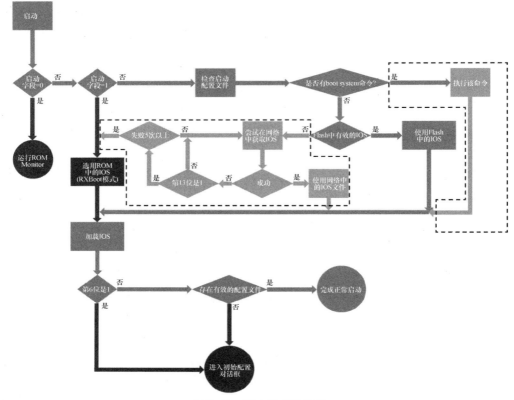

图 7-10　路由器启动流程

- 我们先来说说那个 "2"。当寄存器值的第 13 位二进制数为 1 时，寄存器值的第一位十六进制就是 2。如图 7-10 所示，在这一位二进制数为 1 的情况下，如果设备既无法在自己的 Flash 中找到 IOS，也（连续 5 次）无法在网络中找到 IOS，它就会加载 ROM 中的 IOS。如果第 13 位二进制数为 0，那么当设备出现上述情况，设备就会永远尝试在网络中加载 IOS。在绝大多数情况下，第二种做法并不明智，因此不建议读者把第一位十六进制数修改成其他数值。

- 再来说说第二位十六进制的 "1"，这一位对应的二进制数是图 7-9 所示的 "第 8 位"，而图 7-10 中所示的设备启动进程中，完全没有涉及对第 8 位二进制数的判断。这一位数的作用是这样的：如果这个值为 1，那么我们只有在设备**启动**时，同时按下键盘上的 Ctrl 和 Break 键，设备才会进入 ROM Monitor 模式；如果把它设置为 0，那么只要同时按下键盘上的 Ctrl 和 Break 键，系统就会进入 ROM Monitor 模式，并不一定是在设备启动时才起作用。显然，这个值同样不建议修改，除非你希望在 Windows 系统中随时按下 Delete 键，设备都会切换到 BIOS 中去。

说了这么多既枯燥乏味又容易导致脑细胞大量死亡的内容，我们来说点实际的，那就是怎么修改寄存器值。当然，这就简单多了，在设备的全局配置模式下输入命令"**config-register** *寄存器值*"，就可以将设备的寄存器值修改为其他数值，如图 7-11 所示。

```
R1(config)#config-register 0x2142
R1(config)#
```

图 7-11　将 R1 的寄存器值改为 0x2142

就像在前面介绍的那样，如果此时对配置进行保存，然后重启设备，我们之前所进行的所有配置在启动时都会被忽略，路由器会像完全没有配置过那样，这当然包括我们之前对路由器进行的命名也将消失，因此路由器的主机名由 R1 变为了默认的 Router，如图 7-12 所示。

```
cisco 2811 (MPC860) processor (revision 0x200) with 60416K/5120K bytes of memory

Processor board ID JAD05190MTZ (4292891495)
M860 processor: part number 0, mask 49
2 FastEthernet/IEEE 802.3 interface(s)
8 Low-speed serial(sync/async) network interface(s)
239K bytes of non-volatile configuration memory.
62720K bytes of  ATA CompactFlash (Read/Write)
Cisco IOS Software, 2800 Software (C2800NM-ADVIPSERVICESK9-M), Version 12.4(15)T
1, RELEASE SOFTWARE (fc2)
Technical Support: http://www.cisco.com/techsupport
Copyright (c) 1986-2007 by Cisco Systems, Inc.
Compiled Wed 18-Jul-07 06:21 by pt_rel_team


         --- System Configuration Dialog ---

Continue with configuration dialog? [yes/no]: n

Press RETURN to get started!


Router>
```

图 7-12　R1 已经恢复为默认配置，之前命名的 R1 也变成了默认的 Router

最后，在图 7-10 浅色的部分中，读者唯一还不太了解的，大概就是"boot system命令"这一部分了。这个命令也是在全局配置模式下使用的，命令关键字就是 **boot system**，而这条命令的作用是：在设备上有多个存储设备并且有多个 IOS 的时候，指定设备从哪里读取并加载哪一个 IOS，在默认情况下，设备会读取并加载 Flash 中版本最高的 IOS 文件。

## 7.4　两种 copy，两种思路

说一千道一万，最终的目的还是落实这些功能。在这一节，我们会对涉及配置文件和设备启动的命令进行介绍。这些命令的重要性怎么强调都不为过，在真实项目中，没人能避开这些命令。更重要的是，这些命令如果使用不当，后果和配错一个 IP 地址不可同日而语。

## 7.4.1　关于保存运行配置文件

保存游戏进度，其实就是让我们能够在下次启动游戏的时候，从这次存档的地方玩儿起。同理，所谓保存运行配置文件，其实就是把现在在 RAM 中的运行配置文件复制到 NVRAM 中的启动配置文件。这个配置命令直观得不得了，就是 **copy running-config startup-config**。

就长度而言，这条命令实在不算短，而且容易把 running-config 和 startup-config 的前后顺序搞反。所以，保存运行配置文件还有一条简单得多的等价命令，就一个关键字：**write**。

## 7.4.2　关于保存启动配置文件（如何恢复特权模式密码）

刚才我们谈到了把 running-config 和 startup-config 的前后顺序搞反。这时候，很多读者会产生这样的疑问：**copy running-config startup-config** 这条命令的重要性不言而喻，但是真有 **copy startup-config running-config** 这样一条命令吗？如果有，那么把启动配置文件保存到运行配置文件有什么意义？

我举个常见的例子：比如你给自己的设备配置了一个 enable secret 密码，而自己把密码忘了，现在进不去路由器的特权模式了。怎么办？不用我说你也能想到：命令行界面系统是不会弹出诸如"忘记密码？"这样的提示符的。

方法是这样的。

**第一步　重启设备。**

在命令行界面中重启设备，需要在特权模式下输入命令关键字 **reload**。但问题是，如果我们忘记了密码，当然也就进不去特权模式了。所以，你需要去机房找到那台设备，以物理方式开关一下电源。

**第二步　进入 ROM Monitor 模式。**

按照上一节的方法，我们需要在全局配置模式下把寄存器值修改成 **0x2100**，才能进入 ROM Monitor 模式。问题是，我们现在连特权模式都进不去，遑论全局配置模式。好在，要想进入 ROM Monitor 模式还有一种方法，这种方法我们在介绍第二位十六进制的那个"1"时已经进行了介绍——没错，在设备启动时按下键盘上的 Ctrl 和 Break 键，如例 7-7 所示。

*例 7-7　在设备启动时按下 Ctrl 和 Break 键进入 ROM Monitor 模式*

```
R1#reload

System configuration has been modified. Save? [yes/no]:
*Mar  1 09:28:24.225: %SYS-5-CONFIG_I: Configured from console by consolen
Proceed with reload? [confirm]

*Mar  1 09:28:37.609: %SYS-5-RELOAD: Reload requested by console. Reload
Reason: Reload command.
```

```
System Bootstrap, Version 12.1(3r)T2, RELEASE SOFTWARE (fc1)
Copyright (c) 2000 by cisco Systems, Inc.
PC = 0xfff0ab6c, Vector = 0x500, SP = 0x680127d0
PC = 0xfff0ab6c, Vector = 0x500, SP = 0x680127c0
C2600 platform with 32768 Kbytes of main memory

PC = 0xfff0ab6c, Vector = 0x500, SP = 0x800048ac

monitor: command "boot" aborted due to user interrupt
rommon 1 >
```

**第三步**　在 **ROM Monitor** 模式下将寄存器值修改为 **0x2142**，以绕过加载启动配置文件，然后再次重启。

ROM Monitor 模式下的操作和 IOS 是有区别的，我们进入 ROM Monitor 模式之后，直接输入命令 **confreg 0x2142**，然后输入关键字 **reset** 重启设备，如例 7-8 所示。

*例 7-8　在 ROM Monitor 模式中修改寄存器值*

```
rommon 1 > confreg 0x2142


You must reset or power cycle for new config to take effect
rommon 2 > reset
```

再次启动之后，因为寄存器值被修改为了 0x2142，所以设备不会再载入启动配置文件。这时候，怎么进入特权模式的问题已经解决了，如例 7-9 所示。

*例 7-9　设备不再载入启动配置文件*

```
System Bootstrap, Version 12.1(3r)T2, RELEASE SOFTWARE (fc1)
Copyright (c) 2000 by cisco Systems, Inc.
C2600 platform with 32768 Kbytes of main memory

program load complete, entry point: 0x80008000, size: 0x8ceb78
Self           decompressing          the          image          :
##############################################################################
##############################################################################
##### [OK]

Smart Init is disabled. IOMEM set to: 10

Configured I/O memory percentage was too large. Using 10 percent iomem.
           Restricted Rights Legend

Use, duplication, or disclosure by the Government is
subject to restrictions as set forth in subparagraph
(c) of the Commercial Computer Software - Restricted
```

```
Rights clause at FAR sec. 52.227-19 and subparagraph
(c) (1) (ii) of the Rights in Technical Data and Computer
Software clause at DFARS sec. 252.227-7013.


        cisco Systems, Inc.
        170 West Tasman Drive
        San Jose, California 95134-1706



Cisco Internetwork Operating System Software
IOS (tm) C2600 Software (C2600-IPBASE-M), Version 12.3(5a), RELEASE SOFTWARE
(fc1)
Copyright (c) 1986-2003 by cisco Systems, Inc.
Compiled Tue 25-Nov-03 05:59 by kellythw
Image text-base: 0x80008098, data-base: 0x80F002E0


cisco 2620 (MPC860) processor (revision 0x600) with 29696K/3072K bytes of
memory.
Processor board ID JAD052306CS (1393757906)
M860 processor: part number 0, mask 49
Bridging software.
X.25 software, Version 3.0.0.
Basic Rate ISDN software, Version 1.1.
1 FastEthernet/IEEE 802.3 interface(s)
1 Serial network interface(s)
1 ISDN Basic Rate interface(s)
32K bytes of non-volatile configuration memory.
16384K bytes of processor board System flash (Read/Write)



        --- System Configuration Dialog ---

Would you like to enter the initial configuration dialog? [yes/no]:
```

不过，之前的设备是有配置的。现在的设备如同一张白纸，所以我们下面要解决的问题是怎么恢复之前的设备上的配置文件。

**第四步　进入特权模式，copy startup-config running-config。**

读者看到这里可能会大惊失色：我现在还是不知道设备的密码啊，这会儿要是把 startup-config 的配置复制成运行配置，那之前的工夫不是全白费了？

你大可放心，现在我们已经进入了特权模式，所以也就不需要再次输入特权模式的密码了。这个道理你稍微一想就能明白：你人都已经在屋子里了，难道没有钥匙就不给门上锁了吗？

当然，如果钥匙真的丢了，还是得马上给门配把新锁，否则，你下次出门，回来的时候就有麻烦了。所以我们需要第五步和第六步。

**第五步** 进入全局配置模式，使用命令 **enable secret** 重新设置特权模式的密码。

**第六步** 保存配置（**write/copy running-config startup-config**），再次重启（**reload**）。

由于第四、五、六步毫无新意，因此我们也就不再通过示例进行演示。

这一小节文字虽然不多，但信息量着实不小。归纳起来，我们介绍了以下内容。

- 如何恢复特权模式密码。
- **copy startup-config running-config** 这条命令的一种使用场合。
- 0x2142 这个寄存器值的一种使用场合。
- ROM Monitor 的一种使用场合。
- 如何在 ROM Monitor 模式下修改设备的寄存器值。
- **reload** 命令。

鉴于本节涉及物理上对设备的操作（第一步），所以读者不用担心特权模式密码形同虚设的问题，毕竟只有能接触到设备的人，才能翻越我们设置的特权模式密码。同时，我希望这一小节的内容可以给读者敲响警钟：设备的物理安全相当重要，因为这一小节的内容说明，任何能够接触到物理设备的人，都有条件绕过设备的特权模式密码。

## 7.5 IOS 备份

当我们需要对 IOS 进行升级时，首先需要对 IOS 进行**外部备份**。"外部备份"就是把设备的配置或者系统文件复制到其他设备上保存起来。"其他设备"包含的种类当然十分丰富，其中，所有 CCNA 教材都会提到的方式是，把 IOS 镜像文件复制到一台 FTP 或 TFTP 服务器上。

听上去高大上，其实我们完全可以用自己这台管理设备的计算机充当 TFTP 服务器，然后把路由器的 IOS 文件复制过来，这件事的操作难度小于从网上下片。这个环境的拓扑如图 7-13 所示。

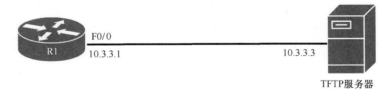

F0/0
R1    10.3.3.1                    10.3.3.3
                                            TFTP服务器

图 7-13 备份 IOS 的拓扑

**第一步** 从网上随便找一个 FTP 或 TFTP 服务器软件，把自己的这台计算机装点成一台 TFTP 服务器。这种软件的操作方式大多简单得很，友好程度远胜于你用过的一切下载工具。图 7-14 是我随手找到的一个 TFTP 软件界面，考虑到整个界面上就没几个按钮，连 IP 地址都是软件自动检测出来的，所以我实在是不知道关于这种软件的用法有什么值得进一步介绍的。

**第二步** 既然要复制文件,就要保证两端可以互通。所以,应该先用这台充当 TFTP 服务器的计算机去 ping 一下需要备份 IOS 的那台路由器,或者用路由器 ping 那台计算机。这个过程实在过于简单,我们不加演示。

图 7-14　TFTP 服务器软件界面

**第三步** 查看 IOS 的名称。命令是在全局配置模式下输入 **dir flash:**。在这条命令的输出中,最后那个.bin 的就是文件名。

**第四步** **copy flash: tftp:**。

输入这条命令之后,设备会先要求我们输入第三步中看到的那个扩展名为.bin 的 IOS 文件名,然后要求我们输入 TFTP 服务器的 IP 地址,最后设备会询问我们这个.bin 文件在 TFTP 服务器上的文件名是什么,直接按 Enter 键表示不修改文件名。

完成路由器上的操作之后,计算机上的 TFTP 软件有可能会弹出相关的提示信息,提示我们有信息输入,要求管理员选择是否接受该文件的复制。如果有这种提示信息的话,选择允许该文件复制进来即可。此时,设备上就会出现大量表示数据成功传输的叹号,这个过程在路由器上完整的操作如图 7-15 所示。

```
Router#copy flash: tftp:
Source filename []? c2800nm-advipservicesk9-mz.124-15.T1.bin
Address or name of remote host []? 10.3.3.3
Destination filename [c2800nm-advipservicesk9-mz.124-15.T1.bin]?

Writing c2800nm-advipservicesk9-mz.124-15.T1.bin....!!!!!!!!!!!!!!!!!!!!!!!!!!!!
!!!!!!!!!!!!!!!!!!!!!!!!!!!!!!!!!!!!!!!!!!!!!!!!!!!!!!!!!!!!!!!!!!!!!!!!!!!!!!!!
!!!!!!!!!!!!!!!!!!!!!!!!!!!!!!!!!!!!!!!!!!!!!!!!!!!!!!!!!!!!!!!!!!!!!!!!!!!!!!!!
!!!!!!!!!!!!!!!!!!!!!!!!!!!!!!!!!!!!!!!!!!!!!!!!!!!!!!!!!!!!!!!!!!!!!!!!!!!!!!!!
!!!!!!!!!!!!!!!!!!!!!!!!!!!!!!!!!!!!!!!!!!!!!!!!!!!!!!!!!!!!!!!!!!!!!!!!!!!!!!!!
!!!!!!!!!!!!!!!!!!!!!!!!!!!!!!!!!!!!!!!!!!!!!!!!!!!!!!!!!!!!!!!!!!!!!!!!!!!!!!!!
!!!!!!!!!!!!!!!!!!!!!!!!!!!!!!!!!!!!!!!!!!!!!!!!!!!!!!!!!!!!!!!!!!!!!!!!!!!!!!!!
!!!!!!!!!!!!!!!!!!!!!!!!!!!!!!!!!!!!!!!!!!!!!!!!!!!!!!!!!!!!!!!!!!!!!!!!!!!!!!!!
!!!!!!!!!!!!!!!!!!!!!!!!!!!!!!!!!!!!!!!!!!!!!!!!!!!!!!!!!!!!!!!!!!!!!!!!!!!!!!!!
!!!!!!!!!!!!!!!!!!!!!!!!!!!!!!!!!!!!!!!!!!!!!!!!!!!!!!!!!!!!!!!!!!!!!!!!!!!!!!!!
!!!!!!!!!
[OK - 50938004 bytes]

50938004 bytes copied in 3.794 secs (13425000 bytes/sec)
```

图 7-15　备份 IOS

最后一步是去 TFTP 服务器软件指定的保存目录中，查看一下复制过来的文件。我相信，如何在 Windows 系统中根据目录寻找文件是不需要进行任何演示的。总之，这件事的操作逻辑和把大象装入冰箱差不多。

## 7.6　IOS 升级

升级 IOS 就是先把新的 IOS 下载到 TFTP 服务器上，再从 TFTP 服务器上复制到路由器上的过程。所以，这个过程的操作和上一节极为类似，而它的逻辑则和上一节正好相反。我们在这里沿用图 7-13 所示的拓扑来演示这个过程。

把 IOS 从路由器备份到 TFTP 服务器的命令既然是 **copy flash: tftp:**，那么把 IOS 从 TFTP 服务器复制到路由器上的命令则是 **copy tftp: flash:**。接下来要输入的内容也和图 7-15 相同，只是顺序有点区别而已。我们在这里需要首先输入 TFTP 服务器的 IP 地址，然后提供这个文件在 TFTP 服务器上的文件名，最后输入这个文件在 IOS 服务器上的文件名，直接按 Enter 键表示继续使用原来的文件名。输入后，路由器就会按照你输入的文件名向 TFTP 服务器请求对应的文件，然后把它复制到路由器中来。路由器上的完整操作过程如图 7-16 所示。

```
Router#copy tftp: flash:
Address or name of remote host []? 10.3.3.3
Source filename []? c2600-i-mz.122-28.bin
Destination filename [c2600-i-mz.122-28.bin]?

Accessing tftp://10.3.3.3/c2600-i-mz.122-28.bin...
Loading c2600-i-mz.122-28.bin from 10.3.3.3: !!!!!!!!!!!!!!!!!!!!!!!!!!!!!!!!!!!!!!
!!!!!!!!!!!!!!!!!!!!!!!!!!!!!!!!!!!!!!!!!!!!!!!!!!!!!!!!!!!!!!!!!!!!!!!!!!!!!!!!!!
[OK - 5571584 bytes]

5571584 bytes copied in 0.083 secs (15380924 bytes/sec)
```

图 7-16　升级 IOS

补充说明一下，如果读者在尝试图 7-15 或图 7-16 所示的操作时遇到了问题，可以看看下面的内容对你是否会有帮助。

TFTP 服务器上安装的防火墙有时候会妨碍复制的进程，如果无法完成复制的过程，可以关闭防火墙再试。

把大象装入冰箱的脑筋急转弯之所以变成了经典，无非就是因为冰箱的容积远没有大象的体积大，所以三步走的方法听上去十分荒谬可笑。同样，如果 TFTP 服务器上的空间不足，图 7-15 所示的过程当然无法完成。如果路由器 Flash 中的空间不足，图 7-16 所示的过程也没法实现。关于 TFTP 服务器空间不足的问题，相信每一个会用计算机的人都知道如何解决，我们在这里不赘述。单说说路由器 Flash 中空间不足的解决方案。

首先，管理员不妨先通过命令 **dir flash:** 来查看 Flash 中的剩余空间大小是否大于 TFTP 服务器中你想要复制过来的文件大小。这条命令会在输出信息的最后部分说明

Flash 中还有多少空闲的空间（bytes free）。

接下来，如果空闲空间不足，我们只能删除前面看到的那个 Flash 中现有的文件，来给新的 IOS 文件腾出足够的空间，然后尝试从 TFTP 服务器中复制 IOS 文件。删除 Flash 文件所对应的命令是"**delete flash：***文件名.后缀*"。

> 警告：如果删除了现有的 IOS 文件，而新的 IOS 文件又没有成功复制到设备中来（比如复制的过程中出现了掉电的情况），那么设备显然就没有操作系统可以加载了。此时，管理员只能进入 ROM Monitor 模式来尝试继续复制文件。

## 7.7 总结

本章对应的 CCNA 考点：

1.6　Configure and verify IPv4 addressing and subnetting；

2.3　Configure and verify Layer 2 discovery protocols；

4.9　Describe the capabilities and function of TFTP/FTP in the network。

从考点来看，这一章的内容似乎略微有点"散"。但从逻辑上，本章却做到了"形散而神不散"。在这一章中，我们对网络管理的两大利器，也就是 CDP 和 Telnet 协议进行了介绍。针对 Telnet 协议，我们介绍了它的实现方式，还介绍了如何断开别人向设备发起的远程连接，以及如何断开自己向其他设备发起的远程连接。接下来，我们介绍了烧脑的寄存器值，这是为了给后面的"copy 来、copy 去"打好基础。后面涉及复制的几个小节虽然步骤稍多，但是逻辑十分简单。除了具体的操作方式，逻辑上和从计算机往 U 盘上复制文件没有区别。既然这样类比，就要注意自己想复制的文件大小是不是小于目的设备的可用空间。如果可用空间不足，先删后复制总是难免的。

## 本章习题

1. 以下关于 CDP 的描述中错误的是？
   a. 通过 CDP 能够发现所有直连交换机
   b. CDP 是 Cisco 的私有协议
   c. CDP 默认是全局启用的
   d. 可以只为某几个接口启用 CDP

2. 在使用全局命令 no cdp run 禁用了 CDP 后，可以在接口使用哪条命令启用 CDP？
   a. cdp run
   b. cdp enable
   c. run cdp
   d. enable cdp

3. 要想通过 Telnet 管理一台新路由器，首先必须在路由器上设置什么？
   a. 管理 IP 地址
   b. 主机名
   c. enable 密码
   d. vty 密码

4. 命令 show user 的作用是什么？
   a. 查看设备中配置的用户
   b. 查看设备上登录的用户
   c. 查看自己的用户名和密码
   d. 查看自己都登录了哪些设备

5. 命令 show session 的作用是什么？
   a. 查看设备中配置的用户
   b. 查看设备上登录的用户
   c. 查看自己的用户名和密码
   d. 查看自己都登录了哪些设备

6. 在做练习时，若想让路由器以空配置启动，应如何设置寄存器值？
   a. 0x2100
   b. 0x2102
   c. 0x2142
   d. 0x2122

7. 在设备启动过程中，按下哪两个组合键可以进入 ROM Monitor 模式？
   a. Ctrl+Break
   b. Ctrl+Alt
   c. Ctrl+Shift
   d. Ctrl+空格键

# 第8章

## 路由基础与静态路由

"路由"这种说法，对于没接触过网络行业的读者来说，大概没什么可读性可言——也就是说就算对这俩汉字都认识，也很难根据生活经验猜出这个词是什么意思。其实这个词的英文是"route"，直译过来也就是"路线""路径"的意思。

应该说，route作为整个行业最重要的概念之一，确实必须对应一个特殊的汉语词汇才能跟其他近义词区分开。不过如果读者此前没有接触过这个概念，回归到这个词的根意才更便于理解它的意思。

曾经去欧洲自助旅行过的朋友想必都有过规划路线的经历。对于一部分职业驴友来说，规划路线的乐趣有时候不亚于旅游本身。一个游客在规划路线时，都会希望在比较短的时间内穿越尽可能多自己感兴趣的城市。比如，如果游客对古迹感兴趣，可能会选择北京直飞罗马，然后先从罗马南下庞贝，再北上佛罗伦萨、博洛尼亚，最后从米兰飞回家。如果喜欢购物，可能会飞抵日内瓦，然后转战巴黎，有英国签证的人甚至还会在回国之前跑去伦敦扫货。至于对建筑感兴趣的人，则有可能从巴塞罗那开始自己的旅程。总之，在递交申请申根签证之前，总是要把自己设计的"路线"作为行程单递交上去的，这是一项必备的申根签证申请材料。

当然，游客在设计路线的时候，考虑的因素都是自己的兴趣和开销（时间和经济成本），因为游客至少有权决定自己旅行的线路。但数据包基本对沿途的风景（和免税店？）兴趣不大，它们在穿越网络设备时，路线通常是由各个节点的网络设备按照管理员的需求进行控制的，尽管在IP头部也设置了一些可以指定数据包路线的可选项。

下面我们具体谈谈网络设备是如何决定数据包转发的。

## 8.1　路由概述

简单来说，路由器是根据路由表（也称为路由选择表）和数据包的目的地址来决定如何转发数据包的。数据包的目的地址就是问路人要去的那个地方，而路由表就是被问路人手机导航软件的数据库。

那么，路由表中都有哪些信息呢（见图 8-1）？

```
RouterC#show ip route
Codes: C - connected, S - static, I - IGRP, R - RIP, M - mobile, B -
    BGP
        D - EIGRP, EX - EIGRP external, O - OSPF, IA - OSPF inter area
        E1 - OSPF external type 1, E2 - OSPF external type 2, E - EGP
        i - IS-IS, L1 - IS-IS level-1, L2 - IS-IS level-2, * - candidate
default
        U - per-user static route

Gateway of last resort is not set

        10.0.0.0/24 is subnetted, 7 subnets
S       10.1.3.0/24 [1/0] via 10.1.4.1
S       10.1.2.0/24 [1/0] via 10.1.4.1
S       10.1.1.0/24 [1/0] via 10.1.4.1
S       10.1.7.0/24 [1/0] via 10.1.6.2
C       10.1.6.0/24 is directly connected, Serial1
C       10.1.5.0/24 is directly connected, Ethernet0
C       10.1.4.0/24 is directly connected, Serial0
```

图 8-1　路由表示例

图 8-1 就是一台路由器中的路由表。虽然在真实环境中的路由器中，恐怕并不常见这种傻瓜级的路由表，但无论多么复杂的路由表，提供的信息主要也就是以下几种：

- 我（路由器）是怎么知道这条路径的；
- 我（路由器）知道去那里的路径；
- 这条路径有多靠谱；沿着这条路径，到那里还有多远；
- 怎么去那里。

以第一条路由（**S 10.1.3.0/24 [1/0] via 10.1.4.1**）为例。在这一行信息中，"S"表示路由器是通过**静态路由**配置知道这条路径的；"10.1.3.0/24"表示路由器（自认为）知道去 10.1.3.0/24 网络的路径；[1/0]表示这条路径的可靠程度，以及沿着这条路径，去往那个网络的距离；而 10.1.4.1 表示路由器认为，要去 10.1.3.0/24 这个网络，接下来要先去 10.1.4.1 这个地址。

上面四点中，第二点（我知道去那里的路径）和第四点（怎么去那里）比较容易理解，而第三点（这条路径有多靠谱；沿着这条路径，到那里还有多远）则比较复杂，本章会在 8.2.5 节简要概述前面一个数字，也就是"管理距离"的含义。下面我们重点对第一点（我是怎么知道这条路径的）进行介绍。

提示：关于第三点（这条路径有多靠谱；沿着这条路径，到那里还有多远），我会留待第 11 章的末尾进行解释，心急的读者也可以提前翻阅一睹为快。

上面一段中刚刚谈到，图 8-1 中 S 或者 C 的那个标识，表示了路由器获知这条路径的方式。说到这里，不妨再来谈谈路由器的作用。

路由器这东西，英文为"router(s)"，但"router"这个词早在路由器发明出来之前就存在。20 世纪初期，"router"专指木工用的"倒角机"。显然，复杂木质结构的加工无法整体成形，而需要用一块一块木头铆接在一起。为了保证木制品连接得结实，当然不能用胶粘合，而必须在木头上刻出能够相互咬合的木槽和榫，而倒角机（router）就是在木制品上刻槽的设备。路由器、倒角机这两个全然不同行业的设备既然在英语中对应同一个名词，它们理应具备某种共性，这个共性就是它们都给"他者"提供了通路（route）。从这个角度上看，如果"router"这个词需要一种更适合的译法，"引路者"似乎可以作为一种选择。因此，如果你看到一些背包客的背包上写着"router"，并不说明这是装路由器的专用背包，而只是背包借用了"引路者"这个引申义而已（见图 8-2）。

图 8-2　写着"router"字样的某名牌背包

当然，要想引路，必先知路。简单地说，路由器了解路由的途径一般分为如下 3 种。

- 因为直连所以了解。
- 通过管理员了解。
- 通过其他路由器了解。

技术上，称以第一种途径获得的路由为**直连路由**，第二种为**静态路由**（其中包括默认路由），第三种为**动态路由**。直连路由（connected）在路由表中以 C 表示；静态路由（static）以 S 表示；而动态路由因路由协议林林总总，需要分别以获得（也称为学习）该路由的协议简称来表示。不同字母表示的路由类型如图 8-1 的"Codes："部分所示。

**顾名思义，"直连路由"就是通过路由器自身接口连接的网络**。在没有人为配置的情况下，直连路由也是路由器唯一拥有的路由——如果没人给它指路，它就只认识自己家门口的路。动态路由的内容则相当复杂，路由交换的 CCNA 课程甚至 CCNP 课程都无法涵盖所有有关动态路由的内容。在本书中，我们只会介绍三种比较基础的动态路由协议，而本章的重点则是第二类路由——静态路由。

## 8.2　静态路由的概念与配置

静态路由，就是路由器事先不知道，而管理员希望路由器知道，因此专门告诉给它们的路由。配置静态路由要在全局配置模式下进行，关键字为 **ip route**。配置静态路由相当于管理员给路由器指路，因此使用汉语中指路的专用语法即可。学过解析几何的人都知道，确定一个点的位置有两种方式，一种是通过坐标，另一种是通过角度和距离的组合。因此，指路也有两种思路，一种是告诉人家"要去珠市口，走前门大街"，那就写"**ip route 珠市口 前门大街**"；另一种是告诉人家"要去珠市口，往南走"，那就写"**ip route 珠市口 南**"。当然，这只是打个比方，就算你真能把"珠市口"这仨汉字敲进去，路由器暂时也还识别不了。如图 8-3 所示为静态路由示例拓扑。

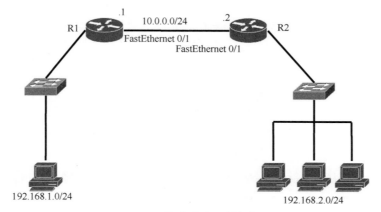

图 8-3　静态路由示例拓扑

具体来说，静态路由的语法结构就是在全局配置模式下输入 **ip route** 网络地址 [ *掩码* ] { *下一跳地址 | 出站接口* }。如图 8-3 所示，假设 R1、R2 上已经完成了基本的接口配置，现在要想让 R1 将所有去往网络 192.168.2.0/24 的数据包都转发给地址10.0.0.2，或者让所有去往 192.168.2.0/24 数据包都通过接口 fastethernet 0/1 发送出去，可以分别按照如下的方式进行配置：

```
R1(config)#ip route 192.168.2.0 255.255.255.0 10.0.0.2
```

或者

```
R1(config)#ip route 192.168.2.0 255.255.255.0 fastethernet0/1
```

此时，在 192.168.1.0/24 这个网络上的设备上 ping 192.168.2.0/24 网络中的设备，必然是不通的，这并不是因为 192.168.1.0/24 始发的数据包无法到达 192.168.2.0/24 这个网络，而是因为 192.168.2.0/24 网络回复的数据包在到达 R2 后，会因为 R2 不知道如何将其转发给 192.168.1.0/24 网络而被丢弃。

永远不要忘记，ping 测试是双向的，要实现双向通信，需要在 R2 上配置一条去往 192.168.1.0/24 网络的静态路由，也就是在 R2 的全局配置模式下输入命令 **ip route 192.168.1.0 255.255.255.0 10.0.0.1** 或者命令 **ip route 192.168.1.0 255.255.255.0 fastethernet0/1**。于是，两个网络就都可以相互 ping 通对方了。

## 8.2.1　简单的静态路由配置示例

上述实验可以在两台路由器上启用环回接口，并通过扩展 ping 的方式来实现对路由器"身后"网络的模拟，具体的实验环境如图 8-4 所示。

图 8-4　简单的静态路由实验环境

在上述拓扑中，我们通过指明下一跳的方式在 R1、R2 上配置静态路由的方法如例 8-1 所示。

*例 8-1　通过指明下一跳配置静态路由*

```
R1(config)#ip route 192.168.2.0 255.255.255.0 10.0.0.2

R2(config)#ip route 192.168.1.0 255.255.255.0 10.0.0.1
```

此时，可以通过命令 **show ip route** 来查看刚刚配置的静态路由，如例 8-2 所示。

*例 8-2　通过 show ip route 命令查看刚刚配置的路由*

```
R1#show ip route
Codes: L - local, C - connected, S - static, R - RIP, M - mobile, B - BGP
       D - EIGRP, EX - EIGRP external, O - OSPF, IA - OSPF inter area
       N1 - OSPF NSSA external type 1, N2 - OSPF NSSA external type 2
       E1 - OSPF external type 1, E2 - OSPF external type 2
       i - IS-IS, su - IS-IS summary, L1 - IS-IS level-1, L2 - IS-IS level-2
       ia - IS-IS inter area, * - candidate default, U - per-user static route
       o - ODR, P - periodic downloaded static route, H - NHRP, l - LISP
       + - replicated route, % - next hop override

Gateway of last resort is not set

      10.0.0.0/8 is variably subnetted, 2 subnets, 2 masks
C        10.0.0.0/24 is directly connected, FastEthernet0/1
L        10.0.0.1/32 is directly connected, FastEthernet0/1
      192.168.1.0/24 is variably subnetted, 2 subnets, 2 masks
C        192.168.1.0/24 is directly connected, Loopback0
L        192.168.1.1/32 is directly connected, Loopback0
S     192.168.2.0/24 [1/0] via 10.0.0.2


R2#show ip route
Codes: L - local, C - connected, S - static, R - RIP, M - mobile, B - BGP
       D - EIGRP, EX - EIGRP external, O - OSPF, IA - OSPF inter area
```

```
       N1 - OSPF NSSA external type 1, N2 - OSPF NSSA external type 2
       E1 - OSPF external type 1, E2 - OSPF external type 2
       i - IS-IS, su - IS-IS summary, L1 - IS-IS level-1, L2 - IS-IS level-2
       ia - IS-IS inter area, * - candidate default, U - per-user static route
       o - ODR, P - periodic downloaded static route, H - NHRP, l - LISP
       + - replicated route, % - next hop override

Gateway of last resort is not set

     10.0.0.0/8 is variably subnetted, 2 subnets, 2 masks
C       10.0.0.0/24 is directly connected, FastEthernet0/1
L       10.0.0.2/32 is directly connected, FastEthernet0/1
S     192.168.1.0/24 [1/0] via 10.0.0.1
     192.168.2.0/24 is variably subnetted, 2 subnets, 2 masks
C       192.168.2.0/24 is directly connected, Loopback0
L       192.168.2.1/32 is directly connected, Loopback0
```

最后，我们可以在两台设备上通过 ping 工具来测试静态路由的效果，如例 8-3 所示。

例 8-3　*对静态路由的效果执行 ping 测试*

```
R1#ping 192.168.2.1
Type escape sequence to abort.
Sending 5, 100-byte ICMP Echos to 192.168.2.1, timeout is 2 seconds:
!!!!!
Success rate is 100 percent (5/5), round-trip min/avg/max = 32/40/48 ms

R2#ping 192.168.1.1
Type escape sequence to abort.
Sending 5, 100-byte ICMP Echos to 192.168.1.1, timeout is 2 seconds:
!!!!!
Success rate is 100 percent (5/5), round-trip min/avg/max = 32/41/48 ms
```

通过指明出站接口的方式在 R1、R2 上配置静态路由的方法如例 8-4 所示。

例 8-4　*通过指明出站接口在 R1 上配置静态路由*

```
R1(config)#ip route 192.168.2.0 255.255.255.0 FastEthernet 0/1
```

接下来，我们通过 **show ip route** 查看静态路由，如例 8-5 所示。

例 8-5　*通过 **show ip route** 命令查看 R1 上的静态路由条目*

```
R1#show ip route
Codes: L - local, C - connected, S - static, R - RIP, M - mobile, B - BGP
       D - EIGRP, EX - EIGRP external, O - OSPF, IA - OSPF inter area
       N1 - OSPF NSSA external type 1, N2 - OSPF NSSA external type 2
       E1 - OSPF external type 1, E2 - OSPF external type 2
       i - IS-IS, su - IS-IS summary, L1 - IS-IS level-1, L2 - IS-IS level-2
       ia - IS-IS inter area, * - candidate default, U - per-user static route
```

```
        o - ODR, P - periodic downloaded static route, H - NHRP, l - LISP
        + - replicated route, % - next hop override

Gateway of last resort is not set

     10.0.0.0/8 is variably subnetted, 2 subnets, 2 masks
C        10.0.0.0/24 is directly connected, FastEthernet0/1
L        10.0.0.1/32 is directly connected, FastEthernet0/1
     192.168.1.0/24 is variably subnetted, 2 subnets, 2 masks
C        192.168.1.0/24 is directly connected, Loopback0
L        192.168.1.1/32 is directly connected, Loopback0
S     192.168.2.0/24 [1/0] via 10.0.0.2
                     is directly connected, FastEthernet0/1
```

不难发现，在后一种方法中，虽然该路由条目的 Codes 依然显示为 S，也就是静态路由，后面却会标识为该网络 "is directed connected, FastEthernet 0/1"。换言之，路由器将指明出站**接口**的静态路由目的网络视为**直连网络**。

这有区别吗？在有些情况下，它们两者是有区别的，下面我们简单介绍一下两者的区别。如果读者觉得下述内容较难理解，可以略过不读，只记住最后的结论。

在以太网环境中，如果一台设备不知道下一台设备的 MAC 地址，就无法向它发送数据帧。所以在路由器将数据包发送出去之前，会先通过目的 IP 地址来问询接收方设备所对应的 MAC 地址。实现这种通过 IP 地址问询 MAC 地址的协议叫作 ARP。上述内容我们已经在第 2 章中进行了详细的介绍。

问题是，在图 8-4 中，R1 与 192.168.2.0/24 网络实际上并不直连，当它通过 Fa0/1 接口发送 ARP 查询，实际接收到的设备是 R2。而 192.168.2.0/24 网络中的设备不可能直接接收到 R1 发送的 ARP 查询消息。那么，R2 是否会将自己的 MAC 地址回复给 R1，来代替 192.168.2.0/24 网络中的那台设备接收 R1 发来的数据包呢？

答案是不一定，这取决于 R2 上是否启用了 ARP 代理特性。如果启用了该特性，那么 R1 在接收到 R2 代理 ARP 特性的响应之后，就会正常地将数据包发送给 R2，并将这个数据包的目的 IP 地址（192.168.2.0/24 网络中某台设备的地址）与 R2 10.0.0.2 这个接口的 MAC 地址之间建立 ARP 映射关系。虽然可以达到通信的效果，但若 192.168.2.0/24 这个网络中的主机数量很多，R1 的内存空间中就会满满地装载上这类 ARP 缓存。如果 R2 没有启用 ARP 代理特性，情况更糟，这次通信根本就无法实现。目前，Cisco 的设备默认是启用了 ARP 代理特性的，其他厂商的设备可就未必了。

总的来说，指明出站接口而不是下一跳地址的静态路由如果与广播介质的网络（如以太网）沾上关系，就比较容易出现问题。但在点到点链路上，这样指明路由的效果则与指明下一跳地址完全相同。细想起来，这和指路不是同一个道理吗？如果对方告诉你，向南边走就可以到目的地，那么你一定希望连接目的地的这条南向道路，是"自古华山一条路（点到点）"。万一你发现南向道路"旁逸斜出"，像没保养好分叉了的头发一样，甚至走了几步之后，南边突然变成一个广场或者一片草原，没有所谓"路"的概念，那你这路基本就算白问。反之，如果对方告诉你，沿着前门大街走，歧义就会小得多。

因此，在实际使用过程中，推荐使用指定下一跳地址的方式来配置静态路由，而尽量不要仅仅指定出站接口。

## 8.2.2 复杂的静态路由配置案例

如果全世界的网络环境都像图 8-4 那么简单，99%的动态技术和智能技术压根就不会被发明出来。下面我们介绍一个稍许复杂的网络环境，并在这个网络环境中通过静态路由实现相互之间的连接。该网络环境如图 8-5 所示。

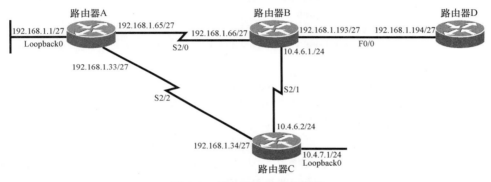

图 8-5　静态路由的实验环境

注意，图 8-5 中的网络拓扑会在本书的后续部分反复使用，并在适当时机进行拓展，请谨慎保存，不要折叠及污损。

首先，配置这 4 台路由器的接口及环回接口地址，具体的配置方式如例 8-6 所示。

*例 8-6　配置 4 台路由器的接口及环回接口地址*

```
Router(config)#hostname A
A(config)#interface serial 2/0
A(config-if)#ip address 192.168.1.65 255.255.255.224
A(config-if)#no shutdown
A(config)#interface serial 2/2
A(config-if)#ip address 192.168.1.33 255.255.255.224
A(config-if)#no shutdown
A(config)#interface loopback 0
A(config-if)#ip address 192.168.1.1 255.255.255.224

Router(config)#hostname B
B(config)#interface serial 2/0
B(config-if)#ip address 192.168.1.66 255.255.255.224
B(config-if)#no shutdown
B(config)#interface serial 2/1
```

```
B(config-if)#ip address 10.4.6.1 255.255.255.0
B(config-if)#no shutdown
B(config)#interface fastEthernet 0/0
B(config-if)#ip add 192.168.1.193 255.255.255.224
B(config-if)#no shutdown

Router(config)#hostname C
C(config)#interface serial 2/2
C(config-if)#ip add 192.168.1.34 255.255.255.224
C(config-if)#no shutdown
C(config)#interface serial 2/1
C(config-if)#ip address 10.4.6.2 255.255.255.0
C(config-if)#no shutdown
C(config)#interface loopback 0
C(config-if)#ip address 10.4.7.1 255.255.255.0

Router(config)#hostname D
D(config)#interface fastEthernet 0/0
D(config-if)#ip address 192.168.1.194 255.255.255.224
D(config-if)#no shutdown
```

　　接下来，我们需要在这 4 台路由器上配置静态路由，使各个网络实现全互连。鉴于网络中并没有使用任何动态路由，因此管理员必须在各台路由器上为其指明所有非直连网络的静态路由，具体的配置方法如例 8-7 所示。

*例 8-7　在 4 台路由器上配置静态路由*

```
A(config)#ip route 192.168.1.192 255.255.255.224 192.168.1.66
A(config)#ip route 10.4.6.0 255.255.255.0 192.168.1.66
A(config)#ip route 10.4.7.0 255.255.255.0 192.168.1.34

B(config)#ip route 192.168.1.32 255.255.255.224 10.4.6.2
B(config)#ip route 10.4.7.0 255.255.255.0 10.4.6.2
B(config)#ip route 192.168.1.0 255.255.255.224 192.168.1.65

C(config)#ip route 192.168.1.192 255.255.255.224 10.4.6.1
C(config)#ip route 192.168.1.64 255.255.255.224 10.4.6.1
C(config)#ip route 192.168.1.0 255.255.255.224 192.168.1.33

D(config)#ip route 192.168.1.64 255.255.255.224 192.168.1.193
D(config)#ip route 10.4.6.0 255.255.255.0 192.168.1.193
D(config)#ip route 192.168.1.32 255.255.255.224 192.168.1.193
D(config)#ip route 10.4.7.0 255.255.255.0 192.168.1.193
D(config)#ip route 192.168.1.0 255.255.255.224 192.168.1.193
```

　　最后，在完成了静态路由的配置之后，我们可以在路由器 A、C、D 上通过 ping 执行简单的测试，如例 8-8 所示。

*例 8-8 通过 ping 工具测试配置静态路由*

```
A#ping 192.168.1.194
Type escape sequence to abort.
Sending 5, 100-byte ICMP Echos to 192.168.1.194, timeout is 2 seconds:
!!!!!
Success rate is 100 percent (5/5), round-trip min/avg/max = 36/56/64 ms

C#ping 192.168.1.1
Type escape sequence to abort.
Sending 5, 100-byte ICMP Echos to 192.168.1.1, timeout is 2 seconds:
!!!!!
Success rate is 100 percent (5/5), round-trip min/avg/max = 24/38/48 ms

D#ping 10.4.7.1
Type escape sequence to abort.
Sending 5, 100-byte ICMP Echos to 10.4.7.1, timeout is 2 seconds:
!!!!!
Success rate is 100 percent (5/5), round-trip min/avg/max = 44/50/60 ms
```

我们以在路由器 A 上 ping 192.168.1.194 为例，路由器 A 上显然有不止一个 IP 地址，那么在没有通过扩展 ping 指明数据包源 IP 地址的情况下，它会以哪个 IP 地址作为源 IP 地址向 192.168.1.194 发送消息呢？答案是，它会将出站接口的地址（也就是192.168.1.65）封装为数据包的源 IP 地址。

由此推断，如果管理员在例 8-7 中，唯独没有在路由器 D 上配置去往 192.168.1.64/27 的静态路由，那么当路由器 A 以接口 loopback 0 为源，扩展 ping 路由器 D 的地址 192.168.1.194（ping 192.168.1.194 source loopback 0），是可以 ping 通的。但是若路由器 A 直接去 ping 该地址，就通不了，这是因为路由器 A 默认会以数据包的出站接口地址 192.168.1.65 为源 IP 地址去 ping 路由器 D，但路由器 D 却无法回包，因为路由器 D 上并没有去往该接口所在网络的路由，它不知道该把回包发送给谁。

因此，这里必须破除初学者常见的两大执念：

■ 远的都能通，近的当然一定会通；

■ 路由器自己知道把回包从接收的那个接口发送出去。

如果有上述两种想法，请自行面壁 5 分钟。路由器转发数据包时，参考的标准是路由表，因为那才是体现管理员意愿的转发规则。它可瞧不见你用 Visio 软件画出来的那张华丽丽的网络拓扑，就算有些动态路由协议声称能让路由器"看见"网络的拓扑，没有你的配置，它也不会根据个人兴趣随便转发数据包。

上面的配置中，一共涉及了 4 台路由器、6 个网络，哪怕是这样一个微型网络，逐跳路由、逐个路由器手动配置也是一项略显艰巨的任务。那么，有没有什么方法能够稍微减轻一下管理员的配置负担呢？

### 8.2.3 汇总静态路由

当初，在中国香港地区能考无线方向的 CCIE 之前，考生只能在比利时的布鲁塞尔、澳大利亚的悉尼和美国的思科总部参加考试。某日，一名患有严重飞行恐惧症的学员突然问无线方向的讲师，怎么从中国不坐飞机去法国。讲师告诉他，你要先从北京坐 7 天 6 夜的火车去莫斯科，然后穿越白俄罗斯进入欧盟国家，转欧铁到巴黎。这人听了，又问怎么能从中国不坐飞机去德国，答案是需要先从北京坐 7 天 6 夜的火车去莫斯科，然后要么坐火车穿越白俄罗斯进欧盟转欧铁到柏林，要么坐火车去圣彼得堡，转大巴到赫尔辛基，再坐轮船去德国的汉堡。这学员又问，那怎么从中国不坐飞机到荷兰？讲师告诉他，先到德国，然后从科隆坐欧铁，就可以到阿姆斯特丹了。

"你到底打算去哪儿？"讲师多少有点不耐烦了。

这个学员想了想说："其实我要去比利时的布鲁塞尔考试，想知道都能从哪儿过去。"

其实，这个问题的答案从一开始就很简单：如果排除自驾（和徒步），想不坐飞机去俄罗斯以西的国家，都要先从国内坐西伯利亚远东铁路的火车到莫斯科，然后方法可就多了。所以无论不坐飞机去那边的哪个国家的哪个城市，答案都是一样的：先坐火车去莫斯科吧。

如果这个讲师是一台路由器，这个学员的每个问题就是一个数据包。那么讲师处理学员问路的逻辑有两种：一种是记住以下条目：

■ 去芬兰，下一跳是俄罗斯莫斯科；

■ 去拉脱维亚，下一跳是俄罗斯莫斯科；

■ 去爱沙尼亚，下一跳是俄罗斯莫斯科；

……

■ 去冰岛，下一跳是俄罗斯莫斯科。

如果这样记，讲师需要记住超过 40 条路径条目。如果以城市名称来逐条记忆，记几千条都不算多。

另一种思路是记住一个条目：去俄罗斯以西的所有国家的所有城市，下一跳是莫斯科。

哪种思路更简单呢？答案不言自明。

有些问题，只要善用归纳法，总有一种更省事的解决方案，上述情况就是一例。在复杂的网络环境中，这种理念尤为可贵。

如果读者能把图 8-5 中 B 和 D 之间的链路理解成西伯利亚远东大铁路，把 D 理解成北京，把 A 和 C 理解成俄罗斯以西的欧洲诸国，我的意思就不难理解了。

现在以 D 为例，无论 D 接收到的数据包要去 A 和 B 之间的 192.168.1.64/27 网络，还是要去 A 和 C 之间的 192.168.1.32/27 网络，抑或是要去 A 身后的 192.168.1.0/27 网络，它的下一跳地址也只能是 192.168.1.193，因此在路由器 D 上，完全可以将这 3 条路由总结（行话"汇总"）为如下一条路由：

```
ip route 192.168.1.0 255.255.255.0 192.168.1.193
```

同理，无论 D 接收到的数据包要去 B 和 C 之间的 10.4.6.0/24 网络，还是 C 身后的 10.4.7.0/24 网络，它的下一跳地址也只能是 192.168.1.193，因此在路由器 D 上，也可以将这 2 条路由汇总为如下一条路由：

```
ip route 10.4.0.0 255.255.0.0 192.168.1.193
```

当然，汇总并不是包治百病的神丹妙药。在有些情况下，因为路由汇总得过于宽泛，有可能会产生环路及丢包的情况，但这部分内容超出了本章的范畴，这里不作讨论。

### 8.2.4 路由选择

汇总静态路由探讨了一种**多目的地单路径**的情形（参加西伯利亚远东大铁路 7 日游的行程）。那么，对于**多目的地多路径**的情形，能否为了分担不同路径的负载，而将去往不同目的地址的数据包分流到不同的路径中呢？

当然可以，路由器在接收到数据包时，会用数据包的目的地址去依次匹配路由表中的地址。**如果有多个地址都与这个目的地址匹配，那么匹配最精确的那一条就会被设备选中，作为发送去往该目的地数据包的路由**，这个原则叫作最长匹配原则。

试想，你自己是个问路人，想去首都国际机场，也知道首都国际机场离顺义区较近，问别人去首都国际机场怎么走，结果别人告诉你"去顺义可以走京沈公路，但要去首都国际机场可以走机场高速"，那么你会走京沈公路，还是走机场高速呢？

同样的道理，如果想要专门让去往某个地址的数据包选择一条不同的路径，可以用更精确的地址配置静态路由。例如，如果要让图 8-5 中所有去往网络 10.0.0.0 的数据包都使用 A 和 C 之间直连的链路，唯独去往主机 10.4.7.25 的数据包使用 A 与 B 之间的链路，可以按照下面的方式配置路由器 A 上的静态路由。

```
A(config)#ip route 192.168.1.192 255.255.255.254 192.168.1.66
A(config)#ip route 10.0.0.0 255.0.0.0 192.168.1.34
A(config)#ip route 10.4.7.25 255.255.255.255 192.168.1.66
```

因为道理过于简单，所以本书不再对配置的效果进行测试，感兴趣的读者应自行测试上述配置的效果。

### 8.2.5 浮动静态路由

2014 年，有一位网络领域的同行在老挝北部旅游，突发奇想决定从陆路去缅甸的仰光看看。这兄弟执行力比较强，立刻咨询当地的旅行社，得到的答复是，老挝和缅甸虽然接壤，却没有陆路口岸可以通关。要想陆路去缅甸，只能从泰缅边境入境。于是这个人兴致勃勃地从老挝入境泰国，来到泰缅的边境城市湄索，结果人家告诉他，因口岸一带有交战，通往对面缅甸边境城市妙瓦底的口岸几周前就关闭了，如图 8-6 所示。

这个人后来总是跟别人说："静态路由太不靠谱儿了。"

"为什么？"别人问他。"我就被丢包了。"他说。

图 8-6　"实际"的"丢包"案例

细细想来，缅甸关闭泰缅边境的口岸，确实是用不着通知老挝的旅行社。所以，如果老挝旅行社的顾问只知道遇上要从陆路去缅甸的游客，就指示他去泰国的湄索过境去缅甸，那么一旦泰缅边境泰国一侧的湄索口岸"ping 不通"对面的缅甸口岸，所有在这家老挝旅行社咨询陆路去缅甸事宜的人就都会被丢包。

既然如此，如果成立一家专门的机构，每天负责通知全世界所有旅行社各国口岸的变化情况不是很好吗？当然好，但这个机构恐怕聘请上万人也忙不过来——这个世界太大了，问题也太多。

上面是一个现实生活中的例子。在网络技术行业，静态路由就存在这种不善于应对变化的缺陷，这还只是它的缺陷之一。当然，仅根据前面的几个配置案例，静态路由应对变化的表现就不能用"不善应对"来形容了，简直就是全无应对变化之法。或者说，静态路由只能靠管理员应对变化。这样一来，一旦网络很大，很复杂，麻烦很多，管理员就成了那个倒霉的机构，根本忙不过来。

其实，静态路由倒也不是绝对没有应对变化的方法。比如若按照 8.2.4 节中介绍的方法配置路由器 A（将去往某一特定目的地址的数据包转发给另一个下一跳），那么一旦 A 和 B 之间的链路出现了问题，去往主机 10.4.7.25 的数据包还是可以通过 A 和 C 之间的链路进行转发的。但反过来，如果去往 A 和 C 之间的链路出现了故障，原本依靠这条链路进行转发的数据包就面临着无路可走的局面——它们可没有一条更短的路由可供匹配。

为了实现备份链路，可以采取一种称为"浮动静态路由"的方法。为了说清楚这种方式，我们按照约定对图 8-5 进行扩展。

如图 8-7 所示，D 和 E 之间有两条链路相连，要想通过静态路由指定其中一条链路作为去往某一目的网络的主用链路，另一条链路则充当去往该目的网络的备用链路（这条就是浮动路由），需要在常规的静态路由语句后面添加一个新的参数，叫作"距离"（distance）。

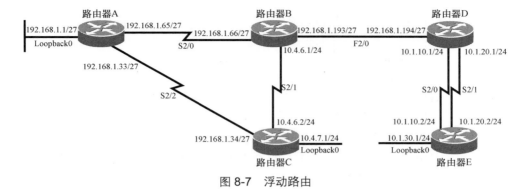

图 8-7　浮动路由

"距离"这个概念在本章起始部分曾经提到过，它在路由表中显示为中括号中前面的那个数字，如图 8-1 中第一条路由（**S 10.1.3.0/24 [1/0] via 10.1.4.1**），它的"管理距离"就是 1，这个值代表的是"这条路径有多靠谱儿"。

举个常见的例子，你要从 A 地去 B 地办一件大事，出发前通过三种不同的渠道了解过怎么去 B 地：你百度了导航；也研究过地图；还找亲戚朋友问过。现在要出发了，该相信谁呢？我要是你，无论什么时候都相信导航，因为地图很可能已经过时了，亲戚朋友的经验到了关键时刻未必都那么可靠，但数据库总是没错的。所以在我看来，导航优于地图，地图优于口授。

路由器获取路由的方式也不止一种。除了管理员手动配置和自己直接连接之外，也可以通过林林总总的动态路由协议学习到路由。如果路由器通过多种渠道学习到了去往同一个目的地址的路由，它会相信通过哪种渠道得到的路由呢？

答案是，它会相信最"靠谱"的那种方式。路由器判断一种路由获得方式是否靠谱的标准就是管理距离。具体而言，路由器会相信管理距离值最小的那条路由。

在默认情况下，**静态路由的管理距离为 1**，如果想要通过备份路径实现冗余的静态路由，以那条路径的对端接口为下一跳地址，配置一条管理距离值比较大的路由即可。实现这种功能的命令就是在常规的静态路由配置命令之后，加上管理距离的数字。于是该命令就变成了：**ip route** *网络地址*［*掩码*］{*下一跳地址*｜*出站接口*}［*管理距离*］。

具体到图 8-7，不妨以左侧的链路作为数据包从 E 路由器去往 192.168.1.192/27 网络的主用链路，右侧的链路为备用链路；同时，也将左侧链路作为数据包从 D 路由器去往 10.1.30.0/24 网络的主用链路，右侧的链路作为备用链路。为了实现这个目标，需要在 D 路由器和 E 路由器上执行例 8-9 所示的配置。

例 8-9　*配置浮动静态路由*

```
D(config)#interface serial 2/0
D(config-if)#ip address 10.1.10.1 255.255.255.0
D(config-if)#no shutdown
```

```
D(config)#interface serial 2/1
D(config-if)#ip address 10.1.20.1 255.255.255.0
D(config-if)#no shutdown

E(config)#interface serial 2/0
E(config-if)#ip address 10.1.10.2 255.255.255.0
E(config-if)#no shutdown

E(config)#interface serial 2/1
E(config-if)#ip address 10.1.20.2 255.255.255.0
E(config-if)#no shutdown

E(config)#interface loopback 0
E(config-if)#ip address 10.1.30.1 255.255.255.0

E(config)#ip route 192.168.1.192 255.255.255.224 10.1.10.1
E(config)#ip route 192.168.1.192 255.255.255.224 10.1.20.1 10
```

配置后，立刻在路由器上通过命令 **show ip route** 来查看自己刚刚配置的路由。可以发现那条调整过管理距离值的路由并没有出现在路由表中，如例 8-10 所示。这是当然的，因为在主用链路没有断开的情况下，这条链路是不会"浮"上来的。

例 8-10 查看路由器上的路由表

```
E#show ip route static
Codes: L - local, C - connected, S - static, R - RIP, M - mobile, B - BGP
       D - EIGRP, EX - EIGRP external, O - OSPF, IA - OSPF inter area
       N1 - OSPF NSSA external type 1, N2 - OSPF NSSA external type 2
       E1 - OSPF external type 1, E2 - OSPF external type 2
       i - IS-IS, su - IS-IS summary, L1 - IS-IS level-1, L2 - IS-IS level-2
       ia - IS-IS inter area, * - candidate default, U - per-user static route
       o - ODR, P - periodic downloaded static route, H - NHRP, l - LISP
       + - replicated route, % - next hop override

Gateway of last resort is not set

     192.168.1.0/27 is subnetted, 1 subnets
S       192.168.1.192 [1/0] via 10.1.10.1
```

下面我们可以在路由器 D 上通过命令 **shutdown** 关闭 S2/0 接口，然后再次通过命令 **show ip route** 查看路由表，如例 8-11 所示。

例 8-11 查看浮动上来的路由条目

```
E(config)#interface serial 2/0
E(config-if)#shutdown
E#show ip route static
```

```
Codes: L - local, C - connected, S - static, R - RIP, M - mobile, B - BGP
       D - EIGRP, EX - EIGRP external, O - OSPF, IA - OSPF inter area
       N1 - OSPF NSSA external type 1, N2 - OSPF NSSA external type 2
       E1 - OSPF external type 1, E2 - OSPF external type 2
       i - IS-IS, su - IS-IS summary, L1 - IS-IS level-1, L2 - IS-IS level-2
       ia - IS-IS inter area, * - candidate default, U - per-user static route
       o - ODR, P - periodic downloaded static route, H - NHRP, l - LISP
       + - replicated route, % - next hop override

Gateway of last resort is not set

      192.168.1.0/27 is subnetted, 1 subnets
S        192.168.1.192 [10/0] via 10.1.20.1
```

于是，这条管理距离为 10 的静态路由就浮现在了你的眼前。

下面，读者可以自行反复打开/关闭两台路由器上的 S2/0 接口，并通过 traceroute 工具来查看备份路径的效果，这里不再赘述。

但愿读到现在，读者已经产生了这样一个疑问：如果在为一条静态路由配置第二个下一跳地址时，将管理距离保留为默认值，让它与第一个下一跳地址的那条路由管理距离相同，那么路由器会将去往该目的地的数据包发给哪个下一跳地址呢？

问得好！

## 8.2.6  负载分担

显然，在浮动静态路由的案例中，当路由器转发去往该目的地址的数据包时，是无法同时使用这两条链路的，只有一条链路宕掉，另一条链路才会浮出来。换种更通俗的说法就是，对于去往该目的地址的数据包来说，即使两条链路都是通的，也有一条链路没法使用，这无疑是对链路资源的一种浪费——好好的链路留着不用干吗？作驿道吗？

既然物尽其用是一种原则，那就应当让路由器能够同时通过两条链路转发去往同一个目的网络的数据包，这种做法叫作**负载分担**。负载分担是一个十分重要的理念，不只静态路由可以实现负载分担，动态路由协议也存在负载分担的机制。在本章，我们暂且介绍如何通过静态路由来实现负载分担。

以图 8-7 所示的拓扑为例，若要在 D 和 E 路由器之间实现两条链路负载分担某一路由转发的流量，方法就是使用相同的管理距离（比如都保留默认值）来配置去往同一目的网络的静态路由，同时为它们指定不同的下一跳地址。以路由器 E 为例，相关配置如例 8-12 所示。

*例 8-12  配置静态路由的负载分担*

```
E(config)#ip route 192.168.1.64 255.255.255.224 10.1.10.1
E(config)#ip route 192.168.1.64 255.255.255.224 10.1.20.1
```

在完成配置后，可以使用命令 **show ip route** 来查看刚刚配置好的路由表（如例 8-13 所示）。

例 8-13　查看路由表

```
E#show ip route static
Codes: L - local, C - connected, S - static, R - RIP, M - mobile, B - BGP
       D - EIGRP, EX - EIGRP external, O - OSPF, IA - OSPF inter area
       N1 - OSPF NSSA external type 1, N2 - OSPF NSSA external type 2
       E1 - OSPF external type 1, E2 - OSPF external type 2
       i - IS-IS, su - IS-IS summary, L1 - IS-IS level-1, L2 - IS-IS level-2
       ia - IS-IS inter area, * - candidate default, U - per-user static route
       o - ODR, P - periodic downloaded static route, H - NHRP, l - LISP
       + - replicated route, % - next hop override

Gateway of last resort is not set

      192.168.1.0/27 is subnetted, 2 subnets
S        192.168.1.64 [1/0] via 10.1.20.1
                      [1/0] via 10.1.10.1
```

可以看到，路由表中去往同一目的网络有两个下一跳地址可供使用。此时路由器在转发去往相应网络的数据包时，就会轮流使用这两个下一跳地址进行转发，具体的转发机制读者可以自行抓包测试，这里略过不提。

## 8.3　总结

本章对应的 CCNA 考点：

3.1　Interpret the components of routing table；

3.2　Determine how a router makes a forwarding decision by default ；

3.3　Configure and verify IPv4 static routing。

每每讲解第一堂路由课，我总是回忆起一段对话：2008 年前后，国际经济形势不太好，有些搞经济和金融行业的人纷纷弃明投暗，加入网络技术行业的大军。一日，某位正在学习网络技术的前经济领域从业者在课后恍然大悟，向讲师总结道："静态路由就是计划经济，动态路由就是市场经济，distribution-list 就是宏观调控，对吗？"

讲师思虑良久，反问："这么说，我们都是党和政府了？"

我真的挺喜欢上面这个比方。静态路由确实像计划经济，它们的特点也类似，比如适用于小规模的环境、可以对细节进行精准的管理和调控，但灵活性差、无法适应变化、应急方面表现堪忧、无法应对规模稍大的环境，等等。

试想，通过静态路由让图 8-5 所示的环境实现两两网络之间全互通都要颇费一番周折，一个拥有上百、上千甚至上万台网络设备的网络又岂能单纯依靠静态路由协议来实现全面的通信？

业内有种说法，叫作"静态路由是一种既简单又复杂的路由"，相信读完这一章，读者不需要过多解释的情况下就能深有体会。

那么，适应大规模网络环境的"市场经济"路由协议又是如何工作的呢？这些同样需要管理员手动操作才能实现的协议为什么可以减少管理员的工作量？这是本书后文将要着重解决的问题。

## 本章习题

1. 在图 8-8 所示的网络中，管理员在 R1 上配置了去往 R2 环回接口（192.168.2.1/24）的路由，R2 保持默认配置。以下说法正确的是？

图 8-8　习题 1~4 所需的网络

　　a. R1 的 Fa0/1 接口可以 ping 通 R2 的 F0/1 接口
　　b. R1 的 Fa0/1 接口可以 ping 通 R2 的环回接口
　　c. R1 的环回接口可以 ping 通 R2 的 F0/1 接口
　　d. R1 的环回接口可以 ping 通 R2 的环回接口

2. 在图 8-8 所示的网络中，R1 在使用自己的环回接口向 R2 的环回接口发出 ping 包时，所使用的源和目的 IP 地址分别是什么？
　　a. R1 的 Fa0/1 地址，R2 的 Fa0/1 地址
　　b. R1 的 Fa0/1 地址，R2 的环回接口地址
　　c. R1 的环回接口地址，R2 的 Fa0/1 地址
　　d. R1 的环回接口地址，R2 的环回接口地址

3. 在图 8-8 所示的网络中，R1 在使用自己的环回接口向 R2 的环回接口发出 ping 包时，所使用的源和目的 MAC 地址分别是什么？
　　a. R1 的 Fa0/1 地址，R2 的 Fa0/1 地址
　　b. R1 的 Fa0/1 地址，R2 的环回接口地址
　　c. R1 的环回接口地址，R2 的 Fa0/1 地址
　　d. R1 的环回接口地址，R2 的环回接口地址

4. 在图 8-8 所示的网络中，在 R1 上静态配置去往 R2 环回接口的路由，命令是什么？
　　a. R1(config)#ip route 192.168.2.0 255.255.255.0 loopback 0
　　b. R1(config)#ip route 192.168.2.0 255.255.255.0 fastEthernet 0/1
　　c. R1(config)#ip route 192.168.2.0 255.255.255.0 10.0.0.1
　　d. R1(config)#ip route 192.168.2.0 255.255.255.0 192.168.2.1

5. 管理员在路由器上配置了两条静态路由去往同一个网络，配置命令如下。

```
E(config)#ip route 192.168.1.192 255.255.255.224 10.1.10.1
E(config)#ip route 192.168.1.192 255.255.255.224 10.1.20.1 10
```

正常情况下，遇到去往这个网络的数据包，路由器会如何转发？

 a. 路由器会在两条路径上负载均衡地发送数据包

 b. 路由器会把数据包复制成两份分别通过两条路径发出

 c. 路由器会使用第 1 条路由

 d. 路由器会使用第 2 条路由

6. 管理员在路由器上配置了两条静态路由去往同一个网络，配置命令如下。

```
E(config)#ip route 192.168.1.192 255.255.255.224 10.1.10.1
E(config)#ip route 192.168.1.192 255.255.255.224 10.1.20.1
```

正常情况下，遇到去往这个网络的数据包，路由器会如何转发？

 a. 路由器会在两条路径上负载均衡地发送数据包

 b. 路由器会把数据包复制成两份分别通过两条路径发出

 c. 路由器会使用第 1 条路由

 d. 路由器会使用第 2 条路由

7. 只想查看路由器上配置的静态路由，该使用哪条命令？

 a. **show ip route**

 b. **show ip route summary**

 c. **show ip route static**

 d. **show ip route static summary**

静态路由的配置很简单，但缺乏灵活性，会给工程师带来大量的维护工作。一般我们会在网络中部署动态路由协议，以此为"路由"这项工作带来些许灵活性，甚至带来一些"智能"。从本章开始，读者会接触三种动态路由协议：RIP、EIGRP 和 OSPF。

## 9.1　一个简单的动态路由配置案例

在传统的 CCNA 教学课程中，大多数教材和培训机构采用的教学体系均为"先知后行"，也就是先对理论进行介绍，然后进入操作环节介绍配置的方法。本书在前面几章中也都沿用了这种做法，但在本章，我们将尝试打破这一规律，按照"先行后知"的方法展开本章的内容，这样做的目的有以下 4 个。

- 让刚刚掌握了静态路由配置方法的读者迅速对比两者在配置理念上的差异。
- 让对动态路由概念相对懵懂的读者先睹为快，并对这种路由技术操作方法的工作方式产生好奇。
- 以配置命令为铺垫，展开理论环节的介绍。
- 动态路由协议理论复杂，配置却十分简单，以配置为基础更容易打消读者学习动态路由理论的顾虑，并认识到动态路由协议相对于静态路由协议的优势所在。

注释：鉴于本章只会对 RIP（路由信息协议）这种动态路由协议进行详细介绍，因此下面的配置案例将以 RIPv2 为例。

图 9-1 所示为一个相当简单的网络拓扑，下面演示如何通过 RIPv2 实现各个网络之间的通信。

图 9-1　基本的动态路由配置案例

第一步，当然是在三台路由器上分别进行基本的接口配置，如例 9-1 所示。

*例 9-1　在 R1、R2、R3 三台路由器上执行基本的配置*

```
R1(config)#interface serial 1/2
R1(config-if)#ip address 10.1.1.1 255.255.255.0
R1(config-if)#no shutdown
R1(config)#interface loopback 0
R1(config-if)#ip add 172.16.1.1 255.255.255.0

R2(config)#interface serial 1/2
R2(config-if)#ip add 10.1.1.2 255.255.255.0
R2(config-if)#no shutdown
R2(config-if)#interface serial 1/3
R2(config-if)#ip address 10.2.2.2 255.255.255.0
R2(config-if)#no shutdown

R3(config)#interface serial 1/3
R3(config-if)#ip address 10.2.2.3 255.255.255.0
R3(config-if)#no shutdown
R3(config)#interface loopback 0
R3(config-if)#ip address 192.168.1.1 255.255.255.0
```

第二步是本节的重点，也就是通过动态路由协议 RIPv2 实现各个网段之间的通信，具体操作如例 9-2 所示。

*例 9-2　配置 RIP*

```
R1(config)#router rip
R1(config-router)#version 2
R1(config-router)#no auto-summary
R1(config-router)#network 10.0.0.0
R1(config-router)#network 172.16.0.0

R2(config)#router rip
R2(config-router)#version 2
R2(config-router)#no auto-summary
R2(config-router)#network 10.0.0.0

R3(config)#router rip
R3(config-router)#version 2
R3(config-router)#no auto-summary
R3(config-router)#network 10.0.0.0
R3(config-router)#network 192.168.1.0
```

第三步是在路由器 R1 上以 Loopback 0 接口为源，ping 路由器 R3 的 E0 接口，如例 9-3 所示。

*例 9-3　测试连通性*

```
R1#ping 192.168.1.1 source loopback 0
Type escape sequence to abort.
```

```
Sending 5, 100-byte ICMP Echos to 192.168.1.1, timeout is 2 seconds:
Packet sent with a source address of 172.16.1.1
!!!!!
Success rate is 100 percent (5/5), round-trip min/avg/max = 60/68/84 ms
```

当然，在此之后，管理员可以通过一系列命令去查看有关 RIP 的信息。由于这涉及具体的协议内容，因此留待本章介绍 RIP 的部分再进行介绍。

如果读者此前从未见到过如何配置动态路由协议，那么例 9-2 中的命令对于读者来说很可能存在一定的理解障碍。以路由器 R1 为例，全局配置模式下的命令 **router rip** 应该不难理解：既然使用一种名为 RIP 的协议，那么启用这种协议（或者说进入这种协议的配置模式下）肯定是必不可少的配置环节。但后面的 **network** 命令似乎就没那么容易理解了，因为关键字 **network** 后面所跟的网络竟然全都是路由器 R1 直连的网络（其他路由也如是）。刚刚学习了静态路由配置方法的读者应该会产生这样的疑问：为什么管理员在配置动态路由协议时，必须告诉一台路由器它自己的直连网络呢？换个角度说，为什么告诉一台路由器它自己直连的网络，它就能够和远端非直连的网络建立通信呢？

如果产生了这样的疑问，这次抛砖引玉的教材实验，就可以算大获成功了。下面让我们切入正题。

## 9.2 动态路由协议概述

我们在第 8 章提出了一个说法：动态路由是"一台路由器通过其他路由器了解到的路径信息"，因此动态路由不同于"路由器通过管理员了解到的路径信息"（也就是静态路由）。

按照这种理解方法，动态路由协议的概念也就不难推论了：动态路由协议就是"让一台路由器通过其他路由器了解路径信息，并将自己的路径信息告诉给其他路由器的协议"。要是说得再直白点，**动态路由协议就是路由器之间分享路径信息的协议。**

由于静态路由是"路由器通过管理员了解到的路径"，因此管理员在配置静态路由时，需要告诉路由器去往相应网络的路径。动态路由则是"路由器通过其他路由器了解的路径"，因此管理员配置动态路由协议时的工作，就不再是告诉路由器去往某个网络的路径了，而变成了"告诉路由器要与其他（使用这个协议的）路由器分享自己的哪些网络"。鉴于在任何常见的网络环境中，绝大多数路由器的直连网络在数量上是有限的，比非直连网络少得多，因此对于绝大多数路由器而言，配置其直连网络的工作量会比配置其未知路径的工作量小得多。而动态路由协议就给了路由器这样一个分享自己路径信息的平台。

在这个自媒体大行其道的时代，"分享"似乎在一夜之间就成了一个相当重要的概念，同时大量与分享无关的行为也开始借"分享"之名不断涌现在各类社交平台上，或为抱怨，或为炫耀，或为指责，或为炒作，凡此种种，不一而足。前些年，有人说自媒体已经成了没有财富的人炫耀财富、没有才华的人卖弄才华的平台，可谓一针见血。相比之下，路由器之间的信息"分享"虽然规则复杂，但目的还是相当质朴的。而不同的动态路由协议的区别常常是采用了不同的路由信息分享规则，而这个规则就称为路由算法。

概括来讲，动态路由算法的工作包括以下 4 点。

- 向其他路由器传输路由信息。
- 接收其他路由器传输过来的路由信息。
- 根据路由信息计算出去往各个目的网络的最优路径并生成路由表。
- 对网络拓扑的变化及时作出响应，更新路由表并把拓扑变化信息宣告给其他路由器。

根据计算最优路径的方式，**动态路由协议可以粗略地分为距离矢量和链路状态两类。本章要介绍的路由信息协议（RIP）就属于距离矢量型协议。**

能够针对拓扑变化作出响应，是动态路由协议相对于静态路由的一项重大利好。这意味着动态路由协议可以不再依赖管理员手动修改路由信息，而是能够自动更新路由信息。如果套用第 8 章老挝背包客的例子，动态路由协议简直就像全世界所有的旅行社都配备了一个可对地图信息进行读写的导航软件。每当旅行社发现自己周边的口岸局势出现了变化，就可以上传口岸的情况与其他旅行社分享。而每家旅行社也都可以利用大家分享的口岸信息，实时计算出去往另一个国家或者城市的最优陆路交通。尽管大家定义**"最优"**的方式不尽相同，但是这种信息分享方式可以彻底避免游客跋山涉水来到国境后，才发现口岸不通的窘境。

说到"最优"，估计每个人对它的理解方式都有区别。比如我在欧洲自驾时就曾经遇到过这样的抉择：如果我从慕尼黑自驾去法兰克福，不走纽伦堡，距离为 400 公里出头。如果穿越纽伦堡，距离则为 390 公里左右。那么，哪条路更近呢？让我选，我宁可不穿越纽伦堡。在德国，只要高速公路不处于建设维修阶段，理论上是不设时速上限的。但在城市周边，往往限速 90 公里，市内居民区限速 30 公里是常态。另外，德国高速公路也不收费，距离远一些，却更省时间，也不增加开销，何乐而不为？何苦为了缩短 10 公里路程去穿越既拥挤不堪又有速度限制的城市。

有人表示反对，他们认为如果是晚间驾驶，受限于照明条件，本来也不能开得太快，而晚间城市也不拥堵，还有更好的配套设施（德国高速的休息站也不都是 24 小时营业的），又能节省十来公里的燃油，纯属一箭双雕。

你看，这么简单的一件事，不同的人对哪条路更优也是公说公有理，婆说婆有理。

至于路由协议，它们定义路径的"优"和"劣"是通过比较一个叫作 metric 的值来实现的。这个值经常被翻译成"度量"，metric 值越大，这条路就越"劣"，越小则越"优"。当然，不同的路由协议在比较路径优劣时，考虑的因素也各不相同。那么，在网络世界，参与计算 metric 值的参数标准无外乎以下几项：

- 跳数；

- 带宽；

- 负载；

- 延迟；

- 可靠性。

跳数，就是这条路会途经几座城市，有城市就有限速，进出城时还比较容易堵车，所以白天开长途一般希望经过的城市越少越好。要是有一条高速能从头开到尾，驾趣一定可以保证。

带宽，就是这条路有多宽，路况好不好。如果这条路单向 5 车道，平整得像一条玉带，当然可以在确保安全的前提下一脚油直接飙过去。如果是条双向单车道的盘山路，路上布满了各式深浅不一的坑洞，但凡过弯得先按喇叭，错车的时候外侧车道能无死角地看见崖下风光，就算你是职业司机，这车也肯定是开不快的。

在五大标准中，就数上面这两项最为常用。当然，一种路由算法在计算路径时，考虑的因素越多，它就越复杂，计算出来的最优路径就越有可能真的"最优"；考虑的因素越少，这项算法就越简单，计算出来的最优路径则越有可能只是"看上去"很美。而本章的 **RIP**，**在计算路径时，只以"跳数"这一项参数作为判断路径优劣的标准**。由此也可以看出，RIP 是一种从算法到配置都以简单为美的动态路由协议。在本章后面的内容中，我们将对这种路由协议进行详细的介绍。

## 9.3　RIPv1

上文说过，动态路由协议分为两种：距离矢量路由协议和链路状态路由协议，其中 RIP 就是一种典型的距离矢量路由协议。考虑到 RIP 同时也是本书中要介绍的唯一相当典型的距离矢量路由协议，因此在介绍 RIP 之前，先对距离矢量这类路由协议进行一下简单的介绍。

### 9.3.1　距离矢量路由协议概述

根据解析几何的知识，在坐标系中，可以根据角度和距离确定唯一的坐标。距离矢量路由协议就是通过方向和距离确定一个网络的位置的。那么，既然动态路由条目是路由器从其他路由器那里获取到的路由信息，那么通过距离矢量路由协议获得的方向和距离，也一定是从其他相邻路由器那里获取到的，这一点再明显不过了。

在图 9-2 所示的网络中，每台路由器的路由表中均包含图中全部 4 个网络的路由信息，而每条路由信息中均包含目的网络、方向与距离三项信息。以路由器 A 的路由表为例，第一条路由表示，10.1.0.0 这个网络可以通过 E0 接口（的方向）到达，距离为 0，换句话说这个网络是 E0 接口直连的网络，因此这条路由就是路由器 A 的直连路由（路由表中以 C 表示）。同理，第二条路由表示 10.2.0.0 是 S0 接口的直连网络。而第三条路由则表示网络 10.3.0.0 在 S0 接口的方向，且与 S0 接口相隔了一跳的设备；

而 10.4.0.0 也在同一方向，却与 S0 接口相隔两跳。显然，这两条路由就是通过距离矢量路由协议从其他路由器（也就是路由器 B）那里学习到的路由信息。

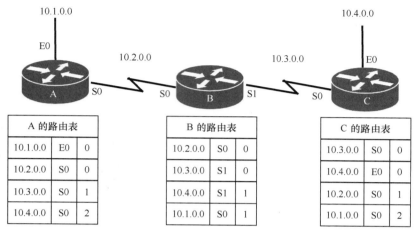

图 9-2　距离矢量路由协议的机制

那么，这两条路由是怎么来的呢？10.4.0.0 路由当然是因为路由器 C 在这个距离矢量路由协议中分享（行话"宣告"）了 10.4.0.0 这条路由，于是路由器 B 也就获得（行话"学习"）了这条路由。鉴于这条路由是路由器 C 以距离 0 分享给路由器 B 的路由信息（也就是说，该网络是路由器 C 的直连网络），因此路由器 B 会将这条路由的跳数加 1，保存在路由表中。以此类推，在路由器 A 接收到路由器 B 分享的这条路由时，它发现这条路由与路由器 B 有一跳的距离，因此路由器 A 在此基础上再加上自己到路由器 B 这一跳，以距离两跳将这条路由保存在了自己的路由表中。同时，路由器认定的"方向"就是接收到路由信息的那个接口。同理，因为路由器 B 在这个动态路由协议中分享了网络 10.3.0.0 的信息，所以路由器 A 也就了解了这个网络的信息，并且知道那个网络与自己的距离（跳数）为一跳。

由此可见，路由器是从其他路由器那里获得非直连网络的路由信息的。此外，路由器每经过特定的时间周期，就会向其他路由器发送一次自己的路由表（当然，不同动态路由协议选择的发送方式不尽相同）。而当网络中所有的路由器，都通过动态路由协议获得了各个路由器分享的全部路由信息，就称这个网络实现了"收敛"。那么，具体到 RIP，它又是如何工作的呢？

### 9.3.2　RIP 的工作原理

RIP 的配置方法和效果在 9.1 节就已经进行了简单的演示。现在，我们来对 RIP 的工作原理进行介绍。

首先必须说明，RIP 这款协议有不止一个版本，9.1 节演示的是 RIPv2，我们不妨先从 RIP 最初的版本 RIPv1 说起。

相对于当前使用极为广泛的那些复杂的路由协议，RIPv1 简单得令人"震惊"。注意，前面这个引号的作用是强调，不是反语。使用这款路由协议的路由设备之间**通过广播进行路由更新**，也就是说在封装数据包的时候，数据包的源地址自然是路由器自己的出站接口地址，而数据包的目的地址则是 255.255.255.255。同时，**数据包的源和目的端口号是 UDP 520**，这也是 RIP 的操作端口号。再说得直白一点，就是路由器发送 RIP 的信息时会在外层封装上 UDP 数据包。

既然说到 RIP 的信息，就必须提到一点，那就是 **RIP 定义了两种类型的信息**，分别为请求信息和响应信息。顾名思义，请求信息就是 RIP 路由器向其他设备请求路由条目时发送的信息，而响应信息则是这些 RIP 路由器响应其请求信息时发送的信息。具体到 RIPv1 的数据包格式，可以参见图 9-3。

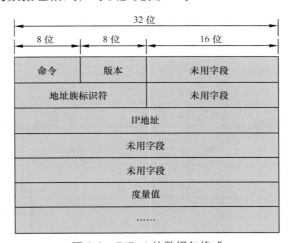

图 9-3　RIPv1 的数据包格式

在图 9-3 中，"命令"这个字段的作用就是标识这个数据包究竟是一个请求信息，还是一个响应信息。顺便说一句，路由器在向其他设备发送 RIP 请求信息时，既可以让它们把去往某个特定网络的路由发送给自己（如有），也可以请求它们将整个路由表发送给自己。

**"版本"字段则负责标识这个数据包是一个 RIPv1 消息，还是一个 RIPv2 消息。**

至于"度量值"字段，前文提到过，RIP 仅以跳数作为判断路径优劣的标准。RIP 认为"不管路宽路窄，途经城市少的路就是好路"。虽然听上去简单粗暴，但它至少给选路提出了指导原则。别忘了 RIP 是第一款 IP 路由协议，在一无所有的年代，粗犷的标准往往比细致入微的标准更富有建设意义，因为它可以强调一个原则，指明一个方向。"跳数少"就是 RIP 对路由器指出的更优路由方向。

此外，如果将 RIP 的配置环节与第 8 章中静态路由的配置进行对比，不难发现配置 RIP 时不需要添加通告网络的掩码信息。

有些道理不用说你也能想明白，比如房价不是在刚开放商品房买卖时就像现在一样高。同理，IPv4 也不是在刚设计出来的时候就面临着地址资源枯竭的问题，在它问世的年代，它的地址空间看上去就像如今 IPv6 的地址空间那么令人乐观。所以，至少在人类文明史中有过那么一段时期，VLSM 等活用 IPv4 地址的技术既不存在，也压根没有存在的必要。尽管 RIP 见于 RFC 的时期比 VLSM 稍晚（RIP 的 RFC 编号为 1058，VLSM 的 RFC 编号为 950），但 RIP 几乎就是在这样一段不需要 VLSM 等技术的时期被设计出来的，因此 RIP 不支持 VLSM 也在情理之中，更遑论以 VLSM 为基础设计出来的 CIDR 了。换一种比较学术的说法是，**RIPv1 在通告网络时，只能根据网络的地址分类，以其自然掩码作为网络位。**这就催生了 RIP 的第二个版本，这部分内容我们暂且不提。

### 9.3.3　RIPv1 的配置实例

在简单地了解了 RIPv1 的原理之后，我们以 8.2.2 节静态路由配置案例中出现过的拓扑（简化）为例，来研究 RIPv1 的配置方式，其实验拓扑见图 9-4。

在接口 IP 地址、环回接口地址等基本的网络配置已经实现的情况下，完成上述拓扑配置的方法如例 9-4 所示。

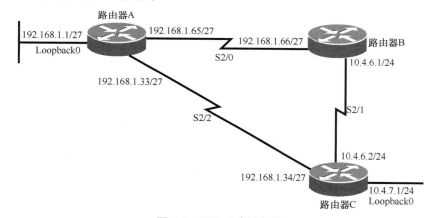

图 9-4　RIPv1 实验拓扑

*例 9-4　配置 RIPv1*

```
A(config)#router rip
A(config-router)#network 192.168.1.0

B(config)#router rip
B(config-router)#network 192.168.1.0
B(config-router)#network 10.0.0.0

C(config-router)#network 192.168.1.0
C(config-router)#network 10.0.0.0
```

在完成了配置之后，我们可以查看关于 RIP 的网络的一些相关信息，其中最具价值的命令为 **show ip protocols**，如例 9-5 所示。

例 9-5 **show ip protocols** 的输出信息

```
A#show ip protocols
*** IP Routing is NSF aware ***

Routing Protocol is "rip"
  Outgoing update filter list for all interfaces is not set
  Incoming update filter list for all interfaces is not set
  Sending updates every 30 seconds, next due in 24 seconds
  Invalid after 180 seconds, hold down 180, flushed after 240
  Redistributing: rip
  Default version control: send version 1, receive any version
    Interface          Send  Recv  Triggered RIP  Key-chain
    Serial2/0          1     1 2
    Serial2/2          1     1 2
    Loopback0          1     1 2
  Automatic network summarization is in effect
  Maximum path: 4
  Routing for Networks:
    192.168.1.0
  Routing Information Sources:
    Gateway          Distance      Last Update
    192.168.1.66       120         00:00:09
    192.168.1.34       120         00:00:16
  Distance: (default is 120)
```

这条命令可以显示出所使用的动态路由协议、路由协议的更新时间、在该协议中通告的网络、该协议的管理距离等多重信息。

当然，要想查看路由表，最常用的命令还是 **show ip route**。例 9-6 所示为在路由器 B 上查看路由器的路由表。

例 9-6 **show ip route** 的输出信息

```
B#show ip route
Codes: L - local, C - connected, S - static, R - RIP, M - mobile, B - BGP
       D - EIGRP, EX - EIGRP external, O - OSPF, IA - OSPF inter area
       N1 - OSPF NSSA external type 1, N2 - OSPF NSSA external type 2
       E1 - OSPF external type 1, E2 - OSPF external type 2
       i - IS-IS, su - IS-IS summary, L1 - IS-IS level-1, L2 - IS-IS level-2
       ia - IS-IS inter area, * - candidate default, U - per-user static route
       o - ODR, P - periodic downloaded static route, H - NHRP, l - LISP
       + - replicated route, % - next hop override

Gateway of last resort is not set
```

```
       10.0.0.0/8 is variably subnetted, 3 subnets, 2 masks
C          10.4.6.0/24 is directly connected, Serial2/1
L          10.4.6.1/32 is directly connected, Serial2/1
R          10.4.7.0/24 [120/1] via 10.4.6.2, 00:00:16, Serial2/1
       192.168.1.0/24 is variably subnetted, 4 subnets, 2 masks
R          192.168.1.0/27 [120/1] via 192.168.1.65, 00:00:24, Serial2/0
R          192.168.1.32/27 [120/1] via 192.168.1.65, 00:00:24, Serial2/0
C          192.168.1.64/27 is directly connected, Serial2/0
L          192.168.1.66/32 is directly connected, Serial2/0
```

如果喜欢（或需要）看现场直播排错，当然可以使用命令 **debug ip rip** 来观看设备上的调试信息，如例 9-7 所示。

例 9-7　*debug ip rip 的输出信息*

```
B#debug ip rip
RIP protocol debugging is on
*Mar 11 15:51:43.555: RIP: received v1 update from 10.4.6.2 on Serial2/1
*Mar 11 15:51:43.555:      10.4.7.0 in 1 hops
*Mar 11 15:51:43.559:      192.168.1.0 in 1 hops
*Mar 11 15:51:56.247: RIP: sending v1 update to 255.255.255.255 via Serial2/1
(10.4.6.1)
*Mar 11 15:51:56.247: RIP: build update entries
*Mar 11 15:51:56.251:    network 192.168.1.0 metric 1
*Mar 11 15:51:56.631: RIP: sending v1 update to 255.255.255.255 via Serial2/0
(192.168.1.66)
*Mar 11 15:51:56.631: RIP: build update entries
*Mar 11 15:51:56.635:    network 10.0.0.0 metric 1
```

在获得了所需的信息后，我们可以在前面添加关键字**no**把相应的**debug**命令去除掉。

读者现在也许发现了一个奇怪的现象，以路由器 B 为例，既然 RIP 不能通告子网信息，为什么 B 上会通过 RIP 学习到 10.4.7.0 这样的子网络路由呢？这一点必须说说清楚。

不难发现，10.4.6.0 和 10.4.7.0 这两段同属 10.0.0.0 这个主网络的子网之间，仅间隔了 C 这一台路由器，这种环境称为**连续子网**。在连续子网的网络内部，子网的信息是可以得到保留的。因为路由器 B 与 10.4.6.0 直连，可谓处于连续子网内部，所以在路由器 B 的路由表中，连续子网的信息得到了保留，而当路由器 B 将这个网络的信息通告给路由器 A 时，这段网络则会以主类网络，也就是自然网络的形式进行通告，如例 9-8 所示。例 9-6 中的其他子网络路由条目也由此而来。

例 9-8　*查看路由器 A 的路由表信息*

```
A#show ip route
Codes: L - local, C - connected, S - static, R - RIP, M - mobile, B - BGP
       D - EIGRP, EX - EIGRP external, O - OSPF, IA - OSPF inter area
       N1 - OSPF NSSA external type 1, N2 - OSPF NSSA external type 2
```

```
       E1 - OSPF external type 1, E2 - OSPF external type 2
       i - IS-IS, su - IS-IS summary, L1 - IS-IS level-1, L2 - IS-IS level-2
       ia - IS-IS inter area, * - candidate default, U - per-user static route
       o - ODR, P - periodic downloaded static route, H - NHRP, l - LISP
       + - replicated route, % - next hop override

Gateway of last resort is not set

R     10.0.0.0/8 [120/1] via 192.168.1.66, 00:00:28, Serial2/0
                  [120/1] via 192.168.1.34, 00:00:09, Serial2/2
      192.168.1.0/24 is variably subnetted, 6 subnets, 2 masks
C         192.168.1.0/27 is directly connected, Loopback0
L         192.168.1.1/32 is directly connected, Loopback0
C         192.168.1.32/27 is directly connected, Serial2/2
L         192.168.1.33/32 is directly connected, Serial2/2
C         192.168.1.64/27 is directly connected, Serial2/0
L         192.168.1.65/32 is directly connected, Serial2/0
```

上面介绍的内容都是路由协议工作正常的情形，下面介绍一些路由协议有可能出现的问题及预防机制。

### 9.3.4 环路与防环

演讲之前，工作人员都会试试主席台上的麦克风；要是不试，有时主讲人说话的声音稍大，喇叭里就会发出尖锐的声音。这个声音是怎么来的呢？

麦克风与功放起到的作用是将功率放大，也就是让声音变得更大。如果从喇叭里传出来的声音过大，并传回到麦克风中被再次放大，以此循环几轮，声音就会变成尖锐的啸声，难听无比。

说得更清楚一点，如果信息的输入输出形成闭环，往往存在一些隐患，除非该信息会在输入输出之间出现显著的递减。在网络领域，一旦规模大到一定程度，闭环的隐患就会严重威胁网络的健康。因此，这个行业存在大量防止信息传输出现闭环的机制，**生成树协议**就是其中比较典型的一种。具体到 RIP 这款路由协议，见图 9-5。

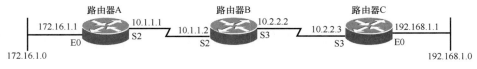

图 9-5　一个简单的拓扑

按照距离矢量路由协议的做法，图 9-5 中的路由器 A 会告诉路由器 B，自己和网络 172.16.1.0 是直连的；路由器 B 收到这条信息，把它加上 1 跳保存进路由表中，于是路由表显示, 路由器 B 距离 172.16.1.0 网络有 1 跳。那么问题就来了。

理论上, 这会儿路由器 B 应该同时向路由器 A 和路由器 C 通告 172.16.1.0 这个网络, 告诉它们自己距离该网络有 1 跳。路由器 C 获得这条路由固然是件好事, 可路由器 A 要是拿这条路由当真可就麻烦了。试想, 路由器 A 要是真的认为通过路由器 B, 还有另一条路径可以访问这个网络, 那么在路由器 A 与 172.16.1.0 之间的链路断开时, 若路由器 B 向路由器 A 发送了一个目的地址为 172.16.1.0 的数据包, 路由器 A 难道应该视路由器 B 为去往该网络的下一跳设备, 又将数据包发回给路由器 B 吗?

如果一种路由协议在设计上会给网络工程师挖这么大一个坑, 我估计工程师宁可一条一条地手动配置静态路由。所以, 相信我, 但凡这类问题, 路由协议一定有一个防止自身出现闭环的机制, 有时还不止一个。

### 防止逻辑闭环

解决上面这个问题的方式相当简单, 那就是 RIP 不会把从某个接口接收到的路由条目, 再通过同一个接口传播出去。具体而言, 就是 **RIP 在接收到一个路由条目时, 会判断接收到该条目的接口, 并保证这条路由的信息不再通过这个接口进行通告, 这种做法叫作水平分割。**

就像我说的, **水平分割这种机制**相当重要, 因此 Cisco 设备默认启用这种机制 (仅个别情况例外, 此处略去不提)。但总有一些网络, 为了保障路由信息的互通, 需要将从一些接口接收到的路由, 通过相同的接口转发出去。

没错, 这个世界就是这么多元, 不信请看图 9-6。

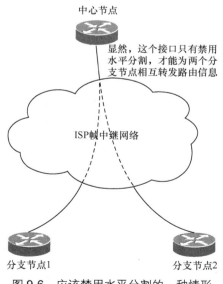

图 9-6　应该禁用水平分割的一种情形

这是一个帧中继星形网络，在这样一个网络中，中心节点通过两条虚链路连接两个分支节点，但是使用的是一个物理接口或者逻辑子接口，水平分割在接口层面生效，若中心节点不禁用水平分割，那么分支节点 1 通告给它的路由就无法被转发给分支节点 2，反之亦然。总之，如果遇到类似这种情况，就需要管理员在相应接口下，手动通过命令 **no ip split-horizon** 来禁用水平分割。

除了水平分割，**RIP** 还引入了**跳数上限——15 跳**，以避免路由器之间循环转发某个网络的路由，直至去往该网络的跳数被计算为无穷大。**如果路由器距离某个网络超过 15 跳，达到了 16 跳，那就表示该网络不可达**。这一点我们马上就会用到。

### 防止物理闭环

水平分割可以防止 RIP 出现"其实网络中本没有环路，转发路由信息的接口多了，便成了环路"的情况，但是它显然解决不了网络中本就存在环路的情况，如图 9-7 所示。

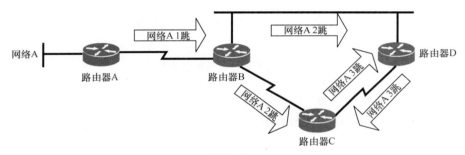

图 9-7 环路

在图 9-7 所示的网络中，如果不出现意外情况，一切倒也能相安无事。哪怕这个环路中的某条链路出现了点问题，网络也可以在一段时间内收敛出一个稳定的逻辑拓扑。怕只怕网络 A 断开，因为一旦网络 A 的通信出了问题，关于网络中还有某台路由器有其他办法把数据包转发给网络 A 的不实传言恐怕会长期传播，由此产生的路由转发效果可想而知，如图 9-8 所示。显然，水平分割对这种情况的出现爱莫能助。

有鉴于此，RIP 引入了**路由毒化**和**触发更新**的机制。说得简单一点，就是当路由器 A 发现网络 A 不通了，会立即把这个情况通告其他 RIP 设备，这叫作**触发更新**，通告的内容是自己到网络 A 的距离变成了 16 跳。前面说过，距离 16 跳等同于网络不可达，因此这叫作**路由毒化**。如图 9-9 所示，这种机制可以避免前述情况的出现。

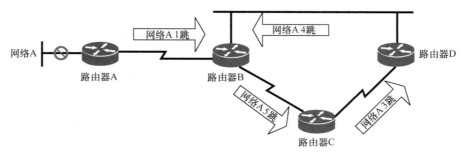

图 9-8　传言的扩散

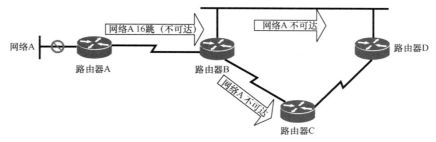

图 9-9　路由毒化与触发更新

上述机制都是默认启用的，感兴趣的读者完全可以自行搭建上面的拓扑，然后通过 debug 命令来测试这些机制的作用效果。

### 9.3.5　限制 RIP 发送更新

有时候，我们不希望在某些特定的接口通告 RIP 更新信息。这可以实现吗？

是可以的。

以经典拓扑图 9-4 为例，在路由器 A 的 Loopback 0 接口通告路由更新信息就是没有任何意义的。如果不希望路由器通过某个 RIP 接口发送路由信息，只需在 RIP 路由进程下输入命令"**passive-interface** *接口编号*"。比如在图 9-4 中，就不妨在路由器 A 的 RIP 进程中输入 **passive-interface loopback 0**。

如果我们希望再进一步，要求路由器只将更新信息发送给某一台或某几台路由器，作为一种依赖广播发送更新的协议，我们又该怎么做呢？见图 9-10。

如图 9-10 所示，如果管理员希望路由器 B 只通过左侧的以太网接口 E0 将更新信息发送给路由器 F，而不发送给同一个接口相连的路由器 E，路由器 E 的 RIP 路由应通过路由器 F 学到，那么第一步就是采用上面的 **passive-interface** 命令禁用该接口发送任何更新信息，这招叫作"一竿子打翻一船人"，如：

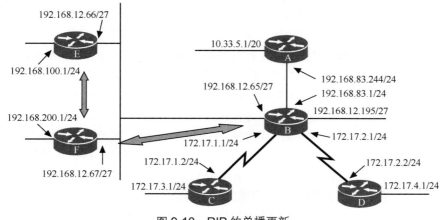

图 9-10   RIP 的单播更新

```
RouterB(config)#router rip
RouterB(config-router)#passive-interface Ethernet0
```

于是，路由器 B 就不会再通过左侧的 E0 接口发送任何更新信息了。

有个小故事提到，上帝在对你关上一扇门的时候，一定会为你打开一扇窗。下面第二步就是在 E0 上为路由器 F "打开一扇窗"。命令为在路由协议配置模式下使用 **neighbor** 命令：

```
RouterB(config-router)#neighbor 192.168.12.67
```

当 RIP 路由器的某个接口与广播网络相连时，这种做法还算常用。

### 9.3.6   RIP 的计时器

上面刚刚提到，当路由器发现周围的网络出现了变化，会立刻对外通告变化，是为**触发更新**。那么，在没有触发的情况下，RIP 是如何周期性通告路由信息的呢？除了通告路由信息的计时器之外，RIP 还有哪些内置的计时器呢？

概括地说，RIP 定义了以下四种计时器。

- 更新计时器（**Update Timer**）。这个计时器定义的就是 RIP 周期性通告路由信息的时间。**在默认情况下，路由器每隔 30 秒就会从每个启用了 RIP 的接口向外发送路由更新信息，其中 RIPv1 路由更新的目的地址为广播地址 255.255.255.255**。

- 失效计时器（**Invalid Timer**）。如果你汽车上装的导航软件 10 年没有更新过地图了，你还会按照它指示的路径自驾游吗？同理，在这个风谲云诡的网络世界，让 RIP 按照它上星期接收到的路由信息去转发数据包也是一种很不负责任的行为。**RIP 为路由定义的有效期是 3 分钟**，也就是 **180 秒**。如果在有效期之内路由器接收到了这个路由的更新信息（对端应该每 30 秒更新一次），RIP 就会把"失效沙漏"掉一个个儿，重新从 180 秒开始计时。**如果超过 180 秒没有更新，RIP 就会让这条路由进入一种称为"possibly down"（可能断开）的状态，并且以跳数 16 对其他路由器通告这条路由的更新。**

- 冲刷计时器（**Flush Timer**）。上文提到，如果 180 秒内路由器都没有收到关于某条路由的更新信息，就会把这条路由置于"possibly down"的状态。这句话还有另一层含义，那就是在 180 秒过后，这条路由至少还是会保存在路由表与 RIP 的数据库中。但是，**如果过了冲刷计时器指定的时间（默认 240 秒），路由器都没有收到这条路由的更新信息，路由器就会像冲水马桶一样，把这条路由从路由表中和数据库中彻底冲掉。**好吧，既然路由的量词也是"条"，我只好承认在这里使用 flush 这个词，是比较契合中国语言习惯的。

在 RFC 文档对 RIP 的描述中，只有上述三种计时器，但在 Cisco 设备中，Cisco 引入了下面一个 RFC 文档中没有的计时器（下一自然段内容作为选读）。

- 抑制计时器（**Holddown Timer**）。当失效计时器的 180 秒有效期过后，路由条目在路由表和数据库中都会被置为"possibly down"的状态。此时，这条路由即告进入抑制（holddown）状态，抑制计时器即为路由保持抑制状态的时长，默认为 180 秒。如果路由器在这段时间内从直连的 RIP 路由器那里接收到了这条路由的更新信息，那么无论这个更新信息通告显示的跳数比原路由条目的跳数多还是少，路由器都不会采纳这条路由。这里需要做一个简单的算术题，抑制计时器的时间是路由条目失效后再经历的时间。如果失效计时器和抑制计时器皆为 180 秒，那么当抑制计时器超时的时候，距离路由器上次接收到更新已经过了 360 秒。如果冲刷计时器的时间是 240 秒，那么早在抑制计时器超时前 120 秒，这条路由已经被冲掉了。对于被冲掉的路由，抑制计时器当然也是无效的。

**注意！上面的解释是 Cisco 官方提供的，如果读者进行实际测试，会发现结果并不是这样。实际情况是，抑制计时器时间以内不会发生任何抑制的情况。**个中原因，只有开发者心中有数。所谓抑制计时器，在设计上本来就有画蛇添足之嫌，很可能是 Cisco 在深思熟虑之后终于发现了这一点，于是在应用中将其取消了。在 IPv6 的 RIPng 中，holddown 状态时间为 0 也可作为这种推测的佐证。

图 9-11 是对 RIP 计时器工作方式的概括与总结。

当然，管理员是可以对这些计时器进行调整的，命令为"**timers basic** *更新计时器时间　失效计时器时间　抑制计时器时间　冲刷计时器时间*"。对于没有把握的管理员和初学者，不建议调整这些计时器的数值。

关于 RIPv1，我们已经提供了足够多的基本信息与概念。毋庸讳言，RIPv1 存在的缺陷就像它对动态路由协议这个领域作出的贡献一样明显，这一点想必读者也颇有感触。网络技术是一个日新月异的领域，如果这样一款"元谋人"级的协议不针对下一个时代的网络特点进行一些调整，它是没有出路的。

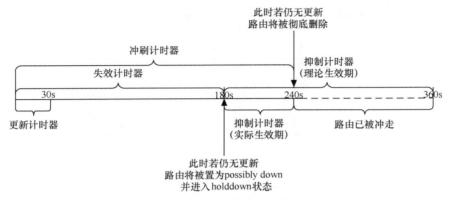

图 9-11　RIP 四种计时器的时间及有效性

那么，下一个时代是什么时代？那个时代的网络有哪些特点呢？到了 20 世纪 80 年代后期，随着互联网在北美洲、大洋洲和西欧民间的使用越来越广泛，很多互联网诞生之初人们始料未及的问题也就暴露了出来，比如 IPv4 地址分类造成的地址浪费问题、网络安全问题等。RIP 要想延长自己的网络生命，就必须用自己的方式对这些问题一一进行回答。

## 9.4　RIPv2

RIPv2 就是 RIP 针对那个年代大量新兴技术问题交出的答卷。与 RIPv1 相比，RIPv2 拥有以下扩展特性。

- **支持子网掩码**，每个路由条目均携带自己的子网掩码。
- **可以对路由更新信息进行认证**，以避免攻击者将未知的路由设备悄无声息地插入网络中。
- **每个路由条目均携带下一跳地址**。
- 放弃广播更新的方式，而**通过多播的方式发送更新消息，更新消息的目的地址为 224.0.0.9**。这样可以避免无关路由器查看 RIP 信息，白白浪费设备资源。

相应地，RIPv2 也对 RIPv1 的数据包格式进行了补充，其数据包格式如图 9-12 所示。

与 RIPv1 的格式相比，RIPv2 在 RIPv1 的一些保留字段中定义了路由标记、子网掩码和下一跳等字段。

配置 RIPv2 的方式超级简单，简单得就像在 RIPv1 进程中启用了一个特性。其命令为在 RIP 配置进程中输入命令 **version 2**（如例 9-2 所示）。当然，从很多角度看，RIPv2 只是对 RIPv1 的完善和补充，不能算是一个完全独立的协议，因此把它视为 RIPv1 的一个特性，也不失为一种理解方式。

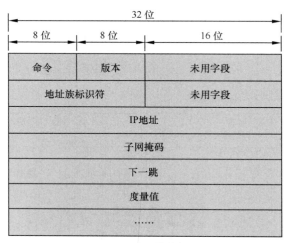

图 9-12　RIPv2 的数据包格式

应用 RIPv2 的方法很简单，只需在配置完 RIPv1 之后输入命令 **version 2**，因此在 RIPv2 的配置命令中也不包含掩码。此外，**RIPv2 会对路由执行自动汇总**。具体来说，就是将自己通告的路由、重分布的路由（不在 CCNA 大纲之中）和从其他路由设备那里学习来的路由汇总为其主类网络。自动汇总功能的初衷是为了减少路由表的条目数量，节省路由器匹配路由条目的时间。但在 VLSM 和 CIDR 的使用铺天盖地、路由器自身的硬件资源成倍扩充的今天，自动汇总功能已经用得越来越少了。目前这项功能实现的效果对网络基本上是弊大于利的。使用自动汇总会出现什么问题呢？请允许我卖个关子，留待第 10 章再来详解。目前读者只需记得，**在配置无类的距离矢量路由协议时，常常需要关闭自动汇总功能**（有类路由协议当然是不可能不汇总的，它又不支持子网掩码）。

要关闭自动汇总这项功能，只需在路由协议进行下输入命令 **no auto-summary**。

RIPv2 的配置在本章一开始就已经进行了充分的介绍，读者此时正好可以回到本章的开头进行一下复习，尤其是例 9-2 中没有加阴影的部分。

最后一个小知识点是如何让 RIPv2 兼容 RIPv1？

根据常见的向下兼容原则，RIPv2 默认会接收 RIPv2 和 RIPv1 的消息。但如果希望路由器在某个接口发送 RIPv1 或/和 RIPv2 的消息，只需在相应接口下使用命令 **ip rip send version** *1|2*（显然，1、2 根据需求而定）。同理，如果希望路由器在某个接口接收 RIPv1 或/和 RIPv2 的消息，则应在相应接口下使用命令 **ip rip receive version** *1|2*。

由于 RIPv2 只是在 RIPv1 的基础上进行了一些完善和改进，配置也极为简单，因此这里不再专门举例说明。读者应该尝试将上面案例中配置过的 RIP 全部修改为 RIPv2 版本，并取消自动汇总功能，然后通过上面介绍过的 show 和 debug 系列命令，来查看 RIPv2 通告的信息中是否包含了掩码、RIPv2 学习到的条目出现了什么变化、RIPv2 发送更新的多播地址、RIPv2 各个计时器的数值等。

RIPv1 和 RIPv2 的共性和差异通过表 9-1 即可一目了然。

表 9-1　　　　　　　　　　　RIPv1 与 RIPv2

| 特性 | RIPv1 | RIPv2 |
|---|---|---|
| 采用跳数为度量值 | 是 | 是 |
| 15 是最大的有效度量值，16 为无穷大 | 是 | 是 |
| 默认 30s 更新周期 | 是 | 是 |
| 周期性更新时发送全部路由信息 | 是 | 是 |
| 拓扑改变时发送只针对变化的触发更新 | 是 | 是 |
| 使用路由毒化、水平分割、毒性逆转 | 是 | 是 |
| 使用抑制计时器 | 是 | 是 |
| 发送更新的方式 | 广播 | 多播 |
| 使用 UDP 520 端口发送报文 | 是 | 是 |
| 更新中携带子网掩码，支持 VLSM | 否 | 是 |
| 支持认证 | 否 | 是 |

## 9.5 总结

本章对应的 CCNA 考点：

无。

RIP 中包括 RIPv2 的考点已经从 CCNA 的大纲中被删除了，仅在 CCNP 课程中对 RIPv2 进行了非常简要的概要。我很不理解把 RIPv2 挪到 CCNP 课程中进行介绍的做法，因为这款协议确实非常适合作为上手动态路由协议的开场小怪，而不是基本熟稔其他路由协议之后作为一种补充说明的协议。

有鉴于此，本章在开头以 RIP 为例，演示了配置这项简单动态路由协议的方法，之后对动态路由协议的概念与原理、距离矢量路由协议的工作方式进行了介绍。后面则通过案例对 RIP 的特征进行了介绍，最后以 RIPv2 为本章收尾。不过，如果读者只有 10 秒时间阅读本章，我希望你读到下面这句话：

**除非没有其他选择，否则不要使用 RIP，包括 RIPv2。**

虽然对于我们用整整一章介绍的协议，最后却劝读者弃用，这听上去很浪费时间，但如前所述，作为路由协议的鼻祖，学习 RIP 的原理还是有助于读者了解和掌握后面那些更为复杂的路由协议。而 RIP 本身则只适用于那些小规模的网络环境，还存在着许多这样那样的问题，因此目前已经很少有人会在新建网络中使用这项路由协议了。

RIPv2 虽然对 RIP 进行了一些必要的调整，但其所采用的算法没有发生变化，这种换汤不换药的做法固然能够在网络中刚刚出现"流氓"路由器和子网掩码的时代为 RIP 争取到一线生机，但在各类复杂且完善的路由协议纷纷粉墨登场的时代，还要在

*CCNA*

其中坚持选择 RIP，就多少有点儿行为艺术的意思了。所以，我们也没有真的介绍 RIPv2 认证功能如何实现。

既然 RIP 不可大用，那么我们该使用什么路由协议呢？这正是后面几章要讲的内容。

## 本章习题

1. RIP 规定有效路由的最大跳数是多少？
   a. 0
   b. 15
   c. 16
   d. 32

2. 以下关于无类路由协议的描述错误的是？
   a. 允许使用 VLSM
   b. 允许使用不连续网络
   c. RIPv1 是无类路由协议
   d. RIPv2 支持无类路由

3. RIPv2 用来决定最佳路由的度量参数是什么？
   a. 跳数
   b. 带宽
   c. 延迟
   d. MTU

4. 以下关于 RIPv2 的描述正确的是？
   a. 它使用的度量值与 RIPv1 不同
   b. 它的配置比 RIPv1 复杂很多
   c. 它的收敛速度比 RIPv1 快很多
   d. 它的计时器与 RIPv1 相同

5. 以下哪一项是距离矢量路由协议？
   a. OSPF
   b. RIP
   c. EIGRP
   d. IS-IS

6. RIPv2 会以多少秒为周期，向哪个地址发送路由信息？
   a. 15 秒，255.255.255.255
   b. 15 秒，224.0.0.9
   c. 30 秒，255.255.255.255
   d. 30 秒，224.0.0.9

第 10 章

# EIGRP

EIGRP 的全称 Enhanced Interior Gateway Routing Protocol，译作"增强型内部网关路由协议"，曾为 Cisco 公司的私有协议。Cisco 于 2013 年将此标准公开，使其成了一项标准协议。EIGRP 及其前身 IGRP（Interior Gateway Routing Protocol，内部网关路由协议）有些神秘，有些争议，但在它们问世的年代，都称得上划时代的创新。

## 10.1 IGRP

20 年前，在 Cisco 的培训课程体系中，RIP 之后会进行介绍的协议还曾是 IGRP 而不是 EIGRP。随着 IOS 12.3 之后的版本不再支持 IGRP，这款协议也算是基本告别了历史舞台。那么，IGRP 是一款什么样的协议？它的出现又满足了一种什么样的需求呢？

首先，这款中文名为"内部网关路由协议"的 Cisco 私有协议诞生于 1986 年，同年开始应用于网络环境部署中。一看这款协议如此"资深"，就能猜出它是一款**有类路由协议**（不支持 VLSM 和 CIDR）。除此之外，在这款协议身上，还能看到很多属于那个时代的印记。比如，IGRP 也是一款**距离矢量路由协议**，也是通过**广播发送路由更新**，等等。

如果这么介绍下去，明显是要抹杀 IGRP 价值的节奏。实际上，与 RIP 相比，IGRP 至少在以下两方面取得了具有划时代意义的进步。

- 通过 IGRP 进行路由的数据包，最大可配置跳数为 255。与 RIP 的最大 15 跳（16 跳即为不可达）相比，IGRP 对网络规模造成的限制得到了很大程度的淡化。
- 能够通过多种参数比较路由的优劣，不再仅以"跳数少"论英雄。

当然，无论 IGRP 相比于 RIPv1 有多少优势，在 IPv4 地址愈来愈紧俏的 20 世纪末，有类路由协议的生存空间都会越来越小，最终要么被无类路由协议无情地取代，要么推出更新换代的版本或协议来获得自我救赎。

> 注释：在很多读物里，IGRP 的诞生时间被写作"20 世纪 80 年代中期"，RIP 则为 1988 年；同时又有很多读物称 IGRP 是为了改善 RIPv1 的收敛时间和跳数限制才应运而生的。这个时

间关系让人十分费解。这里必须说明，1988 年并不是 RIP 诞生或付诸应用的时间，而是 RIP 成为 RFC 标准的时间。最早的 RIP 是由施乐网络系统公司（Xerox Network Systems）经一种称为 GIP（网关信息协议）的协议更新而来，它的历史最早可以追溯到 20 世纪 70 年代。

## 10.2　EIGRP

对于 EIGRP 的定义和分类，不同的材料出现了一些争议，说得好听点就是各家对 EIGRP 的定义和分类给出了不同的表述方式。为了避免已经参考过其他读物的读者对不同的解读感到困扰，我们不妨在介绍 EIGRP 之前先把这些争议展示出来。

- 有些资料称 EIGRP 是对 IGRP 的彻底推翻和重建；有些资料则称 EIGRP 只是 IGRP 的增强版。
- 有些资料称 EIGRP 是一种距离矢量型协议；有些资料则认为 EIGRP 是一种"混合型"协议。

上述争议既然存在就不会是空穴来风。如果能够了解这些争议的由来，对于读者理解 EIGRP 必然大有裨益。不过，为了解释清楚这些问题，有必要对 EIGRP 的诞生背景进行简要的介绍。

我们使用路由协议的目的是让路由器正确地转发数据包，转发的标准是路径越短越好，因此路由协议必须包含某种计算最短路径的算法。正是根据选用算法的不同，路由协议才被划分为距离矢量路由协议和链路状态路由协议。习惯上，距离矢量路由协议所使用的算法称为距离矢量算法（Distance-Vector Algorithm）；链路状态协议所使用的算法称为链路状态算法（Link-State Algorithm）。

这些内容浅显易懂，之前也大致进行过介绍。

问题是，在 EIGRP 出现之前，距离矢量算法还有一个代名词，叫作"贝尔曼-福特算法"（Bellman-Ford algorithm），因为在当时，所有的距离矢量路由协议在计算最短路径时所使用的都是贝尔曼-福特算法，无论公有的 RIP、私有的 IGRP，还是后来的 RIPv2 都概莫能外。一时之间，贝尔曼-福特算法几乎成了距离矢量算法的同义词。偏偏是 EIGRP 打破了这个常规，它使用了一种称为弥散更新算法（Diffusing Update Algorithm，DUAL）的方式计算最短路径。这种没有使用贝尔曼-福特算法的协议是否仍旧属于距离矢量协议的争论由此产生。

与"几乎只是 RIPv1 一个特性的"RIPv2 相比，哪怕只是修改了路由协议的最优路径算法，EIGRP 对 IGRP 的改动也已不是"小打小闹"。但 EIGRP 的改动还不止于此，它还针对"70 后、80 后协议们"的天然缺陷进行了改善，比如 EIGRP 成了一款支持子网掩码的协议，同时采用了触发更新的方式来更有针对性地更新路由信息，废止了周期发送更新这种很不环保的做法。

那么，EIGRP 到底是对 IGRP 的否定与重建，还是对 IGRP 的革新与改善？DUAL 又能不能算是一种距离矢量算法呢？

在深入了解 EIGRP 及 DUAL 之前，我们姑且给这两个争议提供一个答复，以便后面的介绍和讨论。鉴于 EIGRP（曾经）是 Cisco 私有的协议，不妨以 Cisco 自己的文档来对这个协议进行归类和定义。

Cisco 官方文档"Enhanced Interior Gateway Routing Protocol（EIGRP）"中写道："……EIGRP 是增强版的 IGRP，它采用了与 IGRP 相同的距离矢量技术……"。因此，读者不妨认为 EIGRP 只是对 IGRP 进行了强化，而且 EIGRP 属于距离矢量路由协议。

这里必须强调，要彻底澄清这个问题涉及对距离矢量路由协议和链路状态路由协议的界定，是一个复杂的问题。解决学术争议不是本书的主旨，上述内容只是为了给后文中枯燥的理论介绍提供一些还算不那么乏味的背景知识。

## 10.2.1  EIGRP 的原理

提到 EIGRP 的原理，不妨先从这个协议的特征说起。

### *EIGRP 的特征*

关于 EIGRP 的特征，部分内容已经在前面进行了铺垫和简要的介绍，为了方便记忆，我们将其罗列出来：

- 距离矢量路由协议；
- 触发更新路由；
- 支持子网掩码（VLSM 和 CIDR）；
- 不再 Cisco 私有；
- 路由多种协议（IPv4、IPv6、IPX、AppleTalk 等）；
- 可靠传输通信；
- 有效邻居发现；
- 弥散更新算法。

是啊，我也知道都写成四字成语或者作首七绝更便于记忆，但是能都凑成六字短语也不容易了，传递知识才是关键。

接下来，我挑之前没有提过的内容进行简单的介绍。

**不再 Cisco 私有**

IGRP 是 Cisco 私有的协议，EIGRP 也曾是 Cisco 私有的协议，但 Cisco 已经在 2013 年将 EIGRP 的标准进行了公开，并且将标准提交了 IETF，如今已被定义在 RFC 7868 中。换言之，现在 EIGRP 已经不再是 Cisco 私有的协议了。

**路由多种协议**

EIGRP 可以对各类三层协议封装的数据包进行路由，并且可以为每个三层协议维护一个独立的路由表。提起三层协议，很多读者脑海里恐怕只能闪现出两个字母：I 和 P。确实，现在大多数读者应该对 IPX 和 AppleTalk 不怎么了解了。这倒没关系，我们也不打算在这里对它们进行任何介绍。现在你要是问别人 IPX 和 AppleTalk 怎么设置，就跟攒计算机的时候找卖家给你装个软驱得到的答案差不多，基本都是"里面的伙食怎么样"之类的反问，总之意义不大。不过，让设备同时为 IPv4 和 IPv6 分别维护一个路由表，还是极具现实意义的。

如果读者读过一些经典教材，指出 EIGRP 不支持 IPv6，那么我可以很高兴地告诉你：这种情况一去不复返了。

### 可靠传输通信

首先来个小测验：RIP 是 OSI 模型中第几层的协议？

如果我告诉你正确答案是第七层，千万别觉得我在乱说，这可是一个相当主流的看法。当然，既然涉及主流与非主流，就肯定又是一个有争议的问题。同样是维基百科，RIP 的中文页面就把它归为网络层协议，而英文页面则将其归为应用层协议。出现这种争议的原因是，有人认为在判断一个协议工作在哪一层时，应该依据它所处理的信息（即协议的功能）进行判断，另一部分人则认为应该根据承载它的协议（即协议的封装）来解读。

我的看法是，两种理解方式并无对错之分，但根据一个协议的承载者来判断它工作在 OSI 模型的哪一层，更有助于读者搞清楚 OSI 模型的概念和这款协议的特征。因此，我鼓励读者将 RIP 视为一种应用层的协议。毕竟一个协议工作在哪一层，对绝大多数人来说不是一个很重要的问题，而是否能够正确理解和应用 OSI 模型以及这项协议才是问题的关键。

还是以 RIP 为例。如果将其视为一个基于 UDP 的应用层协议，读者就可以顺理成章地意识到 RIP 路由更新消息的收发是不可靠的。反之，若把 RIP 理解成网络层协议，恐怕就对理解 RIP 的可靠性裨益不大。

言归正传，EIGRP 既没有使用传输层的 TCP，也没有使用 UDP，它使用的是一种叫作**可靠传输协议**（Reliable Transport Protocol，RTP）的底层协议来确保传输可靠性的。

听上去就很可靠是吧？那原理是什么呢？

EIGRP 路由器了解自己相邻的设备。每当 EIGRP 使用多播地址 224.0.0.10 发送多播数据包时，它就会维护一张应答邻居表。如果其中有些设备没有应答，它就会以单播的形式分别向这几台设备重发相同的信息，重发 16 次之后，如果这些设备依然没有响应，EIGRP 就会宣告该设备人间蒸发。

这种方式和通知同事/同学参加重要会议类似：先发一封邮件给所有与会人员，如果其中有人过了很久都没回邮件，再挨个单独发邮件。当然，设备和人毕竟有区别。现实生活中很少有人会为了通知开会单独给某个人陆续发 16 封邮件。换了我，第二封邮件都不会发，直接打电话或者当面告知。如果所有方法均告失效，而且这种状态持续三日，我会报警，而不会直接删除联系人——除非我发现除了我之外，别人都能找到他。

再次言归正传，为什么 EIGRP 一定要采取可靠的方式传输数据呢？问得再直白一点，为什么 EIGRP 路由器就必须确保其他邻居都能接收到自己的信息呢？

因为 **EIGRP** 不会周期性更新路由信息，它**采取的是触发更新，而且是触发差量更新的方式**。具体来说，它更新的是"实时变化"而不是"全局概况"。周期性整体更新信息虽然占用带宽，降低通信效率，但是容错能力超强；触发差量更新虽然节约带宽，提高通信效率，但是几乎无法容错。因此，必须有一种有效的机制保障信息投递成功。

举个例子，如果你汽车上装的 GPS 每天会从服务器里下载一张完整版的最新北京道路交通图，就算偶然有那么一两天 GPS 没下载成功，问题也不会太大。七环不是在一夜之间建成的，只要第三天能够成功下载，前面的差量自然都会补上。但如果你汽车上装的 GPS 会在每逢道路出现变化时就从服务器那里收到一个道路变化信息，汽车自己再根据这个信息更新内置的地图，而且对于这条信息，服务器**不会重复发送**，那么只要有那么一两次你的车没有收到更新，麻烦可就大了，因为既然后面的更新信息中不会包含前一条更新的内容，那么只要任意一条更新信息没有收到，就意味着你车上的地图从此与标准地图不同了，这叫"过了这村没这店"的更新方式。

最后补充一句，EIGRP 这种触发差量更新、可靠传输的路由更新方式，是链路状态路由协议的特征。这也是 EIGRP 时常被称为混合型协议的原因之一。

**有效邻居发现**

前文提到了一个奇怪的概念，那就是"EIGRP 路由器了解自己相邻的设备"。问题是，EIGRP 和 RIP 到底有什么区别？它为什么能够了解自己相邻的设备？或者说，它是怎么了解自己的相邻设备的呢？

答案是，**使用 EIGRP 的路由器在与其他 EIGRP 路由器交换路由信息之前，会先与邻接的路由器之间建立邻接关系**。这句话反过来理解就是，EIGRP 路由器要先成为邻居，才有可能开始交换路由信息，而这同样也是很多人认为 EIGRP 不是纯距离矢量路由协议的一大原因。

具体地说，**EIGRP** 虽然不会周期性地发送路由更新，但是**会周期性地发送 Hello 数据包**。

在大多数欧美国家，人们拥有自有住房的比例不高。法国只有约 57% 的家庭拥有自有住房，另外一小半的夫妻则更喜欢带着孩子租房度日。其实，如果较真地说，57% 这个比例还算高的，美国每年搬家的人就占人口的 17%。更有甚者，根据统计，美国人平均一生搬家的次数是 8 次。显然，比起花十几年的血汗钱把自己框定在某个地址，热爱生活和自由的人更喜欢体验不同的风景和生活方式。

由于喜欢搬家，许多欧美国家都有一套不成文的社区礼仪，这一点相信喜欢欧美电影、电视剧的人都有体会。刚刚搬进一个社区的人，通常都会带着自己烘焙的甜点去周围的邻居家做一次礼节性的拜访，以便融入这个环境。有些邻里关系不错的社区成员甚至会定期聚餐，加强人们相互之间的了解。但同时，欧美人也是注重隐私的，所以对刚刚谋面的邻居，并不会自来熟地嘘寒问暖。比如，人家"吃了吗"就是人家自己的事儿，人家"上哪儿啊"更是不太希望和别人分享。于是，最常见的见面打招呼方式往往是："Hello，我叫远·高，刚搬来的。"人家听见了，一般会说声欢迎，再告诉你他叫"冲·林"，然后随便跟你客套两句，这第一次的招呼就算打过了，从此大家也对彼此多了几分了解。接下来，如果这个社区有邻居间的定期聚餐，大家没事也会去参加一下，一方面相互加深了解，另一方面也是告诉其他人自己还在。如果连续几次见不到你，大家默认你自己不声不响地搬走了。如果没有热心肠的人报警，一般也就是把你的联系方式从手机里删除，然后该怎么过还怎么过。当然，你也可以自己在临搬走前跟每个人打声招呼，这是一种很经济的方式，可以帮你的邻居们尽早腾出手机的一部分内存空间。

　　总之，对于陌生的环境，或者熟悉环境中的陌生人，先建立联系再交互重要信息会比较可靠，这一点似乎用不着从逻辑上加以证明。

　　路由器的邻接关系在一定程度上也参照了这种常见的社区礼仪：一台启用了 EIGRP 的路由器会在相关的接口发送 Hello 数据包，接收到 Hello 包的路由器把这台发送 Hello 包的路由器添加到邻居表中。但发送 Hello 包的时机不只是路由器刚刚启用 EIGRP 的时候，所有路由器都会在相关接口以一定的频率发送 Hello 包，就跟聚餐的意思差不多。需要注意的是，Hello 包里会包含一个称为"抑制计时器"的数值。这个计时器就像有些武侠小说里去寻仇的江湖人物临走前告诉娇妻："如果 3 个月内我还没回来，你就当我死了。"如果超过计时器规定的时间，其他路由器没有再次收到这个邻居发来的 Hello 包，那么它们就会把这台路由器标记为"不可达"。

　　因为 EIGRP 发送 Hello 包的频率比 RIP 发送路由更新的频率高得多，所以使用 EIGRP 作为路由协议的网络收敛时间也比 RIP 短得多（当然这只是原因之一）；又因为 Hello 包的负载远远小于 RIP 路由更新数据包的负载，所以以 EIGRP 作为路由协议的网络通信效率比 RIP 网络高。说得形象点，RIP 就像你出国旅游期间每天固定时间有事没事给家里打个电话；EIGRP 就像你每天都用自媒体的方式（微信、微博等）给家里报平安，只有有急事儿的时候才打电话说事儿。两者相比，通信的效果没有任何区别，但花的电话费可差得远了。

### 弥散更新算法

　　首先声明，如果读者想把一种具有防环和转发功能的算法（比如路由算法、生成树算法）彻底搞懂，强烈建议大学期间选修"图论"；如果想把一种具有加密和认证功能的算法（比如加密算法、哈希算法）彻底搞懂，强烈建议大学时期选修"数论"。CCNA 系列图书旨在给希望从事应用技术类工作的读者提供入门级的参考读物，过多掺杂佶屈聱牙的理论知识只会让本有兴趣的读者望而却步，这不是任何负责任的作者创作这类图书的初衷。Cisco 系列技术和认证固然需要读者对相关算法的理论有所了解，但了解的程度不高于应用级别，不包含对算法进行推导、计算、演绎，甚至设计，CCIE 认证也概莫能外。在 CCNA 考试中，对于弥散更新算法（DUAL）的要求仅限于它的基本特征。

**DUAL 的特征**：这种算法包含自有的防环机制，无须使用水平分割、路由毒化等特性；更重要的是，**DUAL 可以在当前路径失效时，快速收敛出新的路径**。这个重新收敛路径所耗时间之短，几乎冠绝各类路由协议所采用的算法。那么，它是怎么实现这个功能的呢？——启动备选方案！

EIGRP 就是这样的一个备胎的协议。为了说清楚这个问题，我们先来介绍 4 个重要的概念，它们是**被通告距离、可行距离、后继路由器、可行后继路由器**。下面介绍这几个概念。

- **被通告距离（AD）**：这台路由器的邻居到目的网络的度量值。
- **可行距离（FD）**：这台路由器自己到目的网络的度量值；显然，FD 等于 AD 加上它到这个邻居的度量值。
- **后继路由器（Successor）**：这台路由器到达目的网络的下一跳路由器。
- **可行后继路由器（FS）**：这台路由器到达某目的网络的备选路由。

为了说清楚这个问题，我们设计了图 10-1 所示的这个简单拓扑，链路边上的数字代表该链路的度量值。这里先打个预防针：真实环境中的度量值绝对比下面的这些两位数看起来让人眼晕。

在图 10-1 中，当 R1 接收到 R2 通告过来的 10.1.1.0/24 这个网络的路由时，这条路由的 AD 是 20，而 FD 则是在 20 的基础上加上 R1 到 R2 之间的度量值，也就是 20+20=40。同理，R1 也会接收到 R3 通告过来的 10.1.1.0/24 这个网络的路由，但其 AD 值为 50，FD 则为 70。显然，R2 是 R1 去往 10.1.1.0/24 的后继路由器。

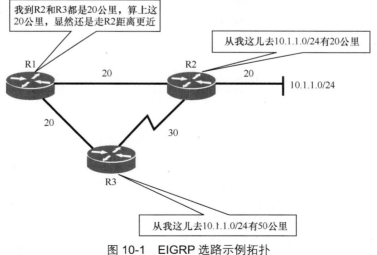

图 10-1 EIGRP 选路示例拓扑

那么，R3 算是备选路由吗？

在介绍 RIP 的防环机制时，我们说过：信息如果形成环路，后果通常是很严重的。

鉴于风险客观存在，作者必须在这里提醒一下各位，如果一定要确定备选方案，也要本着宁缺毋滥的原则，要避免泛滥成灾的情况。

EIGRP 是明白这个道理的，在图 10-1 所示的拓扑中，R3 就不适合作为备选路由，因为 R3 通告给 R1 的 10.1.1.0/24 这条路由，它的 AD（20+30=50）已经大于 R1 去往该路由的 FD（40）。大凡这种情形，通告路由的这台设备（R3）就不会成为被通告设备（R1）去往该路由的可行后继路由器（FS）。EIGRP 之所以不允许路由器"泛滥成灾"，正是为了防止路由环路。

那么，在图 10-1 所示的环境中，若 R1 与 R2 之间的链路断开，又没有备选路由，难道明明还有一条可用链路，偏偏就不能向 10.1.1.0/24 转发数据包吗？当然不会！如图 10-2 所示，虽然 R3 和它通告的 10.1.1.0/24 路由都没能成为备选路由，也就不会被放入路由器的路由表中，但是当 R1 发现 R2"不在"了，会立刻向其他邻居请求去往该网络的路由，如果获得路由，就会将其放入路由表中，并以此开始进行转发。这种做法就是弥散更新算法的"弥散"之所指。

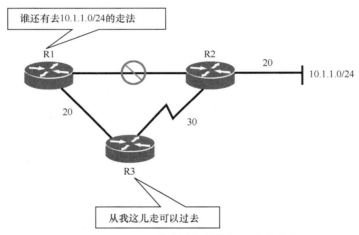

图 10-2　EIGRP 路由器向其他邻居请求路由

上文所述是没有备选路由的情形，如果有备选路由可用呢？下面我们以图 10-3 所示的网络为例解释这个过程。

在图 10-3 中，我们对各链路的度量值进行了一下调整，此时虽然 R2 仍然是 R1 去往 10.1.1.0/24 的后继路由器，但由于 R3 向 R1 通告网络 10.1.1.0/24 的路由的 AD 为 40（20+20），小于 R1 去往该网络的 FD（20+30=50），因此 R3 会成为 R1 去往 10.1.1.0/24 的 FS。于是，若 R1 与 R2 之间的链路断开，已经给自己准备好了备胎的 R1 就不会再去求助于邻居，而是经过本地计算，直接以 R3 充当去往 10.1.1.0/24 网络的后继路由器，并开始转发数据。

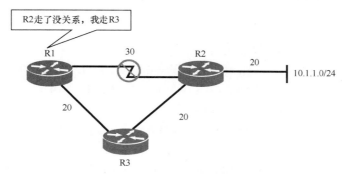

图 10-3　EIGRP 在本地重新计算下一跳

再次强调，本书不是学术专著，只是希望能够帮助读者迅速理解这个行业的许多概念与方法。

在大致了解了 EIGRP 的特征之后，我们简单介绍一下 EIGRP 的工作方式。

### 路由的发现和维护

#### 三张表

使用 EIGRP 的路由器一共需要为 EIGRP 维护"三张表"。哪三张表呢？

第一张表不言自明，必然是**路由表**。相信对此不需要进行任何解释。至于第二张表，前文说到，EIGRP 会通过发送 Hello 数据包来发现邻居，并维系邻接关系。既然有"关系"需要维护，**EIGRP 一定拥有一张负责记录邻接关系的邻居表**，这一点在前文的阐述中呼之欲出，相信读者在看到 EIGRP 有邻居这一概念时，也能大概猜测到邻居表的存在。

但除了邻居表和路由表，EIGRP 还有第三张表需要进行维护，这张表叫作**拓扑表**。**拓扑表中包含着邻居路由器通告过来的关于各个目的网络的路由信息**。读者不妨将这个表描述的信息想象成一个由各个邻居延伸出去的神经网络。当然，管理员在路由器上查看拓扑表时，IOS 肯定不会真的显示出这样一个可视化图形。

#### 度量值

在上文的图例中，我们都直接设定了链路的度量值（metric）。那么，这个决定了 EIGRP 选路的度量值究竟是如何计算出来的呢？它的真实大小，大体又会是怎样的数量级呢？难道真有 20、30 这样的 EIGRP 度量值？

本章在一开始介绍 EIGRP 的前身——IGRP 时，就曾提到，IGRP 是一个不再仅以跳数少论英雄的协议，而是引入了多种参数来比较链路的优劣。参与 IGRP 度量值计算的参数如下。

- 带宽（$BW_{IGRP}=10^7/$带宽[①]）。
- 延迟（$DELAY_{IGRP}=$延迟[②]$/10$）。
- 负载（LOAD）。
- 可靠性（RELIABILITY）。

具体来说，IGRP 的度量值可以按照下面的公式进行计算：

$$metric=[K1 \times BW_{IGRP(min)} +(K2 \times BW_{IGRP(min)})/(256-LOAD)$$
$$+K3 \times DELAY_{IGRP (sum)}] \times [K5/(RELIABILITY+K4)]$$

顾名思义，计算整条路径的度量值时，需要使用 $BW_{IGRP(min)}$，也就是整条路径的最低 $BW_{IGRP}$ 进行计算，同时使用的 $DELAY_{IGRP(sum)}$ 是指所有途径链路的 $DELAY_{IGRP}$ 之和。

鉴于系统默认 K1、K3 为 1，而 K2、K4 和 K5 为 0，因此系统在计算度量值时默认并不会将 LOAD 和 RELIABILITY 计算在内，而上文中的公式也可以简化为：

$$metric=BW_{IGRP(min)} + DELAY_{IGRP(sum)}。$$

当然，管理员可以根据自己的需要对这些数值进行设置，这一点稍后再谈。

EIGRP 计算度量值时包含的参数和算法与 IGRP 没有区别，只不过 EIGRP 为了进一步细化度量值的差别，会在 IGRP 计算结果的基础上乘以 256，因此 **EIGRP 度量值的计算公式（默认）** 为：

$$metric=256 \times (BW_{IGRP(min)} + DELAY_{IGRP(sum)})$$

最后，EIGRP 支持等价负载负担和非等价负载负担，也就是可以将数据流量以相同比例交由度量值相同的链路同时进行发送，或者以不同比例交给度量值不同的链路同时进行发送。

## 10.2.2　EIGRP 的配置

说到配置，EIGRP 的配置并不比 RIP 复杂多少，配置时的思路和逻辑更是几乎相同。第一步是在全局配置模式下使用命令来启用 EIGRP：

**router eigrp** *AS 号*

经过了 RIP 的洗礼，你应该很容易理解 **router eigrp** 这条命令，但后面的"AS 号"却是第一次接触，这个 AS 号又是干什么用的呢？

在 CCNA 部分，很多图书都对 EIGRP 的 AS 语焉不详，甚至许多作者明知其弊，依旧套用 AS 的传统定义来解释 EIGRP 中的 AS 概念。本书自然不愿沿袭同类图书的做法，但亦无法在本书中大费周章地引入许多概念来解释 AS。但有一点必须说清楚：**如果读者去各类网上百科搜索网络领域的"自治系统"定义，只要你搜索到的定义没有单独对 EIGRP 中的 AS 进行说明，那么这个定义就不符合 EIGRP 中的 AS 概念。**

---

①　带宽的单位为 kbit/s。
②　单位为 μs。

这是为什么呢？如果要解释清楚这个问题，难免需要对一些没有见诸文档的材料下"独家"判断，小范围上课的时候侃侃可以，不适合出现在正式出版物。但既然命令中需要用到 AS，就必须简单介绍一下 EIGRP 中的 AS 号是如何使用的。

用最简单的方式解释如下。

1. 如果相邻两台路由设备上配置了 AS 号相同的 EIGRP，且双方满足建立邻居的条件（如双方 metric 公式中的 K1~K5 参数完全对应相同），这两台路由设备就会按照 10.2.2 节所交代的方式维护邻居状态，转发路由更新。

2. 如果相邻两台路由设备在启用 EIGRP 时采用了不同的 AS 号，它们就不会相互发送路由更新，也不会建立邻接关系。不同 AS 号的相邻 EIGRP 路由器之间需要通过重分布来相互转发路由信息。重分布是一个相对复杂的概念，超出了 CCNA 知识体系的范畴，这里暂且不提。

3. 一台路由器上可以启用多个不同的 AS 号，在其中通告不同的网络。

4. 无论通过哪个 AS 号邻居 EIGRP 设备学来的路由，都会保存在同一个路由表中。路由器在转发数据时，也只会查看路由表中是否有去往该目的地址的路由。

5. （网搜过 AS 号定义的学霸必读）在 EIGRP 中，使用什么 AS 号是你的自由，不需要向任何机构申请。

读者在学习 CCNP 课程时，会接触到一个名为 BGP 的大型路由协议（当然，关于 BGP 能否算路由协议，不同的人有不同的理解），彼时读者就必须和 AS 这个概念进行一番较量了，这里暂且不提。

下面我们继续讲 EIGRP 的配置。

输入 **router eigrp** *AS 号* 这条命令之后，就会进入路由协议配置模式，此时的工作是在 EIGRP 中向邻居通告自己的网络，其命令为：

**network** *网络号 反掩码*

反掩码也称为通配符，说白了就是子网掩码应该为 1 的地方，这里为 0，反之亦然。

上述命令为实现 EIGRP 基本功能的常规命令。此外，上文介绍过 EIGRP 计算度量值的公式，其中 K1~K5 的值可以通过路由协议配置模式下的命令 **metric weight** *tos K1 K2 K3 K4 K5* 进行修改。

其中，**tos** 这个值没什么意思，因为只能是 **0**。5 个 K 值对应的就是 EIGRP 计算度量值的权重。当然，**如果两台 EIGRP 路由设备的 K 值不匹配，它们之间是不会形成邻接关系的。在建立邻接关系后修改 K 值，邻接关系也会断开。**这一点需要注意。

此外，管理员也可以在路由协议配置模式下通过"**passive-interface** *接口编号*"命令来禁止 EIGRP 在该接口接收和发送 Hello 数据包。

注意，尽管在 RIP 进程下输入该命令的效果只是让 RIP 不再通过该接口对外通告路由更新，但在 **EIGRP** 进程下输入 **passive-interface** 这条命令，路由器不仅不会对外通告 **EIGRP** 消息，也不会再在这个接口接收邻居发来的 **EIGRP** 消息。

至于如何对 EIGRP 进行测试，包括如何查看上文介绍的"三张表"，我们会在下文中进行介绍。

## 10.2.3  EIGRP 配置实例

### *EIGRP 的常规配置*

EIGRP 部分的实验拓扑如图 10-4 所示。

图 10-4 中的拓扑采用了实验环境中很常见的命名方式。首先，两台路由器 Rx 和 Ry（x>y）之间的链路，一概命名为 xy.1.1.0/**24**，x 连接该链路的接口地址为 xy.1.1.x，y 则为 xy.1.1.y。此外，各路由器都有一个 **32** 位的环回接口地址，命名规则为 xx.1.1.1。

在接口 IP 地址、环回接口地址等基本的网络配置已经实现的情况下，完成上述拓扑配置的方法如例 10-1 所示。再次强调，这些路由器上使用什么 EIGRP AS 号可以任意选择，但这些路由器上的 EIGRP AS 号必须相同才能建立邻接关系。

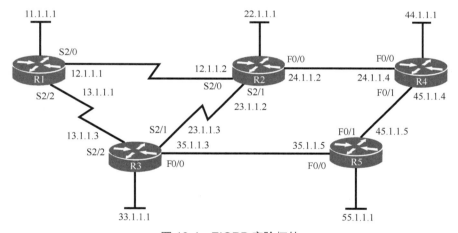

图 10-4　EIGRP 实验拓扑

*例 10-1　配置 EIGRP*

```
R1(config)#router eigrp 1
R1(config-router)#no auto-summary
R1(config-router)#network 12.0.0.0
R1(config-router)#network 13.0.0.0
R1(config-router)#network 11.0.0.0

R2(config)#router eigrp 1
```

```
R2(config-router)#no auto-summary
R2(config-router)#network 12.1.1.0 0.0.0.255
R2(config-router)#network 2
R2(config-router)#network 24.1.1.0 0.0.0.255
R2(config-router)#network 23.1.1.0 0.0.0.255
R2(config-router)#network 22.1.1.0 0.0.0.255

R3(config)#router eigrp 1
R3(config-router)#net
R3(config-router)#network 13.1.1.3 0.0.0.0
R3(config-router)#network 23.1.1.3 0.0.0.0
R3(config-router)#network 35.1.1.3 0.0.0.0
R3(config-router)#network 33.1.1.1 0.0.0.0

R4(config)#router eigrp 1
R4(config-router)#no auto-summary
R4(config-router)#network 24.1.1.4 0.0.0.0
R4(config-router)#network 45.1.1.4 0.0.0.0
R4(config-router)#network 44.1.1.1 0.0.0.0

R5(config)#router eigrp 1
R5(config-router)#no auto-summary
R5(config-router)#network 35.1.1.5 0.0.0.0
R5(config-router)#network 45.1.1.5 0.0.0.0
R5(config-router)#network 55.1.1.1 0.0.0.0
```

### EIGRP 的验证

在完成了配置之后, 我们可以使用命令 **show ip protocols** 查看 EIGRP 相关的一些信息, 如例 10-2 所示。

*例 10-2   show ip protocols 的输出信息*

```
R1#show ip protocols
*** IP Routing is NSF aware ***

Routing Protocol is "eigrp 1"
  Outgoing update filter list for all interfaces is not set
  Incoming update filter list for all interfaces is not set
  Default networks flagged in outgoing updates
  Default networks accepted from incoming updates
  EIGRP-IPv4 Protocol for AS(1)
    Metric weight K1=1, K2=0, K3=1, K4=0, K5=0
    NSF-aware route hold timer is 240
    Router-ID: 11.1.1.1
```

```
       Topology : 0 (base)
          Active Timer: 3 min
          Distance: internal 90 external 170
          Maximum path: 4
          Maximum hopcount 100
          Maximum metric variance 1

    Automatic Summarization: disabled
    Maximum path: 4
    Routing for Networks:
       11.0.0.0
       12.0.0.0
       13.0.0.0
    Routing Information Sources:
       Gateway         Distance      Last Update
       13.1.1.3           90            00:00:53
       12.1.1.2           90            00:00:53
    Distance: internal 90 external 170
```

通过上面的输出信息，我们看到路由器上配置的动态路由协议（是 EIGRP）、AS号（1）、决定度量值的 5 个 K 的取值、管理员通告的路由等大量信息。

此外，管理员也可以在各台路由器上使用命令 **show ip route** 查看它们的路由表，如例 10-3 所示。以"D"标识通过 EIGRP 学习过来的路由，显然是因为 EIGRP 采用了弥散更新算法的缘故。另外，通过路由表也不难发现，这些 EIGRP 路由的管理距离为 90——至少截至目前为止都是如此。

*例 10-3  show ip route eigrp 的输出信息*

```
R1#show ip route eigrp
Codes: L - local, C - connected, S - static, R - RIP, M - mobile, B - BGP
       D - EIGRP, EX - EIGRP external, O - OSPF, IA - OSPF inter area
       N1 - OSPF NSSA external type 1, N2 - OSPF NSSA external type 2
       E1 - OSPF external type 1, E2 - OSPF external type 2
       i - IS-IS, su - IS-IS summary, L1 - IS-IS level-1, L2 - IS-IS level-2
       ia - IS-IS inter area, * - candidate default, U - per-user static route
       o - ODR, P - periodic downloaded static route, H - NHRP, l - LISP
       + - replicated route, % - next hop override


Gateway of last resort is not set

     22.0.0.0/24 is subnetted, 1 subnets
D        22.1.1.0 [90/2297856] via 12.1.1.2, 00:01:30, Serial2/0
     23.0.0.0/24 is subnetted, 1 subnets
D        23.1.1.0 [90/2681856] via 13.1.1.3, 00:02:53, Serial2/2
```

```
                [90/2681856] via 12.1.1.2, 00:02:53, Serial2/0
        24.0.0.0/24 is subnetted, 1 subnets
D          24.1.1.0 [90/2172416] via 12.1.1.2, 00:01:30, Serial2/0
        33.0.0.0/24 is subnetted, 1 subnets
D          33.1.1.0 [90/2297856] via 13.1.1.3, 00:01:31, Serial2/2
        35.0.0.0/24 is subnetted, 1 subnets
D          35.1.1.0 [90/2172416] via 13.1.1.3, 00:01:31, Serial2/2
        44.0.0.0/24 is subnetted, 1 subnets
D          44.1.1.0 [90/2300416] via 12.1.1.2, 00:01:30, Serial2/0
        45.0.0.0/24 is subnetted, 1 subnets
D          45.1.1.0 [90/2174976] via 13.1.1.3, 00:01:33, Serial2/2
                   [90/2174976] via 12.1.1.2, 00:01:33, Serial2/0
        55.0.0.0/24 is subnetted, 1 subnets
D          55.1.1.0 [90/2300416] via 13.1.1.3, 00:01:26, Serial2/2
```

EIGRP 有"三张表", 除了路由表之外还有邻居表和拓扑表, **查看邻居表可以使用命令 show ip eigrp neighbors**。这条命令在配置的过程中就可以使用, 查看相邻的两台 EIGRP 路由器是否成功建立了邻接关系。命令的输出信息如例 10-4 所示。从输出中可以看到, 这条命令可以显示出与邻居的接口 IP 地址、该邻居相连的接口以及计时器信息等内容。

例 10-4   *show ip eigrp neighbors 的输出信息*

```
R1#show ip eigrp neighbors
EIGRP-IPv4 Neighbors for AS(1)
H   Address        Interface        Hold    Uptime    SRTT    RTO   Q       Seq
                                    (sec)             (ms)          Cnt  Num
1   13.1.1.3       Se2/2            10      00:03:09  45      270   0       27
0   12.1.1.2       Se2/0            11      00:06:18  53      318   0       30
```

**查看 EIGRP 拓扑表的命令**几乎可以根据上一条命令演绎出来, 即 **show ip eigrp topology**, 这条命令的输出信息如例 10-5 所示。这条命令可以查看路由的后继路由器 (successor)、FD、AD 等信息。注意, 显示信息中, 括号中斜杠后面的数值就是这条路由的 AD。

例 10-5   *show ip eigrp topology 的输出信息*

```
R1#show ip eigrp topology
EIGRP-IPv4 Topology Table for AS(1)/ID(11.1.1.1)
Codes: P - Passive, A - Active, U - Update, Q - Query, R - Reply,
       r - reply Status, s - sia Status

P 33.1.1.0/24, 1 successors, FD is 2297856
        via 13.1.1.3 (2297856/128256), Serial2/2
        via 12.1.1.2 (2305536/161280), Serial2/0
```

```
P 24.1.1.0/24, 1 successors, FD is 2172416
        via 12.1.1.2 (2172416/28160), Serial2/0
        via 13.1.1.3 (2177536/33280), Serial2/2
P 22.1.1.0/24, 1 successors, FD is 2297856
        via 12.1.1.2 (2297856/128256), Serial2/0
        via 13.1.1.3 (2305536/161280), Serial2/2
P 35.1.1.0/24, 1 successors, FD is 2172416
        via 13.1.1.3 (2172416/28160), Serial2/2
        via 12.1.1.2 (2177536/33280), Serial2/0
P 44.1.1.0/24, 1 successors, FD is 2300416
        via 12.1.1.2 (2300416/156160), Serial2/0
        via 13.1.1.3 (2302976/158720), Serial2/2
P 13.1.1.0/24, 1 successors, FD is 2169856
        via Connected, Serial2/2
P 45.1.1.0/24, 2 successors, FD is 2174976
        via 12.1.1.2 (2174976/30720), Serial2/0
        via 13.1.1.3 (2174976/30720), Serial2/2
P 55.1.1.0/24, 1 successors, FD is 2300416
        via 13.1.1.3 (2300416/156160), Serial2/2
        via 12.1.1.2 (2302976/158720), Serial2/0
P 23.1.1.0/24, 2 successors, FD is 2681856
        via 12.1.1.2 (2681856/2169856), Serial2/0
        via 13.1.1.3 (2681856/2169856), Serial2/2
P 12.1.1.0/24, 1 successors, FD is 2169856
        via Connected, Serial2/0
P 11.1.1.0/24, 1 successors, FD is 128256
        via Connected, Loopback0
```

### 非等价负载分担

在介绍度量值的时候，我们提到了 EIGRP 支持**等价和不等价的负载分担**。**等价负载分担**不难理解。如果去往同一个网络有两个度量值相同的下一跳（或曰路径），路由协议就会同时利用这两条链路来发送去往该网络的流量。这种功能几乎所有路由协议都支持。

这种做法虽然尝试利用了冗余的链路，但是标准太严格，必须两条路径"完全一样好"，路由协议才会物尽其用，颇有点儿拿豆包不当干粮的意思。非等价负载分担则要高大上一些，即使有一条路径"没有那么好"，协议也会本着"给老虎一座山，给猴子一棵树"的原则，大才大用，小才小用。

等价负载分担不需要进行任何配置，路由协议自己就会进行处理。但非等价负载分担则需要管理员手动进行简单的配置，指定"差到什么地步"的路径也要用来执行数据转发。具体的配置是在路由协议进程下使用命令 **variance** 配置一个"倍数"。当然，这个数值只能设置为整数。

前面介绍过，度量值越小的路径越优。在默认等价负载分担的原则下，非优路径不会用来执行转发。但若在路由进程下配置 **variance 2**，那么比最优路径度量值大 1 倍以内的路径就会被用来执行转发。当然，对于度量值较高的转发路径，分配给它们的数据包也会同比例减少；对于度量值较小的优秀路径，分配给它们的数据包也会同比例增加，这叫能者多劳。此外，既然 EIGRP 默认只执行等价负载分担，不难猜出 variance 的默认值为 1。

读到这里，读者也许会感到好奇：在一个足够大的网络中，只要增大 variance 后面的数字，符合转发条件的路径就会变多，难道可以让无穷多条路径都参与以某网络为目的地址的数据转发？

那倒也不是，**在默认情况下，EIGRP 会在 4 条符合条件的路径上执行负载分担。在路由进程下使用关键字 maximum-path 可以修改执行负载分担的路径数量，最大可用的数值是 16**，再多你就先甭想了。

## 10.2.4　又见 no auto-summary 之不连续子网

在第 9 章谈到 RIPv2 关闭自动汇总功能的问题时，我们卖了一个关子，在这里一起给出答案。那么，自动汇总功能为什么时常需要关闭？什么情况下必须关闭自动汇总功能呢？

众所周知，美国这个国家的领土是不连续的，它被领土面积更广阔的加拿大分成了两部分，其中面积比较小的那一部分是阿拉斯加州。像阿拉斯加这样在同一块大陆上硬生生被外国分隔开的领土在汉语中一般称为"飞地"。飞地在当代世界版图中并不少见，在七国集团（G7）成员国中，美国、英国（直布罗陀）、德国（布辛根）、意大利（坎波内）4 国都有飞地。当然，直布罗陀至今仍是争议领土，如果认为它属于西班牙领土，自然就不是飞地了。

如图 10-5 所示，假设一个加拿大人决定自驾去美国。可是这兄弟一打听，发现位于两个截然不同方向的人都宣称美国在自己这边，而这两个地方明显又是不接壤的。换了你，你会怎么理解这个问题？你或许会查看地图，但如果没有地图可以参考，你会无所适从，对吗？

图 10-5　汇总的窘境

　　请看图 10-6。在图 10-6 中，左侧的 10.1.1.0/24 和右侧的 10.2.1.0/24 同属于 A 类网络 10.0.0.0/8，与连续子网的概念不同的是，这两个网络并没有通过一台路由器直接相连，而是被另一个网络 192.168.1.0/24 分隔开来。在这种情况下，如果路由器使用的是有类路由协议，如 RIP 和 IGRP，那么这个问题显然就是无解的，因为有类路由协议是只识"大周"，不识"秦楚"的。套用前面那个例子，无论这位加拿大人如何解释自己要去的目的地是西雅图或者圣何塞，边境的人都不认识，他们的能力只能判断这个地方是不是"美国"，至于"州"和"市"他们根本没有概念。诚然，对自驾者来说，走哪边到达的国家都是"美国"，但游客的真实目的地是绝对的，而且只有其中的一条路可以到达。如果想去西雅图，就算到了美国的阿拉斯加，也是南辕北辙。

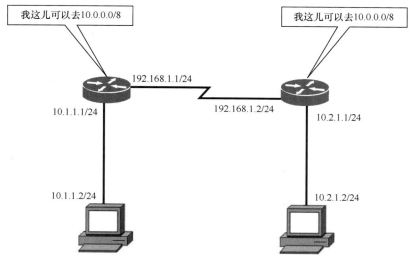

图 10-6　不连续子网

　　然而，能够识别 CIDR 和 VLSM 的无类路由协议则有能力打破这个限制。但是在有些 IOS 版本上，RIPv2 和 EIGRP 默认会开启自动汇总功能。在介绍 RIPv2 时，我们曾经提到过，这个功能的作用就是在对外通告路由条目时，将其汇总为主网络。因此，在不连续子网的环境中，如果启用自动汇总功能，同样会出现图 10-6 中的问题。由此可见，在存在不连续子网的环境中，使用无类距离矢量路由协议时，就要关闭自动汇总功能。鉴于 CIDR 和 VLSM 在当今网络中的使用过于宽泛，不连续子网的情况可谓遍及全网，因此只要配置无类距离矢量路由协议，建议先通过命令关闭自动汇总功能，无论目前网络中是否存在不连续子网，也无论这个操作系统版本默认该协议是否执行自动汇总功能。

　　再次重申，关闭的方法是在路由进程下输入命令 **no auto-summary**。

## 10.3  总结

本章对应的 CCNA 考点：

无。

EIGRP 的内容被 Cisco 搬到了 CCNP 的课程体系中，不再保留在 CCNA 中。因此如果读者时间有限，完全可以直接略过本章。但读者但凡有一点时间，哪怕是利用如厕的时间，我依然建议你读一读本章。首先，EIGRP 作为一款收敛速度惊人的协议，依然在很多以 Cisco 设备为主的环境中被人们使用，因此如果你学习 Cisco 认证，却完全不了解 EIGRP，在参与网络项目的规划和实施时就比较容易露怯。其次，反正你到 CCNP 阶段也要学，老师讲的又没有我们这里生动，何苦等到那个时候呢？你说是吧？

总之在本章中，我们提到 IGRP 已然作古，EIGRP 的厂商壁垒也已消除。EIGRP 是一款拥有神一般收敛速度的无类路由协议，行走在距离矢量路由协议与链路状态路由协议之间的灰色地带，同时拥有这两类路由协议的众多特征。它配置简单，功能丰富，老少咸宜。

然而，关于动态路由协议的讨论才刚刚展开，链路状态路由协议的理念已经在本章中呼之欲出，一项更为复杂但也更为普及的链路状态路由协议行将进入读者的视野。套用一句俗语：好戏还在后头呢！

## 本章习题

1. 以下关于 IGRP 与 RIP 的对比，描述正确的是？
   a. 它们都不支持无类路由
   b. 它们都使用跳数作为度量值
   c. 它们都支持 VLSM
   d. RIP 最大跳数是 16，IGRP 最大跳数是 255
2. EIGRP 会向哪个地址发送路由信息？
   a. 255.255.255.255
   b. 224.0.0.9
   c. 224.0.0.10
   d. 224.0.0.11
3. EIGRP 会如何发送路由更新？
   a. 每隔 15 秒
   b. 每隔 30 秒
   c. 每隔 120 秒
   d. 有变化时发送

4. EIGRP 用来计算最佳路径的算法是什么？

    a. 弥散更新算法

    b. 最短路径算法

    c. 跳数加减法

    d. DECnet PhaseV 算法

5. EIGRP 路由器会与谁交互路由信息？

    a. 同一个局域网中的路由器

    b. 建立了 EIGRP 邻接关系的路由器

    c. 直连的路由器

    d. 同一个局域网中启用了 EIGRP 的路由器

6. 以下哪一项不是弥散更新算法的特点？

    a. 自有防环机制

    b. 需要使用水平分割

    c. 具有路由毒化特性

    d. 路由收敛速度快

# 链路状态路由协议概述与 OSPF 协议

首先提一个简单的问题：美国到底在中国的西方还是东方？

不怕你笑话，这是一个困扰了我很久的问题。小时候，我从电视里知道，美国是西方国家；而家人又告诉我，美国和中国之间隔着汪洋大海，美国在大洋彼岸。于是，家住北京的我，经常在公主坟遥望石景山游乐园的方向，想象着朝那个方向一直走，就会抵达汪洋大海，大海对面矗立着自由女神塑像和霓虹璀璨的摩天大楼。后来上了小学，一位老师让我的这段奇思怪想彻底破灭。他告诉我，如果一直往那个方向走，首先遇到的不是汪洋大海，而是一望无际的塔克拉玛干沙漠，就算我能走出去，到达的国家也不是美国，而是苏联（当然现在是吉尔吉斯斯坦）。从那一刻起，我产生了一个新的疑问：如果从北京坐飞机直飞去美国，飞机究竟会往东飞还是往西飞呢？

当然，现在我已经明白，如果不涉及转机，飞机当然会向东飞。因为哪怕目的地是美国东海岸，向东也比向西更近。

这就很奇怪了，往东飞，是西方国家的美国；向西走，是东方国家的苏联。为什么呢？

其实，"西方国家"这个概念充满了"欧洲中心论"的色彩。在希腊文明早期，实行直接民主制的希腊诸城邦把一些来自巴尔干半岛以东、政治上专制集权、非公民社会的入侵国统称为"东方国家"，也就是说，当时这个概念含贬义。到了欧洲的地理大发现时代，英国、西班牙等国家的环球航海士以自己国家为坐标中心绘制了最初的世界地图，因此在那张世界地图上，美洲在西，亚洲及大洋洲在东，强化了当今"西方""中东""远东"的概念。再说通俗点，我们在"东"而美洲在"西"是欧洲人告诉我们的（见图 11-1）。

当然，欧洲人并没有说谎。对欧洲人来说，我们在东、美洲在西确是真理。如果地球是一张英国和西班牙居中的 A4 纸，那么我们要去美国的时候，按欧洲人说的走倒也没错。可问题是，地球是圆的，谁也称不上地球的中心。真要去美国，还是往东飞更近些。

但请认真设想一下，如果世界地图尚未问世，亚美两洲从未进行过任何交流，中国人也对地球形状一无所知，这时你听到一个英国人说，美国在其西方，你在其东方。那么，到了你准备去美国的时候，你会朝哪个方向走呢？

图 11-1　地理大发现时代的东方和西方

无知真可怕，对吗？

可惜的是，距离矢量路由协议的工作方式决定了使用它的路由器酷似前林则徐时代的中国。这些路由器的路由信息全部来自其他路由器，除了自己直连的那区区几个"邻居"，它们对整体的网络拓扑几乎没有了解，于是人们称这类路由协议为"依据传闻进行转发的路由协议"。这一点，就连 EIGRP 也难脱窠臼。在第 10 章中，我们曾经指出 EIGRP 会构建一张拓扑表，但 EIGRP 仍然是根据邻居判断出来的度量值来比较链路的优劣（选取后继路由器）。换句话说，启用 EIGRP 的路由设备仍会在选取最佳网络时，依照邻居的"传言"来进行选择。所以我们在第 10 章中专门提到，EIGRP 拓扑表可以想象成"**由各个邻居**延伸出去的神经网络"。

但是，美国在哪儿的例子告诉我们，即使是对于某些人确属实情的"传闻"，对于不同的客体也有可能失真。这一缺陷几乎成了距离矢量路由协议的"阿喀琉斯之踵"。那么，在选路方面，还有更好的方法吗？有！

道家说，授人以鱼不如授人以渔。套用到算法上，与其让一台路由器告诉其他路由器，自己这里有去往某地的走法，同时附上自己到那里的距离，还不如让路由器直接把自己手里的路由信息原原本本、不加解读地直接转发给邻居，让邻居在获得了第一手信息之后自行判断最佳路径。采用这一种做法的算法称为链路状态算法，是我们这一章的重点。

## 11.1　链路状态路由协议概述

那么，链路状态路由协议有什么特征呢？

首先，就像我们刚刚在上文中介绍的那样，当链路状态路由协议将路由信息从一台路由器传输给另一台路由器时，它不会对路由信息进行任何修改，而只会将原汁原味的路由信息转发给邻居。而当对等体路由器接收到路由信息时，它也会同样将信息复制一份，然后继续将信息传输给其他的对等体设备，而各个路由器则会根据自己获得的路由信息建立一张完整的网络图。不难想象，当网络收敛时，各个路由器拥有的网络信息都是相同的，但它们会根据这些网络信息，相互独立地计算出属于自己的最优路径。

上述流程就是链路状态路由协议的工作方式，同时也是 EIGRP 仍然被大多数材料定义为距离矢量路由协议的原因。在所有采取这种工作方式的协议中，最为常见的无疑是开放式最短路径优先（OSPF）协议。这款协议的工作原理并不复杂，且完全可以套用上述流程。下面我们重点介绍这款既常用又好使的路由协议。

## 11.2  OSPF

说到链路状态路由协议，就不得不提到 OSPF。那么，这个 OSPF 到底是一个什么样的协议呢？

### 11.2.1  OSPF 区域

前文提到，**OSPF 协议的中文全称叫作开放式最短路径优先协议。所谓"开放式"是指这款协议是一个公开标准的协议，因此所有感兴趣的厂商都可以根据需要来使用这款协议。**而所谓"最短路径优先"（SPF）指的是这个协议所使用的算法。这个公开标准使用了最短路径优先算法的协议具有以下特征。

- 开放协议。
- 快速收敛。
- 触发更新。
- 支持子网掩码。
- 支持 IPv4 和 IPv6。
- 使用"三张表"（即邻居表、路由表和拓扑表）记录相关数据。

光看上面这几点，OSPF 简直和前面介绍的 EIGRP 别无二致。甚至，OSPF 虽然可以实现快速收敛，但它的收敛速度其实比不上"风一样的"EIGRP。那么，除了两者所使用的算法不同之外，OSPF 和 EIGRP 有何区别？OSPF 又具有什么优势呢？

本节的标题叫作"OSPF 区域"，"区域"这个概念正是 OSPF 区别于此前各类协议的最大特征，也是这款协议相对于此前几种协议的一大特点。

欧洲经历过很长时间的封建制度的洗礼。"封建制度"这个词，如果按照德语或英语直译过来就是"领主制度"，也就是统治者将统治权分封给各个领主，分别对自己的辖区进行统治的一种制度。举例来说，法国国王会把领土分成很多部分，然后分封给勃艮第公爵这类的领主。

问题在于，这些统治者为什么要把大好江山拱手"封"人呢？在一定程度上，这是因为在当时的交通和通信条件下，当一个国家的疆域大到一定地步时，仅依靠一级政府直辖，根本管不过来。随着领土的扩大，统治者需要完成的任务会呈级数增加，信息的传递过程也会越来越漫长。为了不至于因为问题多到无法处理，消息的时效性低到毫无价值，最终导致国家瓦解，最好的办法就是把领土一级一级地托管给别人，再从这些领主那里汇集管理信息和各类资源。说得简单一点，分封的目的是对统治进行简化和汇总。总之，人类文明从部落文明发展出国家的概念之后，人类群居地的范围明显扩张，而对于所辖领土广袤的政府，为了方便管理，往往要划分出省、州的辖区分级管理，不能"眉毛胡子一把抓"。从古至今，莫不如此。

　　同样的道理，网络大了，信息的复杂程度也会显著递增。如果一种路由协议不支持在大范围网络中划分出另一级网络，这个路由协议所适用的网络环境就不会大到哪里去。

　　OSPF 正是一个可以划分区域的协议，因而比 RIP 和 EIGRP 等协议更适合大范围网络，并且它划分区域的目的也正是对网络中的信息进行汇总和简化。

　　图 11-2 所示的是 OSPF 区域的一个网络拓扑示意。在这个不大的网络拓扑中，管理员将网络分成了 3 个区域，即区域 0（Area 0）、区域 1（Area 1）和区域 2（Area 2）。区域 1 和区域 2 分别和区域 0"接壤"。也就是说，在这个网络中，有一台路由器既属于区域 1，又属于区域 0；也有一台路由器既属于区域 2，又属于区域 0。

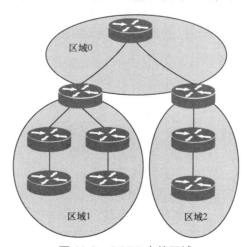

图 11-2　OSPF 中的区域

　　这里必须先引入一个未来会经常用到的术语。**在 OSPF 中，称这种并不是全部接口都位于同一个区域的 OSPF 路由设备为"区域边界路由器"（ABR）**，如图 11-3 所示。

　　区域边界路由器可以在边界对路由进行汇总，然后通告给另一个区域，因此它的存在可以减少各个区域中扩散的信息。同时，因为区域边界路由器发送的是经过汇总的信息，当某一个区域内部出现问题时，这个问题常常不至于波及其他区域，所以可以隔离故障。汇总的好处在第 8 章已经进行了详细的介绍，这里不再赘述。

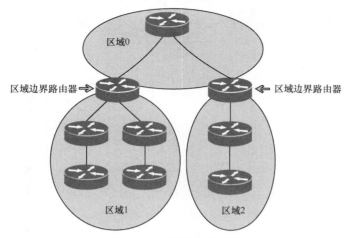

图 11-3 区域边界路由器

上文说到区域 1 和区域 2 分别与区域 0 相连，这种安排并不是我们的一种"选择"，而是 OSPF 的一种"要求"。**为了防止出现环路，OSPF 规定所有区域都必须与区域 0 相连，而区域 0 在 OSPF 中被称为"骨干区域"。**如果某个非 0 区域客观上并不与骨干区域相连，那么必须通过一种称为"虚链路"的方式与区域 0 连接起来，但这是 CCNP 阶段才会进行介绍的技术。

## 11.2.2 OSPF 的工作方式

区域的概念是 OSPF 与此前路由协议最直观的区别，这一区别可以直接体现在网络的拓扑中。那么，在介绍了区域之后，我们就可以进入 OSPF 工作流程的介绍环节了。

概括地说，OSPF 路由器获得路由条目的过程可以大致分为 4 个步骤。

步骤 1  路由器与它的邻居之间建立（双向）邻接关系。

步骤 2  路由器向存在邻接关系的路由器发送路由信息数据包。在链路状态路由协议中，这类数据包叫作链路状态数据包（LSP），而邻居在接收到数据包之后则会继续向自己的邻居转发这些 LSP。

步骤 3  接收到 LSP 的路由器会将其中包含的链路状态通告（LSA）保存进自己的数据库中。鉴于所有路由器在泛洪时都不会修改自己接收到的 LSP，因此同一个区域内所有路由器数据库中保存的 LSA 都是相同的。

步骤 4  路由器使用 Dijkstra 算法对拓扑数据库中的信息进行计算，得到自己去往各个网络的最短路径，再将结果录入路由表中。其中，步骤 2、步骤 3 和步骤 4 可以通过图 11-4 表示出来。

为了进一步说清楚这个过程，下面我们逐一介绍这 4 个步骤中涉及的核心概念。

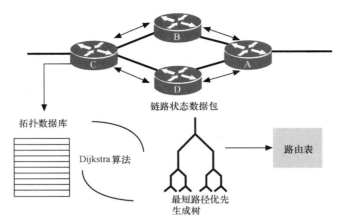

图 11-4 链路状态路由协议的工作流程

### 邻接关系与 Hello 数据包

发现邻居是 OSPF 路由器之间建立链路状态环境的最初步骤。当两台 OSPF 路由器之间相互发现（同时也意识到对方发现了自己），并因满足某些条件而相互建立邻接关系时，它们之间就建立了双向通信。接下来它们就会开始相互交换数据库信息，直到双方数据库信息相同为止。当然，天下大势分久必合合久必分，邻接关系肯定不是永恒的。因此除了建立关系，维系这种关系也是链路状态路由协议实现路由更新的一大重要步骤。

那么，链路状态路由协议是如何发现邻居，又是如何建立和维系邻接关系的呢？

答案是，通过 Hello 数据包。

从某种角度来看，Hello 数据包就像打电话的那一声"喂"。无论多么重要的电话，大多会以一个几乎没有任何信息量的"喂"开头，这一点是跨文化的，并不仅在华语区和英语区如此。此外，如果有一段时间没有听到对方的声音，一般还会再"喂"一声，看看对方是不是在用心听，抑或测试一下对方是否还能听见你说的话。学过英语的人都知道，这个"喂"在英语中就是"Hello"。

当然，说"喂"几乎没有信息量，也有点不太公平，因为这声"喂"常常能说明一些重要的信息。首先，有人"喂"可以说明线路上有对方这么一个人存在。其次，如果你对对方的声音比较熟悉，兴许通过这声"喂"就可以直接发现对方的身份，甚至觉察到对方来电时的心情。

前文提到，**链路状态路由协议中的 Hello 数据包可以起到发现邻居**（刚接通的"喂"），**并建立和维系**（测试对方是否在听的"喂"）**邻接关系的作用**。当一台路由器启用 OSPF 协议时，它就会向多播地址 **224.0.0.5** 发送 Hello 数据包，告诉其他 OSPF 路由器"我来了""我是谁"等。不用说，OSPF 路由器都会接收从这个多播地址发来的数据包。当一台路由器发送 Hello 数据包时，这种 **Hello** 数据包中会包含这台路由器**自己的路由器 ID**。说到这里，不得不提及路由器 ID 的概念。

显而易见，任何一台路由器总得以"某种形式的名称"出现在邻居的邻居列表中，但这个"名称"肯定不是管理员通过 **hostname** 给路由器起的那个名字，那个名字只有本地意义，而且完全有可能重复，因此也不符合标识一台设备所必需的唯一性原则。于是，**OSPF 需要通过路由器 ID（router ID）来标识路由器的身份**，"ID"本身就是身份的意思。路由器 ID 的表示形式是一个 IP 地址，因此路由器 ID 在一个网络中肯定符合唯一性原则。**在默认情况下，Cisco 路由器会将自己最大的环回接口地址设置为 OSPF 的路由器 ID；如果没有配置环回接口，则以最大的物理接口地址作为这台路由器的路由器 ID**。当然，管理员也可以通过命令手动配置路由器 ID，具体的命令我们会在后文进行统一介绍。

除了路由器 ID，Hello 数据包还会包含许多其他信息，其中有些信息必须与对端的参数匹配，两端才能建立邻接关系，否则设备就会丢弃 Hello 数据包。这些信息包括 Hello 间隔时间、认证信息、网络掩码等。

那么，只要 Hello 数据包中的这些参数相互匹配，两台 OSPF 路由器就一定能够建立邻接关系吗？非也！

说得学术一点，Hello 数据包的参数相匹配只是两台 OSPF 路由设备建立邻接关系的必要条件，但不是充分条件。那么，在什么条件下，Hello 数据包的参数相互匹配的两台路由器之间不会建立邻接关系呢？

在图 11-5 所示的网络中，5 台路由器通过同一个以太网连接在了一起（当然，作为 3 层拓扑，图中省略了用来连接这些路由器的 2 层交换机）。在这种情况下，如果使用 OSPF 协议，那么这些路由器就不会**两两之间**建立起 10 对邻接关系。

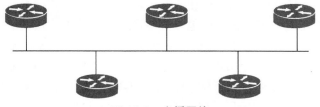

图 11-5 广播网络

为什么在这种网络中，启用了 OSPF 协议的路由器之间不会两两建立邻接关系呢？如果路由器之间不两两建立邻接关系，它们又是怎么同步数据的呢？

### 链路类型

显然，在有些网络环境中，Hello 数据包参数相互匹配的两台 OSPF 路由器会建立邻接关系。但在另一些网络中，这样的路由器未必会建立邻接关系，上面的以太网环境即为一例。因此，要想解释清楚上述问题，必须先解释 OSPF 协议将网络划分为了哪些类型。

### 点到点网络

如果一个网络（或者说链路）只有两端，每端只有一台路由器，就像小学自然课上用一根线拴住两个纸杯，测试声音通过振动传递的那个道具系统一样。那么毫无疑问，这种网络两端所连接的 OSPF 路由器之间，如果 Hello 数据包参数相匹配，就能够建立起邻接关系，因为在这种网络（如串行 WAN）中，如果这两台路由器之间建立不起来邻接关系，OSPF 网络也就形同分裂了。

### 广播网络

喜欢地中海文明的人一定看过不少歌剧院古迹。在古代，这种建筑除了举行各类文娱活动，另外一大用途就是举办政治活动。在那个时代，大量政治决策常常是靠支持哪种倾向的公民们嗓门儿更大来表决的。这种政治决策的形式具有明显缺陷：无论歌剧院多大，终究也就能装几万人，而且就算装得下几万人，大家一起喊起来，站在中间的人也无法判断支持哪种倾向的声音更大。各种各样相同和不同的声音太过嘈杂，这些声音重复太多，重点太少，相互关系太复杂。当人更多时，产生的效果简直无法想象。因此，这种制度完全无法在当今人口数量动辄成百上千万的国家中推广。于是我们看到，当代几乎没有哪个国家还在沿用直接民主这种很原始的体制，而都改为了各式各样的代议制民主，也就是从公民中选举一个政治代言人，由他们汇集民意并在适当场合进行表达。

人一多，代议制民主的优势就可以淋漓尽致地体现出来。通过这种方式可以汇总相同的政治倾向，可以简化表达政治思想的渠道。因此，在那些可以连接大量 OSPF 路由器的网络中，路由器之间的邻接关系也应该采取某种"代议制"的形式来建立，以便简化重复的链路状态数据包和邻接关系。于是，在广播网络（如以太网）中，纵使所有路由器发送的 Hello 数据包参数均可以相互匹配，这些路由器之间也不会两两建立邻接关系，它们会通过 Hello 数据包选举出一台指定路由器（简称为 DR）和一台备份指定路由器（简称为 BDR）。其中，BDR 是 DR 的备份设备，它会监控 DR 是否出现了问题，并随时准备接管 DR 的工作。DR 和 BDR 会与其他路由器两两建立邻接关系，而既非 DR 亦非 BDR 的路由器（简称为 DROTHER）之间则不会相互建立邻接关系。因此，在图 11-5 所示的网络中，路由器之间的邻接关系就会如图 11-6 所示那样进行建立。

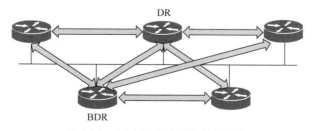

图 11-6　以太网中的邻接关系示意

前文说过，所有启用了 OSPF 协议的路由设备都会向多播地址 224.0.0.5 发送 Hello 数据包。而当 **DROTHER** 路由器需要向 **DR**、**BDR** 路由器发送链路状态更新信息时，使用的地址则是 **224.0.0.6**，这是一个只有 **DR**、**BDR** 才会去监听的地址。当 DR、BDR 再向所有 OSPF 路由器转发自己接收到的更新信息时，则会再次使用所有 OSPF 路由器都会监听的多播地址 224.0.0.5。这就是存在 DR、BDR 的网络中，OSPF 路由器之间通过"代议制"方式更新链路状态信息的方式。

当然，点到点网络和广播网络是链路类型的两个极端，另有一些链路类型介于两者之间。

### 点到多点网络

**点到多点网络**可以视为一种特殊的点到点网络，也可以视为多个点到点网络的集合（有些读物称之为"一束点到点网络"），因此这种类型的网络**也不需要选举 DR 和 BDR**。

### 非广播多路访问网络

除了广播网络，还有另一类网络可以实现多路访问，但不支持广播和多播。这类网络包括帧中继、X.25、ATM 等。在这类非广播多路访问网络中，**需要选举 DR 和 BDR**。当然，由于这类网络不支持多播，因此路由设备必须通过单播的形式向其他 OSPF 设备发送 Hello 数据包，这样一来，设备对端的地址必须由管理员来指明，所以也就需要管理员手动进行一些额外的配置。

### *DR 与 BDR 的选举*

既然提到了 DR 和 BDR，就必须说明一下什么样的路由器可以在 DR 和 BDR 的选举中"胜选"。

**首先，OSPF 优先级最高的路由器会赢得选举**。这个优先级是可以修改的，而且其默认值为 1。如果将这个值修改为 **0**，代表这台路由器不会"参选"。如何修改优先级参数，留待 OSPF 配置环节再进行介绍。

**其次，如果多台路由器的优先级相同**（常常是都保持了默认的优先级），那么**路由器 ID 最大的路由器会赢得选举**（路由器 ID 已经在 Hello 数据包部分中进行了介绍）。

当网络中的 OSPF 设备之间根据链路类型相互建立了邻接关系，并转发了链路状态数据包之后，下一个步骤就是各个路由器根据自己获得的信息，独立计算出去往各个目的地的最短路径，并放入路由表中。

### *最短路径优先（SPF）算法*

距离矢量路由协议就像一个身处巴黎的游客，自己拿着欧铁时刻表计算从巴黎去往各个城市的最短路程。推想一下就知道，从巴黎这种枢纽城市坐欧铁去往欧洲其他城市，渠道肯定不是单一的。一番计算下来，游客总会找到去往某个城市的一条最短路径。于是这个人仅把最短的这条路径记录下来，然后继续计算从巴黎去往其他城市的路径。这样搞下来，最后得到的结果当然是一个树状图，树根在巴黎，树权延伸到欧铁可以到达的其他各个城市。而这个树状图肯定和身处柏林的游客根据相同信息按照相同逻辑画出来的树状图有天壤之别。

当然，如果一个 OSPF 网络中存在不止一个区域，那么这个网络中总有一些路由器会同时"身处"多个区域。前文介绍过，这类路由器称为区域边界路由器（ABR）。ABR 会为每个区域构建一张单独的树状图，分别标明这台路由器到达这两个不同区域中各个目的地址的最短路径。

前面我们反复说过，对于什么叫"短"，并没有统一的标准。从昆明坐火车到北京，最快的卧铺车是 Z54 次列车，耗时 34 小时 17 分钟。可是如果先从昆明坐 G410 次高铁到桂林，再从桂林坐 G94 次高铁到北京，算上换乘的时间也只需要 13 小时 24 分钟，但价格不止翻倍。两条路，一条无须换乘，一路躺过去，价格便宜，但多花 10 个多小时；另一条不仅需要换乘，无法"躺平"，还要多花钱，但可以节省 10 个多小时。哪条路短？见仁见智。

OSPF 也没有定义最短路径的"短"是以什么参数作为标准的，但 Cisco 设备均以"带宽"作为路径长短的衡量尺度。具体而言，**Cisco 使用 $10^8$ 除以带宽所得的数值，作为路径的 OSPF"开销值"**。比如，一条带宽为 10Mbit/s 的链路，其开销值为 10；一条带宽为 100Mbit/s 的链路，其开销值则为 1。显然，对于启用 OSPF 协议的 Cisco 设备而言，带宽越高的链路，其开销值越低。一番计算下来，从 A 点到 B 点之间，开销值最低的路径会被路由器存放进自己的路由表中。当设备根据自己的信息，计算出从 A 点到各网络的最短路径之后，就会形成一张从 A 点去往各个网络的树状图，就像身处巴黎的游客通过欧铁时刻表计算从巴黎去往不同的欧洲城市之后得到的树状图一样。

上面的内容可以视为 OSPF 工作原理的概述，既不深入也不全面。当然，读者进入 CCNP 的学习环节之后，将会更加具体和全方位地了解 OSPF 这款路由协议的相关知识，比如 LSA 的类型、OSPF 邻居状态机等。

下面我们来看看如何对 OSPF 进行配置。

## 11.2.3  OSPF 的配置

由于涉及"区域"的概念，因此 OSPF 的配置比 EIGRP 略显复杂，但配置逻辑并没有什么根本性的变化。

首先，管理员需要在路由设备上启用 OSPF 协议并进入 OSPF 协议配置模式，这里需要使用的命令是"**router ospf** *进程 ID*"。在这条命令中，唯有进程 ID 是个新面孔。顾名思义，这个参数是指 OSPF 的进程 ID。进程 ID 这个参数只具有本地意义，就和我们通过命令 **hostname** 赋予路由器的那个名称一样，是不参与信息交换的参数。

换言之，无论路由器的进程 ID 是否匹配，都不影响邻接关系的建立。这个值的取值范围为 1~65535 的整数，具体取什么值没什么特别的讲究。

在 OSPF 协议中通告网络时，除了需要使用反掩码，我们还得声明这个网络位于哪个区域当中——使用如 **network 10.0.0.0 0.255.255.255 area 0** 这样的命令。具体来说，前面这条命令表示路由器在区域 0 之中通告了 10.0.0.0/24 这个网络。

这里必须说明一点，OSPF 的区域本来也是通过点分十进制进行表示的，不过在 Cisco 路由器上，可以直接表示为一个十进制数字。

此外，在 OSPF 配置模式下，管理员可以通过关键字 **router-id** 来手动定义和修改这台路由器的路由器 ID。比如，若在 OSPF 进程下输入命令 **router-id 1.1.1.1**，其效果为将这台路由器的路由器 ID 设置为 1.1.1.1。

关于开销值，管理员也可以手动进行修改，修改的命令为"**ip ospf cost** *开销值*"。不过，前文中说过，OSPF 的开销是以链路为载体的，因此这条命令需要在接口配置模式下，而不是 OSPF 路由协议配置模式下使用。开销值的取值范围也是 1~65535。

在接口配置模式下，另一个与 OSPF 有关的配置是用来选举 DR 和 BDR 的那个 OSPF 优先级，调整优先级的命令为"**ip ospf priority** *优先级值*"。前文介绍过，接口的优先级默认为 1，如果将这个接口的优先级调整为 0，则代表该接口不参与 DR 和 BDR 的选举。优先级的最大值为 255，值越大表示优先级越高。

在此前的讲述中，我们一直将 DR、BDR 和 DROTHER 作为"路由器"进行介绍。但读到这里，读者也许可以觉察到一点：**DR、BDR 这些概念实际上指的是路由器的接口，而不是路由器本身**。这个问题其实很容易理解：OSPF 协议将网络分为了不同的类型，不同类型的网络中有的需要选举 DR 和 BDR，有的则根本不需要选举 DR 和 BDR。由于一台路由器经常需要连接多个不同类型的网络，因此 DR 和 BDR 也就只能是接口的概念，而不是整个路由器的概念了。

上面我们介绍了配置 OSPF 时的一些重要命令，其他关于 OSPF 的配置、验证等信息，留待实验环节进行介绍。

## 11.2.4 OSPF 配置实例

### OSPF 的常规配置

OSPF 部分的实验拓扑如图 11-7 所示。

如果你在看到了图 11-7 之后，不觉得我是在骗稿费，你的学习态度就很值得反省了。没错，这张图和图 10-4 一模一样。当然，为了声誉着想，我在这里声明一点，我们的稿费和这本书由多少页组成没有任何直接关系。之所以再次用到这张图，只是为了方便大家参考学习。至于稿费的具体计算方式，由于 CCNA 考试中不会涉及，因此本书中不作介绍，感兴趣的读者请垂询人民邮电出版社，谢谢。

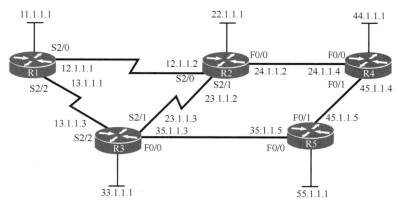

图 11-7　OSPF 实验拓扑

图 11-7 的编址方式已经在引入图 10-4 时就进行了介绍，原封不动地复制毫无营养，这里不再赘述。唯一需要说明的是，在这个拓扑中，我们暂定**所有网络都位于区域 0 中**，且需要**将路由器 R1、R2、R3、R4 和 R5 的 OSPF 路由器 ID 分别设置为 1.1.1.1、2.2.2.2、3.3.3.3、4.4.4.4 和 5.5.5.5**。

在接口 IP 地址、环回接口地址等基本的网络配置已经实现的情况下，完成上述拓扑配置的方法如例 11-1 所示。

*例 11-1　配置 OSPF 协议*

```
R1(config)#router ospf 1
R1(config-router)#router-id 1.1.1.1
R1(config-router)#network 12.1.1.1 0.0.0.0 area 0
R1(config-router)#network 13.1.1.3 0.0.0.0 area 0
R1(config-router)#network 11.1.1.1 0.0.0.0 area 0

R2(config)#router ospf 1
R2(config-router)#router-id 2.2.2.2
R2(config-router)#network 12.1.1.2 0.0.0.0 area 0
R2(config-router)#network 24.1.1.2 0.0.0.0 area 0
R2(config-router)#network 23.1.1.2 0.0.0.0 area 0
R2(config-router)#network 22.1.1.1 0.0.0.0 area 0

R3(config)#router ospf 1
R3(config-router)#router-id 3.3.3.3
R3(config-router)#network 13.1.1.3 0.0.0.0 area 0
R3(config-router)#network 23.1.1.3 0.0.0.0 area 0
R3(config-router)#network 35.1.1.3 0.0.0.0 area 0
R3(config-router)#network 33.1.1.1 0.0.0.0 area 0


R4(config)#router ospf 1
```

```
R4(config-router)#router-id 4.4.4.4
R4(config-router)#network 24.1.1.4 0.0.0.0 area 0
R4(config-router)#network 45.1.1.4 0.0.0.0 area 0
R4(config-router)#network 44.1.1.1 0.0.0.0 area 0

R5(config)#router ospf 1
R5(config-router)#router-id 5.5.5.5
R5(config-router)#network 35.1.1.5 0.0.0.0 area 0
R5(config-router)#network 45.1.1.5 0.0.0.0 area 0
R5(config-router)#network 55.1.1.1 0.0.0.0 area 0
```

### OSPF 的验证

如例 11-2 所示，在完成了配置之后，如果使用命令 **show ip ospf neighbor** 来查看 R2 的邻接关系，会发现 R2 与路由器 R1（Neighbor ID 为 1.1.1.1）、R3（Neighbor ID 为 3.3.3.3）和 R4（Neighbor ID 为 4.4.4.4）之间都建立了邻接关系。不同之处在于，它与 R1 和 R3 之间的邻接关系状态（State）均为"FULL/ - "，但与 R4 之间的邻接关系则为"FULL/BDR"。

例 11-2　show ip ospf neighbor 的输出信息

```
R2#show ip ospf neighbor

Neighbor ID    Pri   State         Dead Time   Address    Interface
3.3.3.3        0     FULL/ -       00:00:36 23.1.1.3 Serial2/1
4.4.4.4        1     FULL/BDR      00:00:34 24.1.1.4 FastEthernet0/0
1.1.1.1        0     FULL/ -       00:00:33 12.1.1.1 Serial2/0
```

这一点验证了前文中介绍的 OSPF 链路类型划分方式，由于 R2 与 R1 和 R3 都是通过点到点网络进行连接，因此 R2 与 R1 和 R3 的网络都不会涉及 DR 与 BDR 的选举，只要 Hello 数据包的相关参数能够匹配，邻接关系就可以建立起来。但 R2 与 R4 是通过以太网进行连接的，而这种网络需要涉及 DR 和 BDR 的选举。当然，在 R2 和 R4 之间的以太网中只有这两台路由器，因此它们之间是一定会建立邻接关系的。所有 State 栏显示的"FULL"均表示两台设备之间建立了完全邻接关系，可以开始交换链路状态数据包。如果路由器之间的邻接关系状态处于"FULL"之外的其他状态，则它们之间不会交换链路状态信息。鉴于深入介绍这些状态必须从 OSPF 邻居状态机入手，深入不难，浅出不易，因此这里不进行进一步解读。

读者需要掌握的是，**show ip ospf neighbor** 这条命令在对 OSPF 协议进行排错的过程中极为常用，是一条至关重要的 OSPF 验证命令，不可等闲视之。

此外，既然 OSPF 也维护了"三张表"（见 11.2.1 节），那么管理员当然可以查看另外两张表。其中，命令 **show ip ospf database** 可以查看 OSPF 的拓扑表，显示 OSPF 链路状态的汇总信息，如例 11-3 所示。

例 11-3 *show ip ospf database 的输出信息*

```
R1#show ip ospf database

        OSPF Router with ID (1.1.1.1) (Process ID 1)

            Router Link States (Area 0)

Link ID         ADV Router      Age         Seq#        Checksum Link count
1.1.1.1         1.1.1.1         314         0x80000003 0x00ADA8 3
2.2.2.2         2.2.2.2         214         0x80000006 0x00E932 6
3.3.3.3         3.3.3.3         189         0x80000005 0x001640 5
4.4.4.4         4.4.4.4         145         0x80000004 0x0055C8 3
5.5.5.5         5.5.5.5         146         0x80000004 0x009160 3


            Net Link States (Area 0)

Link ID         ADV Router      Age         Seq#        Checksum
24.1.1.2        2.2.2.2         214         0x80000001 0x000CF1
35.1.1.3        3.3.3.3         189         0x80000001 0x00A83D
45.1.1.5        5.5.5.5         146         0x80000001 0x00E7E5
R1#
```

查看 OSPF 路由表的命令是 **show ip route ospf**。这条命令想必大家都了解了，输出结果也是每一位读者都已经无比熟稔的，如例 11-4 所示。

例 11-4 *show ip route ospf 的输出信息*

```
R1#show ip route ospf
Codes: L - local, C - connected, S - static, R - RIP, M - mobile, B - BGP
       D - EIGRP, EX - EIGRP external, O - OSPF, IA - OSPF inter area
       N1 - OSPF NSSA external type 1, N2 - OSPF NSSA external type 2
       E1 - OSPF external type 1, E2 - OSPF external type 2
       i - IS-IS, su - IS-IS summary, L1 - IS-IS level-1, L2 - IS-IS level-2
       ia - IS-IS inter area, * - candidate default, U - per-user static route
       o - ODR, P - periodic downloaded static route, H - NHRP, l - LISP
       + - replicated route, % - next hop override


Gateway of last resort is not set

     22.0.0.0/32 is subnetted, 1 subnets
O       22.1.1.1 [110/65] via 12.1.1.2, 00:05:05, Serial2/0
     23.0.0.0/24 is subnetted, 1 subnets
O       23.1.1.0 [110/128] via 12.1.1.2, 00:05:15, Serial2/0
     24.0.0.0/24 is subnetted, 1 subnets
O       24.1.1.0 [110/65] via 12.1.1.2, 00:05:15, Serial2/0
     33.0.0.0/32 is subnetted, 1 subnets
```

```
O          33.1.1.1 [110/68] via 12.1.1.2, 00:02:34, Serial2/0
        35.0.0.0/24 is subnetted, 1 subnets
O          35.1.1.0 [110/67] via 12.1.1.2, 00:02:34, Serial2/0
        44.0.0.0/32 is subnetted, 1 subnets
O          44.1.1.1 [110/66] via 12.1.1.2, 00:03:33, Serial2/0
        45.0.0.0/24 is subnetted, 1 subnets
O          45.1.1.0 [110/66] via 12.1.1.2, 00:02:34, Serial2/0
        55.0.0.0/32 is subnetted, 1 subnets
O          55.1.1.1 [110/67] via 12.1.1.2, 00:02:34, Serial2/0
```

此外，可以通过命令 **show ip ospf interface** 来查看参与 OSPF 协议的接口信息。这条命令的输出信息很多，其中包括了各个接口的地址、OSPF 区域、OSPF 进程号、路由器 ID、接口链路类型、开销值等。具体输出信息如例 11-5 所示。

例 11-5 *show ip ospf interface 的输出信息*

```
R1#show ip ospf interface
Loopback0 is up, line protocol is up
  Internet Address 11.1.1.1/24, Area 0, Attached via Network Statement
  Process ID 1, Router ID 1.1.1.1, Network Type LOOPBACK, Cost: 1
  Topology-MTID    Cost    Disabled    Shutdown    Topology Name
      0             1        no          no          Base
  Loopback interface is treated as a stub Host
Serial2/0 is up, line protocol is up
  Internet Address 12.1.1.1/24, Area 0, Attached via Network Statement
  Process ID 1, Router ID 1.1.1.1, Network Type POINT_TO_POINT, Cost: 64
  Topology-MTID    Cost    Disabled    Shutdown    Topology Name
      0             64       no          no          Base
  Transmit Delay is 1 sec, State POINT_TO_POINT
  Timer intervals configured, Hello 10, Dead 40, Wait 40, Retransmit 5
    oob-resync timeout 40
    Hello due in 00:00:06
  Supports Link-local Signaling (LLS)
  Cisco NSF helper support enabled
  IETF NSF helper support enabled
  Index 1/1, flood queue length 0
  Next 0x0(0)/0x0(0)
  Last flood scan length is 1, maximum is 1
  Last flood scan time is 0 msec, maximum is 0 msec
  Neighbor Count is 1, Adjacent neighbor count is 1
    Adjacent with neighbor 2.2.2.2
  Suppress hello for 0 neighbor(s)
```

当然，通过命令 **show ip protocols** 也可以查看与 OSPF 相关的信息，如例 11-6 所示。

*例 11-6　show ip protocols 的输出信息*

```
R1#show ip protocols
*** IP Routing is NSF aware ***

Routing Protocol is "ospf 1"
  Outgoing update filter list for all interfaces is not set
  Incoming update filter list for all interfaces is not set
  Router ID 1.1.1.1
  Number of areas in this router is 1. 1 normal 0 stub 0 nssa
  Maximum path: 4
  Routing for Networks:
    11.1.1.1 0.0.0.0 area 0
    12.1.1.1 0.0.0.0 area 0
    13.1.1.3 0.0.0.0 area 0
  Routing Information Sources:
    Gateway          Distance      Last Update
    5.5.5.5             110        00:02:54
    4.4.4.4             110        00:03:53
    3.3.3.3             110        00:02:54
    2.2.2.2             110        00:05:25
  Distance: (default is 110)
```

　　这条命令已经出现过多次了，相信读者已经能理解该命令的输出信息所提供的内容。

## 11.3　开销与管理距离

　　麻烦大家把书翻回图 8-1，再来回顾一下我们最早认识的路由表，并请把目光锁定在某个路由条目中的方括号上 3～5 秒。这里面的内容我每次都欲说还休，这次终于要补充完整了。

　　在图 8-1 下面的描述信息中，我把这个方括号中的内容解释为"这条路径有多靠谱；沿着这条路径，到那里还有多远"。这个比喻，我认为是基本恰当的。

　　比如你要从北京去山西大同，具体怎么去，心里没底。现在，摆在你面前的选择是：找门口书报亭的大爷问路；跟着感觉走；上网搜索。

　　我估计连一秒都用不到你就可以在上面三者中作出选择：上网搜索。因为把书报亭的大爷和你的感觉作为路径信息的来源，很有可能是不靠谱的。于是，你上网一查，发现去大同可以自驾，可以坐大巴，也可以坐火车；网站告诉你，根据时间判断，自驾最快，于是你选择了自驾。逻辑就是这么简单。

　　对于路由器来说，它在判断"这条路径有多靠谱"时，根据的参数是我们在前文中反复介绍过的管理距离。不同的路由信息获取方式被路由器赋予了不同的默认管理距离值，管理距离值越小的信息渠道，路由器就认为越合理。下面我们通过表 11-1 来罗列之前介绍过的所有路由信息渠道的默认管理距离。

表 11-1        Cisco 为一些路由信息渠道定义的默认管理距离值

| 信息渠道 | 管理距离值 | 解 释 |
|---|---|---|
| 直连路由 | 0 | 这是路由器天生就知道的路由，信息源是路由自己的接口，所以超级无敌靠谱 |
| 静态路由 | 1 | 这是你自个儿用一阳指左一下右一下戳给路由器的路由，所以信息源是你的手指头；除了它自己的接口，它最信任的就是你的手指头了 |
| EIGRP | 90 | 这是路由器通过它的 EIGRP 邻居学来的路由，信息源是其他 EIGRP 路由器，所以路由器远不会像信任它自己和你一样那么信任这个信息渠道。不过 EIGRP 的速度真的很快，所以在只有其他路由器可以信任的时候，它更愿意信任 EIGRP 路由器告诉它的路由 |
| IGRP | 100 | IGRP 过时了。当然，不说你也知道，这种路由条目的信息源也是其他路由器，只不过是 IGRP 路由器 |
| OSPF | 110 | 信息源是其他 OSPF 邻居 |
| RIP | 120 | 信息源是其他 RIP 路由器。注意，无论通过 RIPv1 还是 RIPv2 学来的路由，管理距离值都是 120 |

注释：表 11-1 很不完整，就连 EIGRP 这款协议的管理距离值都没有说全。完整的 Cisco 管理距离表，网上俯拾即是，这个表只提供了本书此前涉及的相关管理距离值。

    在路由器通过比较确认了最靠谱的信息源之后，如果它发现同一种信息渠道也提供了去往某个目的地的多种路径，它会选择这个信息渠道认为"最近"的那条路径。而相同的信息渠道必然按照相同的标准定义了远和近的概念，这个标准就是我们在介绍各个路由协议时提到的"开销值"。之前我们在介绍 RIP、EIGRP、OSPF 协议时，都分别介绍了它们是如何计算开销值的。在路由器看来，开销值越小的路径就越短，越经济，越舒适。

    强调一下，不同的信息渠道之间要通过管理距离值比较优劣，不能直接对比开销值。这个道理太好理解了，EIGRP 的开销值动辄数百万，而 RIP 的开销值由跳数决定，最多也就十几，它们参考的标准不同，根本不存在可比性。

## 11.4   总结

    本章对应的 CCNA 考点：

    3.4   Configure and verify single area OSPFv2。

    OSPF 引入了"区域"的概念，因此支持更大规模的网络。OSPF 是一款链路状态路由协议，启用这种协议的设备之间不会相互交换"主观看法"，只会相互交换"客观事实"，然后各个路由器通过自己掌握的客观信息独立计算出去往各个目的地的最短距离。

OSPF 协议是 CCNA 认证需要考生掌握的最后一款路由协议，因此 CCNA 阶段关于路由协议的介绍就此告一段落。从第 12 章开始，我们将进入一个全新的领域，这个领域的知识与技能占据了 CCIE EI 考试的另外半壁江山，同时这些知识与技能也是从事任何网络技术工作都无法规避的。

## 本章习题

1. 下列关于 OSPF 动态路由协议的描述，哪一项是错误的？
   a. 它可以将网络问题限制在一个区域内，减少对其他区域造成的影响
   b. 它支持可变长子网掩码（VLSM）
   c. 它增加了网络的开销
   d. 它是一款链路状态路由协议

2. 下列关于 OSPF 进程号的描述，哪一项是正确的？
   a. 一台路由器上只能有一个进程 ID
   b. 进程 ID 的取值范围是从 1～65535 的整数
   c. 同一个区域内的所有 OSPF 路由器都必须使用相同的进程 ID
   d. 发送给邻居设备的 Hello 数据包决定了进程 ID 的取值

3. 要想让一台路由器运行 OSPF，并且在 OSPF 区域 0 中添加网络 192.168.16.0/24，应该使用下面哪两条命令？
   a. **Router(config-router)#network 192.168.16.0 0.0.0.255 area 0**
   b. **Router(config)#router ospf 0**
   c. **Router(config)#router ospf 1**
   d. **Router(config-router)#network 192.168.16.0 255.255.255.0 area 0**

4. 请指出下列配置的错误。

```
Router(config)#router ospf 1
Router(config-router)#network 10.0.0.0 255.0.0.0 area 0
```

   a. 进程号配置有误
   b. 区域号配置有误
   c. IP 地址配置有误
   d. 掩码配置有误

5. 在 Cisco 路由器上，计算 OSPF 开销值的参数是什么？
   a. 带宽、MTU、可靠性、延迟与负载
   b. 带宽、延迟和 MTU
   c. 带宽和 MTU

d. 带宽

6. 下列哪一项不属于大型 OSPF 网络需要采用分区域设计方案的原因？
    a. 可以提高收敛速度
    b. 简化路由器的配置
    c. 减小路由负载
    d. 将网络故障限制在一个更小的区域内

7. 要想将所有接口通告进区域 0，应该使用下列哪条命令？
    a. **network 0.0.0.0 255.255.255.255 area 0**
    b. **network all-interfaces area 0**
    c. **network 0.0.0.0 0.0.0.0 area 0**
    d. **network 255.255.255.255 0.0.0.0 area 0**

8. 下列哪条命令可以显示出 OSPF 链路状态的汇总信息？
    a. **show ip ospf lsa database**
    b. **show ip ospf link-state**
    c. **show ip ospf database**
    d. **show ip ospf neighbors**

9. OSPF 的默认管理距离是多少？
    a. 90
    b. 100
    c. 110
    d. 120

10. 一台路由器学习到了 3 条去往某个目的网络的路由，其中一条是通过 EIGRP 学来的路由，度量值为 2300416；一条是通过 OSPF 学来的路由，度量值为 67；还有一条是通过 RIPv2 学来的路由，度量值为 4。请问路由器会将哪条路由放进自己的路由表中？
    a. EIGRP 路由
    b. OSPF 路由
    c. RIPv2 路由
    d. 3 条路由都会放入路由表中

# 第12章

# 网络地址转换

    IPv4 网络地址就和饮用水、石油这种资源一样，不是打一开始就存在耗竭危机的。但是，当越来越多的人意识到，这点儿地址空间早晚会耗得一干二净的时候，就会渐渐出现一些"开源节流型"的技术。

    "开源"指的是扩大地址空间，能做到这一点的当然只有 IPv6，它同时也是唯一能够从根本上化解 IPv4 地址危机的方法。关于 IPv6 技术，本书将在第 15 章用一章的内容进行介绍，这里暂且略过不提。

    说到"节流"，指的是尽可能少占用尚未使用的 IPv4 地址，换句话说就是降低 IPv4 地址的消耗速率，提高它的利用效率。显然，为了提高 IPv4 地址的利用效率，必须打破地址分类的界限。于是，VLSM 应运而生。

    此外，要提高 IP 地址的利用效率还有一种思路，那就是重复利用已使用的资源。不过，IP 地址既然作为设备的标识符，它的唯一性就必须有所保障。那么，我们又该如何重复利用必须确保唯一的 IPv4 地址呢？

    RFC 1918 定义了可供在局域网中重复使用的那 3 个著名的 IP 地址段（这一点不再赘述），既然那 3 个地址段中的地址可以在不同的局域网中重复使用，那么这些地址就必然是公网不可路由的地址。因此，使用这些地址的局域网设备在与公网设备进行通信时，就必须设法将它们转换为公网可路由地址，"网络地址转换"（NAT）的作用正是实现公有地址与私有地址之间的转换，如图 12-1 所示。

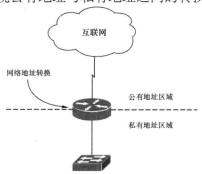

图 12-1　网络地址转换示意

## 12.1 NAT 的基本概念

NAT 技术的作用是在设备转发数据包时，执行私有地址和公有地址之间的转换，以便让万千局域网都能够使用相同的 IPv4 地址区间（RFC 1918 地址），减少 IPv4 地址的消耗。这个过程听上去简单，但要想落实，至少要解答好以下两个问题。

- 要转换什么地址？
- 转换成什么地址？

### 12.1.1 单向 NAT

在经典的 NAT 环境中，情形是这样的。

如果管理员在局域网的计算机上统统分配了 RFC 1918 地址，同时在连接外部网络的网关设备上设置了 NAT 技术，那么，当使用 RFC 1918 地址的主机 A 希望和使用公网可路由地址的公网主机 B 通信时，它会直接用自己那个可怜的局域网地址作为源地址，以主机 B 的地址作为目的地址封装一个数据包发送出去（步骤 1）。然后，局域网的网关就会收到这个数据包，于是它根据管理员部署的 NAT 规则，用一个公网可路由的地址替换掉了主机 A 的 RFC 1918 地址（步骤 2），作为这个数据包的新源地址，再将数据包发送出去（步骤 3）。

外部主机 B 接收到了内部主机 A 经过转换发送过来的数据包之后，认为自己很有必要给主机 A 回复一个数据包，于是它使用主机 A 转换后的地址作为数据包的目的地址、自己的地址作为数据包的源地址封装了数据包，并把数据包发送了出去（步骤 4）。接下来，网关会接收到这个数据包，它根据 NAT 规则将数据包的目的地址转换为了主机 A 的 RFC 1918 地址，源地址保留不变（步骤 5），通过局域网接口将这个数据包转发给了内部主机 A（步骤 6）。这就是一次典型的 NAT 通信过程，如图 12-2 所示。

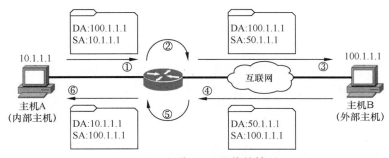

图 12-2　经典 NAT 通信的情形

上面这个过程很容易理解。归纳起来就是主机 A 向外网发送数据之后，网关将数据包的源地址由主机 A 的真实地址（RFC 1918 地址）转换为一个公网可路由地址；而主机 A 接收到外网发来的数据之前，网关会先将数据包的目的地址由主机 A 的转换后地址转换为主机 A 的真实地址。

只要一归纳，就不难发现，上面的情形转换来转换去，转换的都是主机 A 的地址。那么，如果主机 B 的地址也需要转换呢？

### 12.1.2 双向 NAT

请看图 12-3 所示的双向 NAT 的情形。

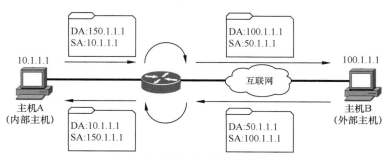

图 12-3 双向 NAT 通信的情形

图 12-3 与图 12-2 相比，最明显的区别在于水平方向上的变化：网关执行转换前后，无论源 IP 地址还是目的 IP 地址，统统都发生了变化。换句话说，在这种情形下，主机 B 在局域网内的地址也不再是主机 B 的真实地址了。由于具体的转换过程与单向 NAT 极为类似，因此不再赘述。

### 12.1.3 NAT 术语小结

两台主机通信，就涉及了 4 个 IP 地址。如果局域网内外主机数量多起来，复杂程度不堪设想。为了在后面的学习过程中不产生混淆，必须分别对这些地址的命名方式进行定义。

在 NAT 的术语中，地址一般可以分为内部本地地址、内部全局地址、外部本地地址和外部全局地址。那么，这 4 个 IP 地址又分别是如何定义的呢？

- 内部（**Inside**）：所谓"内部"，是指局域网中的设备。修饰成分中有"内部"这个定语的地址，一定是局域网中的主机所使用的 IP 地址。具体到图 12-2 和图 12-3 中，包含"内部"这个定语的地址，一定对应的是主机 A（主机 A 也就是"内部"主机）。
- 外部（**Outside**）：所谓"外部"，是指公网中的设备。所以，修饰成分中包含"外部"这个定语的地址，一定是公网中的主机所使用的 IP 地址。具体到图 12-2 和图 12-3 中，包含"外部"这个定语的地址，一定对应的是主机 B（主机 B 也就是"外部"主机）。
- 本地（**Local**）：所谓"本地"，是指这个 IP 地址的使用场合仅限于局部范围内。由于那些在局域网中使用的地址会在那个局域网本地中有效，因此这些地址就被称为"本地"地址。

■ **全局（Global）**：所谓"全局"，是指这个 IP 地址的使用场合可以出现在公网中。由于那些在公网中使用的地址会在整个互联网中有效，因此这些地址就被称为"全局"地址。

当然，如果管理员部署的 NAT 策略是单向的（也就是只转换局域网主机的地址，而不转换公网主机的地址，见图 12-2），那么公网中的主机就只会拥有一个地址。于是，它的这个地址就必然既在公网中有效，也在局域网内部有效。因此，在只对局域网主机的 RFC 1918 地址进行单向转换的环境中，公网主机的地址既是本地地址，也是全局地址。

光说不练假把式，下面我们来对号入座。

图 12-4 对应的是前面的图 12-2。首先，10.1.1.1 和 50.1.1.1 对应的都是主机 A，因此都是"内部"地址，我们用浅色字体来标识。而 100.1.1.1 对应的是主机 B，因此是"外部"地址，我们用深色字体来标识。

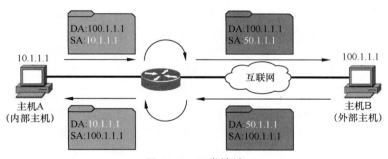

图 12-4 四类地址

其次，图中出现在路由器左边的地址，都是用于局域网本地的地址，因此都是"本地"地址。而图中出现在路由器右边的地址，则是用于互联网的地址，因此是"全局"地址。

综上所述，路由器左边中的浅色地址为"内部本地地址"，深色地址为"外部本地地址"；右边路由器中的浅色地址为"内部全局地址"，深色地址为"外部全局地址"。

同样的方式可以轻松套用图 12-3 中的模型。

显然，复用地址的最终目的是缓解 IPv4 地址紧缺的局面。但是，如果某家机构的公网可路由 IPv4 地址真的非常少，比如只有 1 个，那么这家机构如何才能让大量内部主机都共享这 1 个地址来访问公网呢？

## 12.1.4 静态 NAT、动态 NAT 与 PAT

有的时候，我也喜欢尝一尝中餐之外的其他各国风味儿，中亚烧烤的豪迈、怀石料理的精致、美式快餐的便捷都给我留下了相当深刻的印象。

各大餐饮体系中，除了中餐，我也钟爱欧式风味，极个别的时候甚至会直接跑去欧洲大快朵颐。但作为一个土生土长的中国人，我至今都很难适应欧式进餐模式：每人一份沙拉、一份汤、一份头盘（有时没有）、一份主菜，有时还有一份甜点。菜端上来的次序固定，每人责任明晰。如果之前没有吃过也不用担心，反正你只要接二连三干掉出现在你面前的食物就对了。至于你对面那位，他/她盘子里盛的东西和你基本没有关系。如果你把餐具伸到对面去叉了一块你朋友的主菜放到嘴里，难免会被视为异类（关系极其亲密者除外）。

吃中餐完全是另一种思路，4 个人，有时候需要点 4 道凉菜、4 道热菜。虽然这样算下来，如果不包括头盘、汤和甜点，两种进餐方式下都是平均每个人 1 道凉菜加 1 道热菜，但理念完全不同。在中国，这 4 道菜不是 1 人 1 盘独享，而是 4 人共享，没有哪道菜是不许哪个人吃的。所以遇上菜量特别大的馆子，或者实在囊中羞涩，4 个人点 2 道菜，甚至 3 个人点 1 道菜，也可以把这顿饭对付过去。可是你要是去吃法国大餐，除了求人家选便宜的点，在数量上做手脚的空间实在不大。

欧式进餐习俗的这种一一对应方式很像**静态 NAT**。中式进餐习俗这种多对多共享的方式，则很像**动态 NAT**。

另外，前面说了，如果吃的是中餐，而你的预算又比较有限，完全可以在请客吃饭的时候先向大家宣传一番节约光荣、浪费可耻的精神，再告诉人家其实你的银行卡余额只够点一道菜，请人家"嘴下留情"，此时一般人都会表示理解。由此可见，共享的分配方式是解决资源不足的常见手段。同样，如果你的网络中主机不少，有效的 IP 地址又只有 1 个，没法通过 NAT 进行一对一的转换，那就可以通过另外一种技术让所有主机都共享这个 IP 地址来访问公共网络，这种技术称为**端口地址转换（PAT）**。

可网络技术毕竟不是请客吃饭，如果所有设备共享一个 IP 地址去访问公共网络，当公网设备回包时，这个数据包又该发还给谁呢？为了在共享环境中确定各个主机的身份，我们必须在转换的过程中通过另一个符号来标识它们——是的，恰如端口地址转换这个名词所暗示的那样，端口号在这里充当了标识不同主机的那个符号。

如图 12-5 所示，当 IP 地址为 10.1.1.1 的主机以 TCP 1984 作为源端口，以 100.1.1.1 为目的地址，23 为端口号封装了一个数据包，并将这个数据包发送给 PAT 路由器时，路由器会保留其源/目的端口号，以及目的 IP 地址，并将数据包的源 IP 地址转换为自己出站接口的 IP 地址，将其发送出去。同时，路由器会保存相应的转换条目，以便目的设备回包时能够将数据包发送给正确的内部设备。图 12-5 下方的表格即为路由器保存的 PAT 示意。

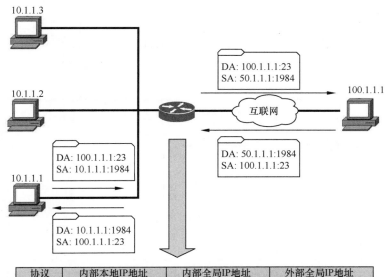

| 协议 | 内部本地IP地址 | 内部全局IP地址 | 外部全局IP地址 |
|------|------------|------------|------------|
| TCP | 10.1.1.1:1984 | 50.1.1.1:1984 | 100.1.1.1:23 |
| TCP | 10.1.1.2:1117 | 50.1.1.2:1117 | 100.1.1.1:23 |
| TCP | 10.1.1.3:1515 | 50.1.1.3:1515 | 100.1.1.1:23 |

图 12-5  PAT 示意

NAT 的理论基本也就这么多，下面我们说说配置。

## 12.1.5  NAT 的配置

上文说过，要落实 NAT 技术，就要解答两个问题，也就是要转换的是什么地址，以及要把它们转换成什么地址。这两个问题的答案基本构成了 NAT 配置的核心内容。具体而言，**配置 NAT 技术的过程，大致可以归结为以下 4 步**。

步骤 1　定义要转换的地址。

步骤 2　定义转换后的地址。

步骤 3　关联转换前地址与转换后地址（也就是定义上面两种地址的对应关系）。

步骤 4　在接口上启用 NAT。

接下来，我们通过实验来验证 NAT 的配置方法。

一望即知，图 12-6 沿用了前面几章的编址方式，其中 R2 在这个拓扑中扮演 NAT 路由器的角色，R3 和 R1 分别扮演两台内部设备，而 R7 则扮演外部设备。当前，全网都可以互通。换言之，基本的接口和路由都已经配置妥当。下面我们分别来对 NAT 的几种实现方式进行测试。

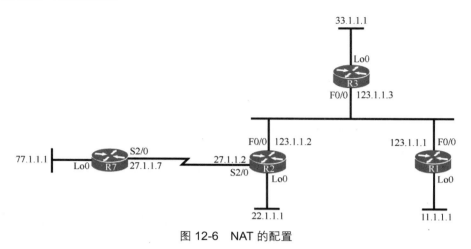

图 12-6　NAT 的配置

## 12.1.6　静态 NAT

　　配置静态 NAT 的方法最为简单。例如，如果希望通过 NAT 将 R3 的内部本地 IP 地址 123.1.1.3 在外部转换为 27.1.1.3，只需要在 R2 的全局配置模式下输入一条命令就可以搞定从步骤 1 到步骤 3 的配置，即 **ip nat inside source static 123.1.1.3 27.1.1.3**。这条命令简单得令人发指，其作用就是让路由器通过 NAT 技术，将内部源地址 123.1.1.3 静态转换为内部全局地址 27.1.1.3。

　　接下来就只剩下了最后一步，也就是在接口上启用 NAT。具体的命令为进入内部接口（在本例中即为 R2 的 F0/0 接口）输入 **ip nat inside**，并在外部接口（在本例中即为 R2 的 S2/0 接口）输入 **ip nat outside**。

　　配置过程如例 12-1 所示。

*例 12-1　静态 NAT 的配置*

```
R2(config)#ip nat inside source static 123.1.1.3 27.1.1.3
R2(config)#interface serial 2/0
R2(config-if)#ip nat outside
R2(config)#interface fastEthernet 0/0
R2(config-if)#ip nat inside
```

　　NAT 的验证方法很多，读者可以考虑在 R7 上打开 ICMP 的调试信息（**debug ip icmp**），然后从 R3 向 77.1.1.1 发起 ping 测试，同时在 R7 上观察数据包的源/目的地址。原理简单，不加赘述。

　　此外，如果在 NAT 路由器（本例中为 R2）上输入命令 **show ip nat translations**，可以查看 NAT 的转换表。除了显而易见的验证功能之外，经常查看转换表也有助于熟悉内部本地地址、内部全局地址、外部本地地址、外部全局地址这 4 种地址的定义与应用，有助于加深对这些术语的了解。实际的转换表如例 12-2 所示。

例 12-2　静态 NAT 的转换表

```
R2#show ip nat translations
Pro Inside global      Inside local      Outside local      Outside global
--- 27.1.1.3           123.1.1.3         ---                ---
```

## 12.1.7　动态 NAT

下面我们将测试动态 NAT。如果希望将 123.1.1.0/24 网络的地址转换为 27.1.1.100 ~ 27.1.1.200 的地址，我们需要怎么配置呢？

首先，别忘了删除前面配置的静态 NAT。删除时，设备会提示用户静态条目正在使用，是否删除条目。此时可以将正在使用的静态转换项一并删除。

接下来我们开始正式配置动态 NAT。前文介绍过，配置 NAT 的步骤 1 是在 R2 上通过访问控制列表（ACL）定义要转换的地址，如例 12-3 所示。

例 12-3　定义要转换的地址

```
R2(config)#access-list 1 permit 123.1.1.0 0.0.0.255
```

步骤 2 是定义转换后地址的地址池，定义地址池的命令为 **ip nat pool**，后面需要加上这个地址池的名称、地址池的起始/结束地址以及掩码，如例 12-4 所示。

例 12-4　定义转换后地址的地址池

```
R2(config)#ip nat pool yeslab 27.1.1.100 27.1.1.200 netmask 255.255.255.0
```

步骤 3 是建立上述两条命令的关联，命令为 **ip nat inside source list 1 pool yeslab**，也就是将源地址符合 ACL 1 的地址，转换为名为 yeslab 地址池中的地址。

步骤 4 是在内部接口和外部接口上启用 NAT。如果在刚刚配置动态 NAT 之前，你只删除了在全局配置模式下配置静态 NAT 的那条命令，而没有删掉两个接口下启用 NAT 的命令，那么这一步自然无须重复配置。

到此为止，动态 NAT 已经配置完毕。此时读者可以分别在 R1 和 R3 上对 R7 发起 ping 测试或 Telnet 测试，然后到 R2 上观察转换表。也可以（同时）在 R7 上打开相应的调试信息，观察地址转换的结果。同时，读者也不妨尝试以 R1 和 R3 的环回接口为源，向 R7 发起 ping 测试，看看是否会被转换。鉴于这些环回接口的地址不符合 ACL 1 的定义，因此测试的结果也就不言而喻了。

## 12.1.8　PAT

PAT（端口地址转换）的原理比普通的 NAT 复杂一些，但配置起来毫不麻烦。当然，在开始配置之前，别忘了把动态 NAT 配置过程中步骤 1 到步骤 3 所配置的动态 NAT 规则以及 ACL 删除（**no**）掉。

在 PAT 的实验中，我们的目标是将 R1 和 R3 的环回接口都转换为 R2 的 S2/0 接口地址。因此，步骤 1 是在 R2 上通过 ACL 定义 R1 和 R3 的环回接口，如例 12-5 所示。

*例 12-5　定义要转换的地址*

```
R2(config)#access-list 2 permit 22.1.1.1
R2(config)#access-list 2 permit 33.1.1.1
```

后面的步骤 2 和步骤 3 可以归结为一条命令，即 **ip nat inside source list 2 interface s2/0 overload**。这条命令十分好理解，就是将 ACL 2 定义的地址转换为 S2/0 接口的地址，后面的关键字 **overload** 正是指明 S2/0 地址是可以复用的。

接下来，读者可以自行以 R1 和 R3 的环回接口为源，分别对 R7 进行 ping 和 Telnet 测试，并在 R2 上查看转换表。

## 12.2　TCP 负载分担

不难发现，NAT 技术除了可以达到复用地址的目的，还可以对外隐藏局域网内部的地址分配。也就是说，对于外部设备来说，即使内部设备访问到了自己，自己也不知道这台内部设备的真实地址到底是多少，而只能看到它转换后的地址。尽管依赖 NAT 隐藏局域网地址来提供安全防护是相当不可靠的，但是用它可以实现比较有意思的效果。

### 12.2.1　TCP 负载分担的理论

每个人都有几家自己最爱去的餐厅。不妨问一个问题，你知道自己常去的那家餐厅有几位厨师吗？每位厨师负责炒哪几道菜呢？

如果你能回答上面的问题，你在那家餐厅肯定不属于一般的顾客。记得我小时候，家里人时常会带我去某家擅长做包子的知名国营餐厅吃饭。彼时，那里端出来的菜上经常附着一张小纸条，写着"X 号厨师为你服务"。

遗憾的是，这样的信息如今在很多餐厅里已经不常见了。目前的现实是，从服务生把你点的菜通过某种方式通知后厨，到服务生把炒好的菜端到你面前，这两件事之间究竟发生过什么，大概也只有后厨知道。虽然从表面上看，记下你想吃什么的是那位服务生，把你要吃的东西端出来的也是那位服务生，但这些东西几乎肯定不是服务生烹饪出来的，他/她只是把相应的烹饪任务交给了后面的某位不和你直接打交道的厨师而已。

NAT 可以实现类似的功能，它可以让 NAT 路由器充当服务生的角色，它身后的那些内部设备则充当厨师的角色。当外部设备想要访问 NAT 路由器的某项服务时，表面上看，NAT 路由器会按照外部设备的要求为它们提供服务，但实际上，它只是根据索要服务的项目，把请求信息提交给了负责相应服务的内部设备。

如图 12-7 所示，一台外部设备分别试图访问外部接口为 50.1.1.1 的那台路由器的 23 号和 80 号端口，而这台路由器是一台 NAT 设备，它实际上并不为外部设备提供任何服务，但它可以通过地址转换，将数据包转发给身后真正提供相应服务的设备，让它们为外部设备提供服务。

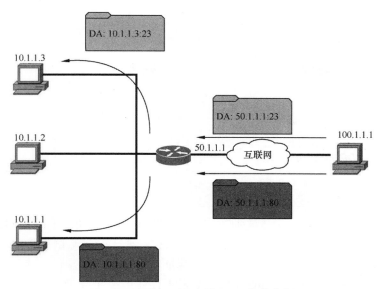

图 12-7　通过 NAT 实现 TCP 负载分担

在这类环境下，我们需要使用的常常是静态转换，以便将不同的服务转发给专门的设备，落实责任制生产，因此它的配置方式也与静态 NAT 相同。

## 12.2.2　TCP 负载分担的配置

我们依旧使用图 12-6 所示的拓扑。这一次，我们希望实现的功能是：当外部设备 R7 向 R2 的 27.1.1.2 发起 Telnet 访问时，实际由 R1 进行响应；而当外部设备 R7 向 R2 的 27.1.1.2 发起 HTTP 访问时，则由 R3 进行响应。

删除 PAT 的相应配置后，我们只需要两条命令，就可以分别实现上述两项功能，如例 12-6 所示。

*例 12-6　TCP 的负载分担*

```
R2(config)#ip nat inside source static tcp 11.1.1.1 23 27.1.1.2 23
R2(config)#ip nat inside source static tcp 33.1.1.1 80 27.1.1.2 80
```

这两条命令极好理解，它们与前面介绍的静态 NAT 配置命令只有两点区别，而这两点区别均与端口号有关：其一，关键字 **static** 后面需要指明要进行转换的协议（**tcp**）；其二，在需转换地址及转换后地址（即 S2/0 接口地址）后面，要分别指明相应的端口号。

> 注释：为了测试 HTTP 服务是否被 R2 转发给了 R3，需要在 R3 上通过全局配置模式命令 **ip http server** 打开 HTTP 服务器功能。

测试的方法相当简单，先在 R7 上 Telnet 27.1.1.2，看看自己究竟登录了哪台设备。显然，虽然我们 Telnet 的是 R2 的地址，但实际登录的是 R1，如例 12-7 所示。

*例 12-7   测试 TCP 23 端口的负载分担*

```
R7#telnet 27.1.1.2
Trying 27.1.1.2 ... Open
User Access Verification
Password:
R1>
```

退回到 R7，然后在 R7 上 Telnet 27.1.1.2 80，测试能否成功，如例 12-8 所示。

*例 12-8   测试 TCP 80 端口的负载分担*

```
R7#telnet 27.1.1.2 80
Trying 27.1.1.2, 80 ... Open
```

如果在几台设备上，R3 是唯一启用了 HTTP 服务器功能的路由器，其他设备（尤其是 R2）都没有启用 HTTP 服务器特性，那么只要 Telnet 测试后得到了 Open 的结果，就代表 R2 路由器对该连接请求进行了地址转换。如果希望进一步进行验证，可以登录 R3，使用命令 **show tcp brief** 来查看是否存在这条 TCP 连接，如例 12-9 所示。

*例 12-9   查看 TCP 连接的建立情况*

```
R3#show tcp brief
TCB       Local Address            Foreign Address              (state)
694BEBA8  33.1.1.1.80              27.1.1.7.62843               ESTAB
```

当然，管理员可以随时登录 R2，查看具体的转换条目，如例 12-10 所示。

*例 12-10   查看 TCP 负载分担的转换条目*

```
R2#show ip nat translations
Pro Inside global     Inside local      Outside local      Outside global
tcp 27.1.1.2:23       11.1.1.1:23       27.1.1.7:56408     27.1.1.7:56408
tcp 27.1.1.2:23       11.1.1.1:23       ---                ---
tcp 27.1.1.2:80       33.1.1.1:80       27.1.1.7:62843     27.1.1.7:62843
tcp 27.1.1.2:80       33.1.1.1:80       ---                ---
```

## 12.3  总结

本章对应的 CCNA 考点：

4.1 Configure and verify inside source NAT using static and pools。

NAT 是 IPv4 地址日益消耗殆尽的过程中产生的一种"节流"型技术，它可以对地址进行复用，以减少未分配地址的消耗。

NAT 既可以用来执行单向地址转换，也可以执行双向地址转换。在 NAT 术语中，IP 地址分为内部本地地址、内部全局地址、外部本地地址、外部全局地址。这 4 种地址分别指代设备在不同网络中使用的不同地址。根据 NAT 的实现方式，NAT 可以分为静态 NAT、动态 NAT 和 PAT，无论哪种方式，均可以套用 NAT 的"四步配置法"。

NAT 也可以达到隐藏内部地址信息的效果。由此，NAT 设备也可以充当代理，将外部请求根据端口号分配给不同的内部服务器，实现负载分担的效果。

## 本章习题

1. 下列哪项技术与解决 IPv4 地址资源紧缺这一需求无关？
   a. IPv6
   b. VLSM
   c. TCP
   d. PAT

2. NAT 的优点包括下列哪两点？
   a. 由于私有网络的信息不会被通告出去，因此 NAT 可以为网络提供安全性保护
   b. 由于 NAT 不会对数据包进行任何修改，因此 NAT 可以加速路由处理的速度
   c. NAT 可以复用 MAC 地址，因此可以节省地址资源
   d. NAT 可以让管理员不必为所有需要访问外部的主机都设置一个不同的地址

3. 下列关于静态 NAT 转换的陈述，哪两项是正确的？
   a. 静态 NAT 转换可以与访问控制列表（ACL）结合起来使用，以便让外部能够对内部网络发起多条连接
   b. 设备可以对从外部发起的连接执行静态 NAT 转换
   c. 静态 NAT 转换的条目会一直存在于 NAT 表中
   d. 由于地址是以静态的方式定义的，因此静态 NAT 转换不需要对内部接口或外部接口进行标记。

4. 为了实现一对多的转换，PAT 利用了下列哪项参数来区分各个被转换设备？
   a. 协议号
   b. 端口号
   c. 接口编号
   d. 设备主机名

5. 如果将一个私有 IP 地址分配给与互联网服务提供商（ISP）相连的接口，会出现什么情况？
   a. 只有 ISP 路由才能访问公有网络
   b. 这个私有网络必须采用很多自动的处理方式，才能实现通信
   c. 设备会通过 NAT 转换来将这个私有地址转换为一个公网可路由的 IP 地址
   d. 私网地址根本无法在骨干网上进行路由
   e. 由于其他公网路由也会使用相同范围的地址，因此会出现 IP 地址冲突的情况

# 广域网

如果把局域网比作一座城市的市政交通，那么广域网（WAN）就是连接不同城市的城际交通甚至国际交通。局域网的作用是让某个区域内部的人员共享信息，而广域网的作用就是让人们能够在不同的区域间共享信息，它可以让不同的企业之间、企业的各个分支机构之间、企业与在家工作或出差的员工之间实现信息共享。对于城际交通或国际交通，需要市政参与建设和维护的，无非就是市内连接城际线路的那一小段，其余则由中央/联邦政府甚至政府间机构或外国政府机构参与建设维护。由此不难想见，局域网（也就是企事业机构的网络）的管理员往往不能对广域网中的设备进行配置管理，但他们的工作中包含了管理和维护与广域网设备相连的那台局域网设备。WAN 示意如图 13-1 所示。

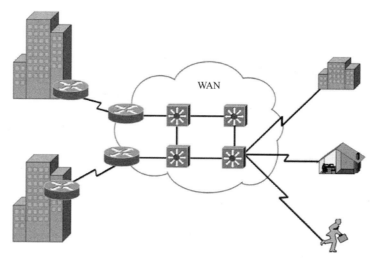

图 13-1　WAN 示意

这是一个立体交通网大行其道的年代，城际交通的实现方式也是林林总总，从国道、高速公路到火车、高速列车，再到飞机；如果是港口城市还会涉及河运和海运。同理，实现 WAN 的方式也是相当多元的，这些方式可谓丰俭由人，优缺点各异。其中有些方式早已退出了历史舞台，有些仍然活跃在当今的网络之中。简而言之，这些方式可以大致分为两类：构建在公共基础架构之上的连接方式，构建在私有基础架构之上的连接方式。

- **公共基础架构**。公共基础架构可以提供给客户的服务类型有很多种，包括上网服务、各种客户专线服务等。通过互联网连接不同局域网需要借助**虚拟专用网络**（VPN）技术。时下，VPN 是一项相当主流的技术，相信很多读者在学习网络技术之前就已经有所耳闻。但 VPN 技术是一个极为宏大的主题，就算细分成一些更为具体的 VPN 技术，也常常需要用一本书的篇幅进行介绍，这里略过不提。

  此外，DSL 和 Cable Modem 也都是通过互联网实现广域网连接的技术。但这些知识基本不包含在 CCNA 考试的范畴之中。

- **私有基础架构**。私有基础架构的特点是，一种类型的私有基础架构往往只能提供一种类型的服务。比如后续会讲的帧中继网络就只能提供帧中继专线，PSTN 只能提供电话服务。通过后续的发展，即便这些私有基础架构的网络变得能够提供其他类型的服务，也是勉力为之，并非专长。此类型的 WAN 线路，服务质量更好，服务提供商的成本更高，相对来说对客户的收费也更高。

**私有基础架构**又可以细分为专用私有线路和交换线路。顾名思义，专用私有线路专指通过**租用专线**的方式接入网络。虽然专线的速率也有明显的快慢之分，但租用专线总体来说属于一种价格极为昂贵的连接方式，但它的速率和安全性也相对最为可靠，可以类比帝王修建给自己的驿道，因此适用于各类土豪企业及特权机构。

交换线路这种 WAN 连接方式涵盖了很多种技术，但本书中仅会对**帧中继**（Frame Relay）技术进行介绍，欲知其他技术（例如 X.25、ATM 等）的详情，请参考其他资料。

## 13.1 HDLC 与 PPP

当两个站点相连接时，专线是一种常用的方法，它可以提供专用的永久连接。在采用专线的连接方式时，常用的二层封装方式就是 PPP 和 HDLC。下面分别对这两种封装方式进行介绍。

### 13.1.1 HDLC

HDLC 的全称叫作高级数据链路控制（High-Level Data Link Control），它是一个在同步网络上传输数据、面向比特的标准化数据链路层协议，这项协议的前身是 IBM 公司的同步数据链路控制（SDLC）协议。

在 Cisco 公司的设备上，串行链路的默认封装协议是 Cisco 私有的 HDLC 协议

（cHDLC）。在封装数据帧时，Cisco 私有的 HDLC 比标准的 HDLC 头部多了一个字段，这个字段称为 Proprietary 字段，其作用是对多种上层协议提供支持，如图 13-2 所示。所以，cHDLC 的 3 层除了 IP，也可以承载其他的 3 层协议。而标准的 HDLC 封装则只能在 3 层承载 IP。值得说明的是，目前 Cisco 私有的 HDLC 是业界的事实封装标准。

图 13-2　Cisco 私有 HDLC 与标准 HDLC 封装的对比

　　HDLC 的配置完全不值得单花一节进行介绍，甚至不值得专门进行测试。上文说过，HDLC 就是 Cisco 设备串行接口的默认配置。换句话说，把两台 Cisco 路由器的串行接口连接起来，配上同一个网络的 IP 地址，那么两端之间进行通信时，这些数据的 2 层封装就是 HDLC。

　　修改串行链路封装方式的命令是在接口配置模式下输入关键字 **encapsulation**，后跟要采用的封装方式，因此要把接口的封装方式配置为 HDLC，命令如下：

```
Router(config-if)#encapsulation hdlc
```

　　如果不通，与其检查封装问题，倒不如看看接口是不是没有打开（**no shutdown**）。

### 13.1.2　PPP

　　PPP 协议叫作点对点协议，这种协议源自串行线路网际协议（SLIP），它是在点对点连接上传输多协议数据包的一种协议标准。研发这款协议的初衷是为了解决远程网络互联的问题。下面我们来简单说说它的 2 层地址问题。

　　有一个问题，我此前被学生和同事反复问及，那就是"怎么 **show** 出串行接口的 MAC 地址"。这个问题令我印象极为深刻，因为这个问题涉及本人一段并不光彩的经历。

　　第一次被冷不丁问到这个问题时，我毫无防备，措手不及。虚荣心作祟，我当时随便找了个说法应付了过去。大概也是被这个问题本身所误导，事后自己找个角落进行种种测试，全部无果，又去各个论坛搜索别人"**show** 串行接口的方法"。各类"技术专家"提出不少经验、见解，其中颇有人言之凿凿。我在万般无奈之下，最终被一位业内大哥一语点醒梦中人（顺带一提，这位大哥是人民邮电出版社计算机外版图书的顾问，也参与过很多图书的翻译、出版工作）。

　　在通信的过程中，如果没有 2 层目的地址，设备就没法发出数据包。这句话常常被当成真理，这当然不是件坏事。但对于初学者或者刚入行不久的同行而言，"2 层地址"常常会被误读为"MAC 地址"的代名词。问题是，既然 2 层不只有以太网这一种类型的网络，那么所谓的 2 层地址，当然也不只有 MAC 地址这一种类型。对于不常接触广域网的技术人员，他们很容易忽略在网络第 2 层还有很多用来实现广域网连接的网络与协议，而这些网络和协议均以各自的方式定义了自己的地址。从硬件的角度来看，以太网接口和串行接口在用途上存在明显的区分。其中，在用于连接广域网的串行接口上没有以太网的 MAC 地址，那又有什么稀奇？

　　这个问题其实相当简单，但我的回答却荒腔走板，更致命的是，当时向我提问的是一位小我四岁的同事。不知是不是做贼心虚的缘故，我发现自从那次胡搅蛮缠之后，这位兄弟看我的眼神就发生了明显的变化。一念之差，至今思之，仍感悔断肝肠，"不懂装懂害死人啊"。

　　说句题外话，从入行至今，见过不少工程师、讲师、学者遇到同行（特别是晚辈和学生）向自己提问，一时找不到头绪时，因爱惜自己"技术专家"之名，便顾左右而言他，以蒙混过关。其实，以网络领域知识范畴之广博、彼此关系之错综、理论细节之驳杂、各种情形之凌乱，任何技术不在自己的掌握范畴之内都实属正常，一时未曾想通更是人之常情。YESLAB 总裁余建威老师告诉我，他对于自己的要求是，可以以"不知道"应对学生的提问，但要在经历过思考、查询过资料、进行过测试、请教过同行后给予提问的学生以负责任的答复。真正的专家，根本不屑以全知全能的假象示人，他们反而会坦率地承认自己存在知识盲区。与这些真正的专家相比，伪专家如我，恐怕也只有在可鄙的虚荣心上能够大幅胜出吧？

　　言归正传，PPP 这种用来实现广域网连接的协议，必然也定义了 2 层地址，只不过作为一种点对点协议，PPP 封装的数据走的都是自古华山一条路。由于对于这些根本无他处可去的数据包，没有必要定义什么其他的地址，因此**所有 PPP 报文的地址字段中包含的地址都是相同的，它们都是 0xff**。

　　从来没想到技术图书中还能写写自我检讨和职业伦理。下面讲点干货。

### PPP 的功能

　　PPP 有很多功能，具体如下。

- PPP 可以控制数据链路的建立（即可以设置数据链路建立的条件）。
- PPP 可以分配和管理广域网的 IP 地址。
- PPP 支持多种网络层路由协议。
- PPP 能够配置和测试数据链路。
- PPP 可以有效地进行错误检测。

　　PPP 通过两部分来实现上述这些功能。这两部分分别是负责建立、控制和测试连接的 LCP 以及负责在 2 层承载多协议数据包的 NCP。因此，**通过 PPP 传输数据需要首先经历两个阶段：第一个阶段是 LCP 协商阶段；第二个阶段则是 NCP 协商阶段。**

说完了 PPP 的分层（也就是子协议），下面我们说说认证。

### PAP

在介绍 PPP 的功能时，我们最先介绍的就是 **PPP 可以设置连接建立的条件。** 其中一项管理员可以设置的连接建立条件就是验证，验证是在 **LCP 阶段完成协商的。**

**PPP 支持两种验证协议，它们是：**

- PAP；
- CHAP。

**这两种协议之中，强烈推荐读者使用 CHAP。** 下面我们通过深入介绍这两款验证协议来说明推荐 CHAP 的理由。

先来说说 PAP。

PAP 的原理是极简单的，当一台设备希望对方设备验证自己身份时，它就会向对方发送验证所使用的用户名和密码；而对方接收到用户名和密码之后，会将它们与自己本地数据库中的用户名和密码进行匹配，如果一致，则代表认证通过。这个过程称为 PAP 的两次握手，如图 13-3 所示。

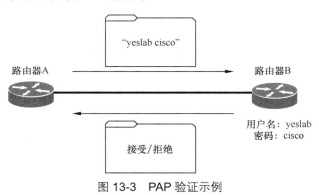

图 13-3　PAP 验证示例

如果这台设备也需要对方验证自己的身份，流程与之前完全相同。值得注意的是，**PAP 验证是不对称的，** 也就是说两边路由器本地数据库中存储的用户名和密码并不强求一致，只要一台路由器接收到的用户名和密码与其本地储存的用户名和密码匹配，验证即可通过，如图 13-4 所示。

光说不练假把式，下面我们会介绍 PPP 及 PAP 验证的具体实现（配置）方式。

### PPP 的配置与 PAP 验证

PPP 的测试环境并不复杂，有两台通过串行接口直连的路由器即可，如图 13-5 所示。这个环境简单得不能再简单了，复杂的环境也确实对于测试和理解 PPP 没有额外的帮助。

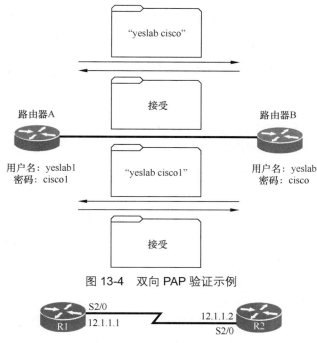

图 13-4 双向 PAP 验证示例

图 13-5 PPP 的测试环境

> **注释：** 配置串行接口 IP 地址、时钟等这里不再重复演示，我们假设基本的配置已经完成。

配置的第一步是在链路两端路由器的串行接口上采用 PPP 进行封装。上文介绍过，更改串行接口的封装，命令为 **encapsulation**，因此要将它们的封装方式更改为 PPP，命令就是 **encapsulation ppp**，具体配置如例 13-1 所示。

*例 13-1  将链路的封装方式修改为 PPP*

```
R1(config)#int serial 2/0
R1(config-if)#encapsulation ppp

R2(config)#int serial 2/0
R2(config-if)#encapsulation ppp
```

现在，若在两端相互发起 ping 测试，是能够成功的，这里不再演示。

下一步是在串行接口上启用验证（或曰认证）机制，其命令为在接口配置模式下输入 **ppp authentication**，后面再加上验证的类型。由于这里测试的是 PAP 验证，因此应该输入命令 **ppp authentication pap**，如例 13-2 所示。

*例 13-2　在 R1 和 R2 路由器上启用 PAP 验证*

```
R1(config-if)#ppp authentication pap

R2(config-if)#ppp authentication pap
```

下一步是配置验证的用户名和密码，在这里我们先让 R2 接受 R1 发起的验证，也就是由 R2 充当验证方，R1 充当被验证方，因此需要在 R2 本地配置用户名和密码。

配置用户名和密码需要在全局配置模式下输入命令"**username** *用户名* **password** *密码*"。比如要以 yeslab1 作为用户名，cisco1 作为密码，就可以使用命令 **username yeslab1 password cisco1**，具体配置如例 13-3 所示。

*例 13-3　在 R2 路由器上配置验证的用户名和密码*

```
R2(config)#username yeslab1 password cisco1
```

同时，需要在 R1 的 S2/0 接口上配置相同的用户名和密码，让其对 R2 发起验证。这里需要在 R1 的接口配置模式下输入命令"**ppp pap sent-username** *用户名* **password** *密码*"。当然，在本例中，具体的命令就是 **ppp pap sent-username yeslab1 passoword cisco1**，如例 13-4 所示。

*例 13-4　在 R1 路由器上配置要发送验证的用户名和密码*

```
R1(config)#interface serial 2/0
R1(config-if)#ppp pap sent-username yeslab1 password cisco1
```

至于如何配置 R1，使其充当验证方，同时由 R2 充当被验证方，请读者自行完成。再次友情提示，R1 验证 R2 时采用的用户名和密码，不要求与 R2 验证 R1 时采用的用户名和密码相同。读者在自行配置时，可以在双向验证时尝试使用不同的用户名和密码。

完成验证配置后，可以通过 ping 进行测试。不过，读者也可以通过 **show interface** 来查看接口的状态，如例 13-5 所示。

*例 13-5　查看接口的状态*

```
R1#show interfaces serial 2/0
Serial2/0 is up, line protocol is up
  Hardware is M4T
  Internet address is 12.1.1.1/24
  MTU 1500 bytes, BW 1544 Kbit/sec, DLY 20000 usec,
    reliability 255/255, txload 1/255, rxload 1/255
  Encapsulation PPP, LCP Open
  Open: IPCP, CDPCP, crc 16, loopback not set
  Keepalive set (10 sec)
  Restart-Delay is 0 secs
  Last input 00:00:00, output 00:00:00, output hang never
  Last clearing of "show interface" counters 00:06:17
  Input queue: 0/75/0/0 (size/max/drops/flushes); Total output drops: 0
```

```
Queueing strategy: weighted fair
Output queue: 0/1000/64/0 (size/max total/threshold/drops)
  Conversations  0/2/256 (active/max active/max total)
  Reserved Conversations 0/0 (allocated/max allocated)
  Available Bandwidth 1158 kilobits/sec
5 minute input rate 1000 bits/sec, 3 packets/sec
5 minute output rate 1000 bits/sec, 3 packets/sec
  1726 packets input, 28680 bytes, 0 no buffer
  Received 0 broadcasts (0 IP multicasts)
  0 runts, 0 giants, 0 throttles
  0 input errors, 0 CRC, 0 frame, 0 overrun, 0 ignored, 0 abort
  1752 packets output, 30438 bytes, 0 underruns
  0 output errors, 0 collisions, 61 interface resets
  0 unknown protocol drops
  0 output buffer failures, 0 output buffers swapped out
  61 carrier transitions     DCD=up DSR=up DTR=up RTS=up CTS=up
```

通过上述命令，我们可以看到接口的封装协议为 PPP，同时 LCP、IPCP、CDPCP 的状态都是 Open。关于 LCP，我们已经在上文中进行了介绍，而 LCP Open 显然代表 PPP 第一阶段的 LCP 协商成功。那么，IPCP 和 CDPCP 又是什么呢？

上文提到，NCP 的作用是承载不同的 3 层协议，而 IPCP 和 CDPCP 分别代表这个 PPP 链路上的 NCP 已经承载了 IP 流量（IPCP）和 CDP 流量（CDPCP）。由此可见，IPCP 和 CDPCP Open 代表着 NCP 阶段的协商已经成功，后续在 PPP 帧中就可以承载 IP 和 CDP 数据帧了。鉴于 NCP 阶段是在验证阶段之后进行的，因此 NCP 阶段协商成功，也就代表双方的验证通过。

### CHAP 验证

**PAP 认证的用户名和密码是以明文的形式在链路中传输的。**所以，这条链路一旦受到监听，一切用户名、密码皆形同虚设。但凡这类设置了验证但验证信息用明文传输的机制，基本相当于把自己设置的银行卡密码写在卡片的卡面上——防君子不防小人。不过把银行卡密码写在卡上好歹还能防止自己忘记密码，而明明有更好的验证协议还偏要使用靠明文传输密码的协议，那就真的没啥好处可言了。这就是前文中强烈推荐读者选用 CHAP，而不要使用 PAP 的理由。

综上所述，由于 PAP 使用明文传输用户名和密码，因此不推荐使用 PAP。但是，如果告诉你 CHAP 也不会对信息进行加密，它也是一种使用明文传输数据的协议，你会不会觉得自己受欺骗了？

别急，听我解释。

**CHAP 的确也使用明文传输验证信息，但它传输的明文信息并不是用户名和密码，而是用户名和密码的抽样信息**（哈希计算得到的结果）。这不是文字游戏，抽样信息和加密后的信息的确存在本质区别，因为抽样信息是没有密钥的，也没有办法进行所谓的"解密"。如此一来，当一台设备希望验证一组抽样信息在抽样前是否与自己数据库里存储的信息一致时，它必须按照同样的抽样算法对自己数据库里存储的信息进行计算，然后将计算的结果与自己接收到的信息进行比较，如果相同，表示对方掌握的用户名和密码与自己数据库中存储的信息一致，验证通过；如果不同，则验证失败。这就是抽样验证的原理。

听上去复杂，其实道理简单得很。比如说，你手里这本 CCNA 教材在出版后进行了改版。你手头已经有了一本旧版的图书，现在还想购入一本新版的，但是新旧版图书的封面并没有任何区别，那么你在图书大厦买书的时候，怎么知道书架上的这本书是新版还是旧版呢？万一图书大厦的也是旧版，岂不是买重了，白花钱。

如果你准备带本旧版书去图书大厦一页一页地对比，那可就太烦琐了。其实，从旧版书里随便找几页用手机拍照下来，然后去图书大厦对比这几页中某一行的某个字是不是相同，基本就知道这两本书是不是同一个版本了。这说明了一个道理：要想对比两样事物是否相同，没有必要对这两样事物的**整体**进行对比；对比它们的一些**抽样元素**往往就能得出结论了。这里所说的"事物"，当然也包括密钥。

下面我尝试通过一张图来介绍 CHAP 采用的具体做法。

如图 13-6 所示，CHAP 的流程虽然算不上复杂，但着实比 PAP 高明得多，这个流程可以大致分为 3 步。

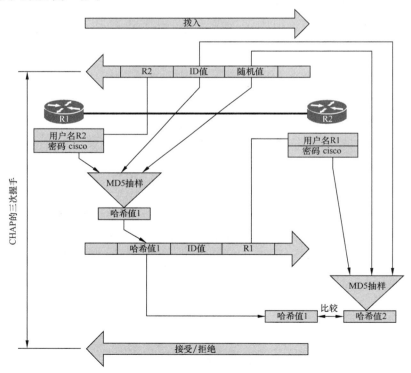

图 13-6　CHAP 验证流程示意

步骤 1　当路由器 R1 拨入路由器 R2 时，R2 会将自己的用户名（Cisco 设备默认为设备的主机名，在本例中即为 R2）连同一个随机值和一个 ID 值（序列号）一起，作为验证请求消息（challenge 消息）发送给路由器 R1。

步骤 2　R1 接收到验证请求消息之后，会在自己的数据库中查找该用户名所对应的密码。找到后，R1 会将该密码连同 R2 发送过来的随机值和 ID 值一起进行 MD5 抽样计算，得到一个哈希数（抽样值）。R1 将这个哈希数与自己的用户名（Cisco 设备默认认为设备的主机名，在本例中即为 R1）和 ID 值一起封装成一个响应消息，发送给路由器 R2。

步骤 3　R2 根据 R1 的用户名查看自己的本地数据库，找到其对应的密码，然后将该密码与自己在步骤 1 封装验证请求消息时所使用的随机值与 ID 值一起进行 MD5 抽样计算，然后将得到的哈希值与响应消息中的哈希值进行比较，如果相同，即接受该连接，否则就会拒绝该连接。

如上 3 步即为 CHAP 的三次握手流程。此外，CHAP 验证会在链路建立之后进行，周期性地重复验证对端的身份。

我们在这里不妨作一个简单的总结。

首先，R1 和 R2 进行 MD5 抽样计算时都使用了 3 个参数。而这 3 个参数中，有两个参数完全相同，那就是 R2 封装验证请求消息时所使用的 ID 值和随机值。所以，只要 R1 发送给 R2 的验证请求消息在传输过程中没有遭到篡改，这两项参数就应该相同，它们不是影响验证通过与否的关键。关键是第三项参数是否相同，也就是 R2 本地数据库中用户名 R1 对应的密码是否与 R1 本地数据库中用户名 R2 对应的密码相同。由此可见，**CHAP 验证的密码是对称的，验证通过的前提是这两个密码必须相同**。

其次，如果使用的是 CHAP，那么在双方设备之间的链路上传输的信息不会包含验证的密码，而且这些信息也根本无法恢复成原始的用户名和密码，因此通过中间人攻击等方式在链路上抓包，是没有办法获得验证信息的。由此可见，CHAP 这种算法要比 PAP 安全。

下面我们将介绍 CHAP 的配置方式。

### CHAP 的配置

这里我们当然还要沿用图 13-6 中的测试环境，并且两端的设备都已经按照例 13-1 所示的方式将封装方式设置为了 PPP，而且两端可以互 ping。因此，接下来的工作是在串行接口上启用验证机制，鉴于这里需要启用的是 CHAP 验证，命令就是 **ppp authentication chap**，如例 13-6 所示。

*例 13-6　在 R1 和 R2 路由器上启用 CHAP 验证*

```
R1(config)#int serial 2/0
R1(config-if)#ppp authentication chap
```

```
R2(config)#interface serial 2/0
R2(config-if)#ppp authentication chap
```

下面是在两端路由器上配置相应的用户名和密码。前面介绍过，在执行 CHAP 验证时，Cisco 默认会采用设备的主机名作为验证的用户名。因此，在 R1 上应该配置的是 **username R2 password cisco**，而在 R2 上应该配置的则是 **username R1 password cisco**，如例 13-7 所示。

> 注释：在 Cisco 设备上，如果希望使用自定义的主机名作为用户名，而不采用设备的主机名进行验证，可以使用命令 **"ppp chap hostname** *主机名***"** 来指定使用什么主机名进行验证。同样的道理，管理员也可以使用命令 **"ppp chap password** *密码***"** 来指定向对端设备进行验证时提供给它的密码。

例 13-7  在 R1 和 R2 路由器上配置用户名和密码

```
R1(config)#username R2 password cisco

R2(config)#username R1 password cisco
```

接下来，读者可以使用此前介绍的方法，包括 ping 测试，以及 **show interface** 命令来查看 CHAP 验证的配置效果，这里不再演示。

关于 PPP，需要介绍的内容大致就这么多。下面介绍一种私有交换线路实现广域网连接的技术。

### 13.1.3  帧中继

顾名思义，帧中继就是将数据帧由网络一端转发到另一端的技术，它是在古老的 X.25 基础上发展起来的。但相比 X.25，**帧中继不再在数据链路层提供纠错机制**。想当年，物理层的传输机制不太靠谱，X.25 在数据链路层包含了纠错机制，以修正物理层差错可能给数据造成的影响，这当然在情理之中。时至今日，大量的光纤铺设和物理器件水平的提高使得物理层的传输质量大大改善，何况 OSI 模型的上层也提供了各类纠错方式，再在数据链路层提供纠错机制就多此一举了。

**帧中继可以让终端站点动态共享网络介质和带宽。**这就像很多培训机构都会售卖课程的月卡、半年卡和年卡一样，持有这些卡的学员可以在指定时间范围内不限次地去听课，而购买这些卡的价格通常比在相同时间内多次购买课程要便宜得多。问题是，一个教室里最多坐 60 个人，对于卖出去了 150 张月卡的培训机构，它们开的班却常常坐不满人，这是为什么呢？道理很简单，因为这 150 个人基本不可能同时到同一个班里来听课。所以只要循环开课，就可以安置所有的学员。由此可见，动态共享常常意味着资源可复用，而资源可复用又经常表明这种资源是可以超售的。既然可以超售，单位资源的售价也就可以降低。所以，超售往往暗示了低廉的价格和良好的商业前景。

这也是帧中继网络大受欢迎的理由之一。当然，要通过帧中继技术来实现广域网连接，毕竟需要使用别人专门花钱搭建的帧中继网络，因此成本还是要比那些通过公共基础架构实现的广域网连接要高。

### 帧中继的原理与术语

通过帧中继网络，多个不同站点可以根据需要实现三种类型的拓扑，即全互连、部分互连和星形互连。连接到帧中继网络的站点之间可以根据需求部署为三类不同的拓扑。它们当然各有优缺点，全互连的网络容错能力强，路由最优但费用昂贵；星形互连价格便宜，将重要站点作为中心站点的部署方式最为合理，但中心站点存在单点故障的隐患，数据转发路径也极为单一；部分互连就是对重要站点采取全互连的连接方式，而次要站点与次要站点之间则不进行连接，因此这种方式综合了上述两种连接方式的优缺点。这三类拓扑的示意如图 13-7 所示。

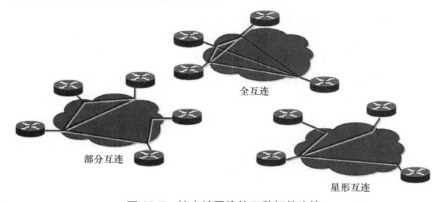

图 13-7　帧中继网络的三种拓扑连接

那么，既然多个站点可以通过帧中继网络来按需部署为不同的网络拓扑，那么这些不同站点之间的连接显然就是**虚链路**（VC）。而从物理设备上看，所有站点的设备全部都连接到帧中继网络中的某台相互连接的帧中继交换机上，如图 13-8 所示。

如图 13-8 所示，**在帧中继网络中，设备分为 DCE 和 DTE**。这里的 DCE 和 DTE 与其他场合中（比如前文中的串行链路）的相关概念完全相同，其中 DCE 指的是提供时钟的设备，也就是广域网提供商连接客户设备的那台帧中继交换机；而 DTE 指的就是客户站点的设备。这个概念已经在介绍串行接口的时候进行了介绍，这里不再重复。

为了让多组不同的 DTE 可以通过同一个帧中继网络发送数据，而帧中继网络又不至于把这些数据所属的逻辑链路（虚链路）搞混，**帧中继网络就需要为每一对 DTE 分配一对连接标识符**，这就是帧中继网络实现多组逻辑会话共享同一个物理网络的方式。而**这个连接标识符称为数据链路连接标识符（DLCI）**。

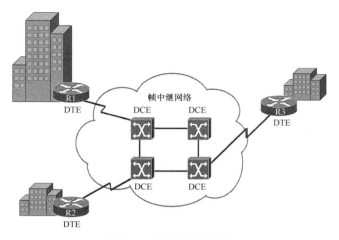

图 13-8 帧中继网络示意

帧中继网络中可以建立两种不同类型的虚链路，分别为永久虚电路（PVC）和交换虚电路（SVC）。顾名思义，PVC 就是长期建立连接，而 SVC 则表示按需临时建立连接。目前使用 SVC 的环境比较罕见。当然，不论是什么类型的 VC，只要是 VC 就会有链路建立的状态与链路断开的状态，因此也就必须有一种机制来监测链路是否建立，同时这种机制还需要让已经建立的虚链路保持建立的状态。在帧中继网络中，这种机制称为本地管理接口（LMI），是 DTE 与帧中继网络之间的一种信令标准。

总之，如果按照星形互连拓扑的方式建立站点间的虚链路连接，那么图 13-8 的逻辑连接都可以显示为图 13-9 所示的拓扑。图中特意展示了帧中继网络为三个 DTE 分配的 DLCI，这是为了强调图 13-8 中的那些帧中继交换机在不同设备之间中继数据帧时，不是跟着感觉走，而是有标识符层面的依据的；同时也是为了展示帧中继网络是如何为**每一对** DTE 分别分配**一对** DLCI 的。

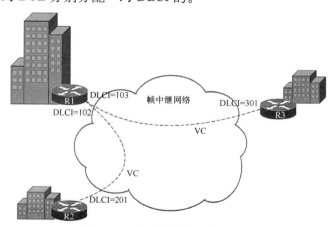

图 13-9 帧中继网络中的虚链路

这里顺便一提，专业人员在谈及帧中继技术时，多把 DLCI 读作"D-L-C-I"这四个英文字母。而英语国家的技术人员中，颇有一些人会把它拼读作/delsi/，发音近似于"戴尔西"。如求职时的技术面试环节是由英语国家的技术人员以英语来完成，不要听到后茫然不知所措。另外，如果知道自己应聘的企业会进行英语技术面试，不妨事先准备一下，尤其是英文自我介绍和一些专业术语。否则，很容易按照国内习惯，在面试期间脱口而出"dot 一 q"，或者"IPv 六"，实在让人大跌眼镜。

### 帧中继的地址映射

设备要发送数据，必须拥有 2 层地址。在帧中继环境中，这里的 2 层地址显然是指 DLCI 这个标识符。但 DLCI 这个标识符与 MAC 地址区别颇大，因为 DLCI 标识的是帧中继虚链路的一端，而对于帧中继虚链路而言，只要确定了它的一端，它的另一端也就唯一了。以图 13-9 为例，如果确定 DLCI 为 103，那么这条虚链路的对端就一定是 R3，毫无歧义。由此，一台设备只要从帧中继网络那里获得虚链路本地的 DLCI（相当于虚链路的入口），就可以通过某种方式"问到"对端设备的 3 层（IP）地址，并由此建立地址与 DLCI 的映射关系。而**用来建立本地 DLCI 与对端 IP 地址之间映射关系的协议称为逆向 ARP（Inverse ARP）**。

这个地址映射建立的整个流程如图 13-10 所示。

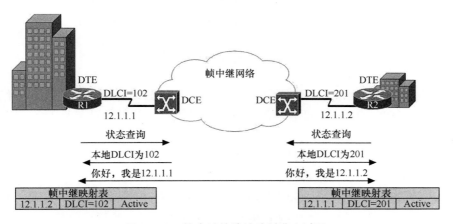

图 13-10　帧中继的地址映射建立过程

首先，两台路由器分别向帧中继交换机发送状态查询请求。于是，帧中继交换机也就分别告诉了它们相应的本地 DLCI。接下来，这两台路由器分别使用本地 DLCI 向另一端的设备发送了一条包含自己接口 IP 地址的消息。而在它们分别接收到对端发来的消息后，就会以本地 DLCI 和对端的 IP 地址建立起帧中继的地址映射。

此后，两边的 DTE 就会开始向帧中继交换机发送 keepalive 消息，以表明自己还存活。当然，充当 DCE 的帧中继交换机是不会主动向自己的 DTE 发送 keepalive 消息的。

关于帧中继的原理，基本就介绍到这里，下面开始介绍配置的方法。

### 帧中继的配置

图 13-11 所示为整个帧中继测试的网络拓扑，其中 R2 充当帧中继交换机，也就是 DCE 的角色。此外，本测试环境需要在 3 台路由器之间建立全互连的拓扑，也就是需要在 R1 和 R3 之间、R1 和 R4 之间、R3 和 R4 之间建立 3 条虚链路。该图中同时也提供了测试中涉及的 IP 地址及 DLCI。

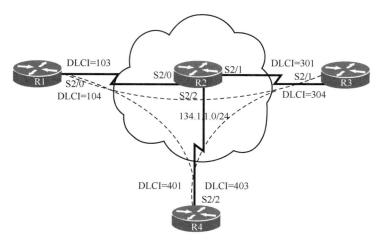

图 13-11　帧中继测试的拓扑

根据前面的介绍我们不难想到，帧中继的配置分为两部分或者两类，那就是 DCE 的配置和 DTE 的配置。两者的配置方法不尽相同，下面我们先来介绍 DCE，也就是 R2 的配置方法。

要让一台路由器充当帧中继交换机，需要先在全局配置模式下输入命令 **frame-relay switching** 启用这一功能。

接下来在 R2 所有涉及帧中继交换机功能的接口（S2/0、S2/1、S2/2）上将封装方式配置为帧中继（命令为 **encapsulation frame-relay**），将接口类型配置为 dce（命令为 **frame-relay intf-type dce**），然后将接口打开（**no shutdown**），如例 13-8 所示。

例 13-8　帧中继交换机接口的基本配置

```
R2(config)#frame-relay switching
R2(config)#int serial 2/0
R2(config-if)#encapsulation frame-relay
R2(config-if)#frame-relay intf-type dce
R2(config-if)#no shutdown
```

```
R2(config)#interface serial 2/1
R2(config-if)#encapsulation frame-relay
R2(config-if)#frame-relay intf-type dce
R2(config-if)#no shutdown

R2(config)#interface serial 2/2
R2(config-if)#encapsulation frame-relay
R2(config-if)#frame-relay intf-type dce
R2(config-if)#no shutdown
```

接下来是帧中继交换机配置过程中最重要的步骤，那就是配置帧中继映射。配置映射的命令为"**frame-relay route** 入站 *DLCI* **interface** 接口编号 出站 *DLCI*"。我们以接口 S2/0 的配置为例，在接口 S2/0 上，有两个入站 DLCI，一个为 103，这个 DLCI 的出站接口为 S2/1，而其出站 DLCI 为 301，因此这条命令应该为 **frame-relay route 103 interface s2/1 301**。同理，这个接口上针对另一个入站 DLCI 104 的配置命令则应该是 **frame-relay route 104 interface s2/2 401**。其余两个接口的配置不再一一赘述，具体过程可以参考例 13-9。

*例 13-9　帧中继交换机接口的映射配置*

```
R2(config)#interface serial 2/0
R2(config-if)#frame-relay route 103 interface serial 2/1 301
R2(config-if)#frame-relay route 104 interface serial 2/2 401

R2(config)#interface serial 2/1
R2(config-if)#frame-relay route 301 interface serial 2/0 103
R2(config-if)#frame-relay route 304 interface serial 2/2 403

R2(config)#interface serial 2/2
R2(config-if)#frame-relay route 401 interface serial 2/0 104
R2(config-if)#frame-relay route 403 interface serial 2/1 304
```

完成上述配置之后，可以使用命令 **show frame-relay route** 来查看例 13-9 中的配置。该命令的输出信息如例 13-10 所示。

*例 13-10　show frame-relay route 的输出信息*

```
R2#show frame-relay route
Input Intf      Input Dlci      Output Intf      Output Dlci      Status
Serial2/0       103             Serial2/1        301              inactive
Serial2/0       104             Serial2/2        401              inactive
Serial2/1       301             Serial2/0        103              inactive
Serial2/1       304             Serial2/2        403              inactive
Serial2/2       401             Serial2/0        104              inactive
Serial2/2       403             Serial2/1        304              inactive
```

下面的工作是配置 DTE。我们姑且以 R1 为例，介绍如何配置路由器的帧中继接口。

　　首先，需要将（R1 的 S2/0）接口的封装方式修改为帧中继（**encapsulation frame-relay**），并配置相应的 IP 地址（**ip address 134.1.1.1 255.255.255.0**），如例 13-11 所示。

例 *13-11*　*路由器帧中继接口上的基本配置*

```
R1(config)#interface serial 2/0
R1(config-if)#encapsulation frame-relay
R1(config-if)#ip address 134.1.1.1 255.255.255.0
R1(config-if)#no shutdown

R3(config)#int serial 2/1
R3(config-if)#encapsulation frame-relay
R3(config-if)#ip address 134.1.1.3 255.255.255.0
R3(config-if)#no shutdown

R4(config)#interface serial 2/2
R4(config-if)#encapsulation frame-relay
R4(config-if)#ip address 134.1.1.4 255.255.255.0
R4(config-if)#no shutdown
```

　　接下来是配置帧中继接口的映射。映射的方式有两种，一种是静态映射，另一种是动态映射。

　　动态映射就是通过上面介绍的逆向 ARP，来实现本地 DLCI 与对端接口 IP 地址之间的对应。鉴于动态映射自动化程度较高，因此在配置时只需要在相应的接口上使用命令"**frame-relay interface-dlci** *本地 DLCI*"。套用本例中的路由器 R1，那么只需在其 S2/0 接口中输入命令 **frame-relay interface-dlci 103** 和 **frame-relay interface-dlci 104**。这种配置方法比较简单，其工作原理已经通过图 13-10 进行了介绍。读者应自行完成实验，然后通过即将介绍的 **show** 命令查看配置的效果，并且比较它与配置静态映射的区别。本书不再进行演示。

　　静态映射的配置是我们想要强调的重点。当然，为了避免帧中继自动执行动态映射，可以先在接口配置模式下关闭逆向 ARP，命令为 **no frame-relay inverse-arp**。在去除动态 ARP 的干预之后，接下来需要通过命令"**frame-relay map ip** *对端 IP 地址 本地 DLCI* **[broadcast]**"来对本地 DLCI 和对端 IP 地址之间进行静态的绑定。

　　注意，在这条命令末尾的可选参数 **broadcast** 十分重要。在默认情况下，一条虚链路是只允许单播数据包通过的，如遇多播或广播数据包，DTE 会直接丢弃。如果希望设备向虚链路转发多播和广播数据包，就必须添加 **broadcast** 这个参数。鉴于大量协议的运行都需要借助多播地址，因此建议在一般情况下，都应添加 **broadcast** 参数。在 R1、R3 和 R4 的相关接口上，执行静态映射绑定的过程如例 13-12 所示。

*例 13-12    在路由器上执行静态映射绑定的配置方法*

```
R1(config)#interface serial 2/0
R1(config-if)#frame-relay map ip 134.1.1.3 103 broadcast
R1(config-if)#frame-relay map ip 134.1.1.4 104 broadcast

R3(config)#interface serial 2/1
R3(config-if)#frame-relay map ip 134.1.1.1 301 broadcast
R3(config-if)#frame-relay map ip 134.1.1.4 401 broadcast

R4(config)#interface serial 2/2
R4(config-if)#frame-relay map ip 134.1.1.1 401 broadcast
R4(config-if)#frame-relay map ip 134.1.1.3 403 broadcast
```

在完成配置之后，除了 ping 测试，我建议读者可以通过命令 **show frame-relay map** 对帧中继的映射进行查看，以验证配置的结果，如例 13-13 所示。

*例 13-13    show frame-relay map 的输出信息*

```
R1#show frame-relay map
Serial2/0 (up): ip 134.1.1.3 dlci 103(0x67,0x1870), static,
          broadcast,
          CISCO, status defined, active
Serial2/0 (up): ip 134.1.1.4 dlci 104(0x68,0x1880), static,
          broadcast,
          CISCO, status defined, active
```

注意，如果一条映射的状态为 active，则表示虚链接已经成功建立。另外，输出信息中的 CISCO 表示帧中继链路的封装类型为 CISCO，这是 Cisco 设备默认的帧中继封装类型。而接口后面的 IP 地址，则是各接口 DLCI 链路对端的目的 IP 地址。

此外，读者也可以通过命令 **show frame-relay pvc** 来查看 PVC 的状态，如例 13-14 所示。

*例 13-14    show frame-relay pvc 的输出信息*

```
R1#show frame-relay pvc

PVC Statistics for interface Serial2/0 (Frame Relay DTE)

            Active      Inactive      Deleted      Static
Local         2            0             0           0
Switched      0            0             0           0
Unused        0            0             0           0

DLCI = 103, DLCI USAGE = LOCAL, PVC STATUS = ACTIVE, INTERFACE = Serial2/0

 input pkts 0        output pkts 0          in bytes 0
 out bytes 0         dropped pkts 0         in pkts dropped 0
  out pkts dropped 0            out bytes dropped 0
```

```
    in FECN pkts 0          in BECN pkts 0          out FECN pkts 0
    out BECN pkts 0         in DE pkts 0            out DE pkts 0
    out bcast pkts 0        out bcast bytes 0
    5 minute input rate 0 bits/sec, 0 packets/sec
    5 minute output rate 0 bits/sec, 0 packets/sec
    pvc create time 00:05:05, last time pvc status changed 00:01:15

DLCI = 104, DLCI USAGE = LOCAL, PVC STATUS = ACTIVE, INTERFACE = Serial2/0

    input pkts 1            output pkts 1           in bytes 34
    out bytes 34            dropped pkts 0          in pkts dropped 0
    out pkts dropped 0                  out bytes dropped 0
    in FECN pkts 0          in BECN pkts 0          out FECN pkts 0
    out BECN pkts 0         in DE pkts 0            out DE pkts 0
    out bcast pkts 1        out bcast bytes 34
    5 minute input rate 0 bits/sec, 0 packets/sec
    5 minute output rate 0 bits/sec, 0 packets/sec
    pvc create time 00:05:05, last time pvc status changed 00:02:35
```

这里补充说明一点：在配置的过程中，读者可以尝试选择使用不同类型的 LMI。如不进行配置，那么 Cisco 设备默认使用的 LMI 类型为 cisco。如果希望进行修改，需要在相应的接口中，使用命令 "**frame-relay lmi-type** *LMI 类型*"。如果希望查看 LMI 的相关信息，可以使用命令 **show frame-relay lmi** 来实现。

### 帧中继的子接口及其配置

看过图 13-11 所示的拓扑，很容易产生这样一种想法：一个物理接口（比如 R1 的 S2/0）要是能当成两个逻辑接口来使用就好了，这样我们就可以给这两个逻辑接口配置不同子网的地址，让它们与不同对端建立的 PVC 属于不同的子网。倘若所有路由器的接口都可以下分为多个逻辑接口，那么图 13-11 的逻辑拓扑就可以变成图 13-12 所示的环境。

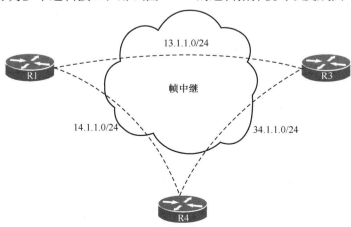

图 13-12　存在逻辑接口的条件下可以实现的环境

　　这么实用的技术当然是可以实现的，这样的逻辑接口在技术上称为**子接口**（**subinterface**）。也就是说，管理员可以根据需要将一个物理接口从逻辑上划分为多个子接口。

　　帧中继子接口分为两种类型，分别是**点到点子接口**和**多点子接口**。

- 点到点子接口就可以实现我们在这一小节一开始介绍的效果，也就是每个点到点子接口单独属于一个子网。点到点子接口连接的另一端必须也是点到点子接口，这两个点到点子接口之间的链路可以视为一条专线。
- 多点子接口的性质和物理接口相同。也就是说，一个多点子接口可以（像图13-11 那样）与多个远端的多点子接口或物理接口之间建立多条 PVC，但这些 PVC（也像图 13-11 那样）都位于同一个子网中。

　　我们先来测试点到点子接口（见图 13-13）。

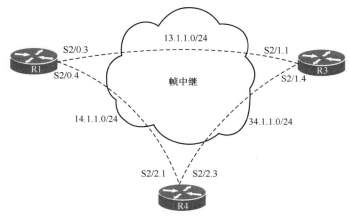

图 13-13　帧中继点到点子接口测试拓扑

　　当然，充当 DCE 的设备（也就是路由器 R2）的配置是不需要进行任何修改的，但 R1、R3 和 R4 的配置必须从头开始。

　　配置的第一步是在 R1 的 S2/0 接口上将封装方式修改为帧中继，然后将这个接口打开。这是配置帧中继子接口之前的必要步骤。

　　下一步是在 R1 上启用点到点子接口，其命令和打开一个接口类似，只不过需要在后面添加上这个子接口的类型。例如，在本例中启用 S2/0.3，那么对应的命令就是 **interface s2/0.3 point-to-point**。然后在接口上配置相应的 IP 地址（**ip address 13.1.1.1 255.255.255.0**），以及帧中继动态映射（**frame-relay interface-dlci 103**）。其余接口的配置完全可以套用这里的配置，因此略过不提。整个的配置过程如例 13-15 所示。

*例 13-15　点到点子接口的配置*

```
R1(config)#interface serial 2/0
R1(config-if)#encapsulation frame-relay
```

```
R1(config)#interface serial 2/0.3
R1(config)#interface serial 2/0.3 point-to-point
R1(config-subif)#ip address 13.1.1.1 255.255.255.0
R1(config-subif)#frame-relay interface-dlci 103
```

在完成上述全部配置之后，强烈推荐读者自行使用此前介绍的 **show** 命令，观察点到点子接口环境中的各种映射及其状态。

当然，这里必须强调一点，之所以在上面的配置中采用了动态映射，是因为点到点类型的子接口只支持动态映射，而不支持静态映射。那么，这个环境中是否有逆向 ARP 工作呢？答案是没有的。我们在 13.1.2 节中曾经介绍过，点到点环境是自古华山一条路，数据包是没有其他地方可去的，因此也没有必要依赖逆向 ARP 去建立逆向地址映射，只要拥有本地 DLCI 就足够发送数据帧了。

下面我们简单测试多点子接口与物理接口结合的环境，测试环境如图 13-14 所示。

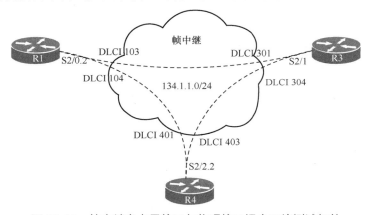

图 13-14　帧中继多点子接口与物理接口混合环境测试拓扑

上述环境的配置相当简单，除了需要启用两个子接口，配置与例 13-8 和例 13-9 几乎没有区别。此外，多点子接口的性质与物理接口相同，它也可以采用动态映射与静态映射两种方式。静态映射的具体配置方法可以参见例 13-16。

*例 13-16*　多点子接口与物理接口混合环境的配置

```
R1(config)#interface serial 2/0.4 multipoint
R1(config-subif)#ip address 134.1.1.1 255.255.255.0
R1(config-subif)#frame-relay map ip 134.1.1.3 103 broadcast
R1(config-subif)#frame-relay map ip 134.1.1.4 104 broadcast
```

鉴于帧中继各类环境测试的显示效果比较相近，对于少许不同之处读者完全有能力自行发现和解读，因此此后的测试仍旧留待读者自行完成。

再次强调，物理接口和多点子接口都有多点属性，也就是一个接口下可以配置多个 DLCI，对应多条 PVC。而点对点子接口则只能配置一个 DLCI，也只能连接一条

PVC。建议读者在实际配置时尽量多用子接口，因为这样能够提高网络的可扩展性，是一种更有远见的做法。

关于帧中继的配置和测试，到此已经全部结束。但关于子接口，我们还有一个小小的理论话题。

### 非广播多路访问与水平分割

图 13-15 对图 13-8 进行了简单的改造。这是一个以 R1 为中心节点的帧中继星形互连拓扑，所有帧中继接口皆为物理接口或多点子接口，因此这些接口均位于同一个子网之中。此时，R2 通过自己的帧中继接口在这个网络中发送了一个广播数据包，那么 R3 能接收到这个数据包吗？

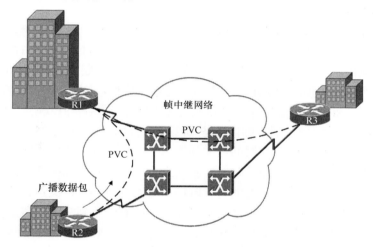

图 13-15  NBMA 网络

答案是不能。**帧中继物理接口或多点子接口的网络是非广播多路访问（NBMA）网络**。顾名思义，这类网络虽然可以连接 2 台以上的设备，让它们在 3 层处于同一个网络当中（由此实现多路访问），但这类网络的设备在 2 层并不处于同一个广播域中。

这就是 NBMA 这种 2 层的网络类型值得注意的地方：在广播网络（如以太网）环境中，一台路由器发送路由更新数据包，其他设备就可以接收到这个数据包。而在图 13-15 所示的环境中，如果 R3 不能直接通过帧中继网络接收到 R2 发送的路由更新数据包，那么要想让 R3 接收到这个数据包，就必须依赖 R1 进行转发。那么 R1 会进行转发吗？

如果使用的是距离矢量路由协议，问题就出现了——因为水平分割规定，为了防止出现环路，从一个接口接收到的数据包不能再从同一个接口转发出去。

因此，在 NBMA 网络中，如果使用距离矢量路由协议，为了避免路由学习出现问题，应该关闭物理接口或多点子接口的水平分割。欲知方法，请回顾图 9-6。没错，这一点早已在第 9 章中进行过了提示，这是跨越帧中继网络部署距离矢量路由协议的一个小贴士。

最后说明一点，目前帧中继技术的使用虽然还没有完全退出历史舞台，但确实日趋式微，已经完全不属于主流的技术。最新的 CCNA 官方 PPT 将这项技术放在传统广域网技术中进行介绍。对于读者来说，对这项技术应重点掌握它的架构，并通过这项技术了解路由器子接口的应用场景和 NBMA 网络的概念，帧中继本身的技术和配置细节反而可以不必深究。

## 13.1.4　PPPoE

在计算机网络这个行业，只要出现小写字母 o，大都是单词 over 的简写。这里的"over"和"game over"里的"over"不同，这里的 over 表示一种逻辑关系。以 PPPoE 为例，它的"E"是指"Ethernet"，因此 PPPoE 表示在以太网封装的基础之上，再套用逻辑的 PPP。

关键是，两个同属数据链路层的协议之间进行套嵌，这样做的意义何在?

我们不妨用最为寻常的穿衣作一个类比。试想，人们为什么会有不同类型的服装，如制服、燕尾服、休闲装、睡衣、防弹背心、秋衣、泳衣、内衣等，可谓不一而足。这显然是因为不同类型的服装提供了不同的功能：制服是工作 8 小时内的正式着装、燕尾服是工作 8 小时外的正式着装、休闲装是休闲场合的服装、睡衣可以穿着睡觉、防弹服可以给穿着者提供保护、秋衣的作用是保暖、泳衣的作用是下水、内衣是贴身穿的，等等。

但一般来说，人们穿衣服的需求并不单一，我们常常希望衣服能够给我们提供多重效果。为此，人们穿衣服的时候才会一件套一件地穿。如果你在内衣外面穿了件秋衣，秋衣外面又穿了制服，可能是你既需要出席工作场合，又希望达到保暖的效果；如果你在休闲服里面穿了泳衣/裤，有可能是你打算开车到海滨沙滩后把外衣脱在车里直接去沙滩上晒日光浴；如果你在制服里面穿了一件睡衣，有可能表示你的公司正在大力鼓吹睡袋文化，更有可能说明你应该去咨询一下精神科医师……

另外，穿这些衣服的**顺序**也与功能有关，比如你在秋衣外面穿了防弹背心，防弹背心外面穿了休闲服或者西装，可能是你的工作既需要伪装，又面临中弹的风险。如果你直接把防弹背心穿在最外面，说明你的工作明明白白就是防暴，不需要任何伪装。另外，把防弹背心穿在最外面，万一中弹，不但无性命之虞，连防弹背心里面的服装都没有被子弹洞穿之忧。换句话说，防弹背心的保护功能，也作用在了穿在里面的那些服装上。

网络领域的逻辑大同小异：协议定义了封装方式，封装方式提供了对应的功能。协议与功能就是这样对应在一起的。因此，当我们选了某个协议，就像我们选择了一件衣服，我们看重的是它的功能属性。而当我们套嵌协议的原因也像我们套嵌服装一样，只是因为某一个协议并不足以提供我们需要的所有功能。

### *PPPoE 的原理*

回到 PPPoE 的话题。PPPoE 就是为了利用 PPP 的功能 (尤其是地址分配功能和计费功能），而在以太网这件广播媒介的物理内衣之外，套了个 PPP 的逻辑马甲。这种技术在小区组网时得到了相当广泛的采用，是一项实用性极强的技术。下面我们来具体介绍一下这项技术的工作原理。

如图 13-16 所示，PPPoE 的通信建立过程可以分以下 4 步。

步骤 1　客户端的设备（也就是用户主机）在局域网中以广播的方式发送 PADI 数据包，请求与访问集中器（也就是 PPPoE 的服务器端）建立连接。

步骤 2　访问集中器接收到客户端发来的 PADI 数据包，于是发送了一个 PADO 数据包对这个建立连接的请求进行应答。

步骤 3　用户主机通过 PADO 了解到了访问集中器的 MAC 地址，于是以单播的形式向访问集中器发送请求报文 PADR。

步骤 4　访问集中器在接收到主机发来的 PADR 报文之后，就会开始准备与它建立 PPP 会话，这包括会为这个 PPP 会话分配一个唯一的会话进程 ID。接下来，访问集中器会向主机发送一个 PADS 报文，其中包含这个会话进程 ID。

图 13-16　PPPoE 的通信流程

在完成了上述 4 步之后，主机就可以和访问集中器相互发送 PPP 数据了。

### PPPoE 的配置

PPPoE 实验的拓扑同样相当简单，也不必很复杂，具体环境如图 13-17 所示。

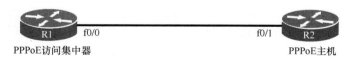

图 13-17　PPPoE 实验拓扑

首先声明，PPPoE 的服务器端多是服务提供商设备，客户是看不见也摸不着的。

好吧，如果你没看明白，我还能把这句话说得再功利一点：如何配置 PPPoE 的服务器端（访问集中器端），并不在 CCNA 大纲要求的范畴之内。但为了确保读者的实验能够顺利完成，我们在例 13-17 中提供了服务器端（R1）的基本配置，除了其中几条需要与客户端设备相互配合的命令之外，其余命令的用途不作进一步解释，读者在实验环节中按照我们提供的配置输入即可。

*例 13-17　PPPoE 服务器端（R1）的配置*

```
interface f0/0
 no ip address
 pppoe enable group CISCO

bba-group pppoe CISCO
 virtual-template 1

interface Virtual-Template 1
 ip address 12.1.1.1 255.255.255.0
 peer default ip address pool yeslab
 ppp authentication chap
 ip tcp adjust-mss 1452

ip local pool yeslab 12.1.1.100 12.1.1.200

username R2 password cisco
```

虽然对于上述命令我们并没有加以解释，但是相信读者能够看出各个命名之间的逻辑关系。简而言之，管理员需要先在物理接口下启用一个 PPPoE 组（CISCO），然后在这个组（CISCO）中创建一个虚拟模板（virtual-template 1）。最后在这个虚拟模板（virtual-template 1）中配置 IP 地址和 PPP 认证方式，同时还要在虚拟模板中通过一个命名的地址池（yeslab），来指定可分配给客户端设备的 IP 地址。

特别嘱咐一句，别忘了打开（**no shutdown**）物理接口。

在完成上述配置之后，我们当然还要在全局配置模式下指定这个地址池（yeslab）的地址范围（12.1.1.100～12.1.1.200），以及认证使用的用户名（R2）和密码（cisco）。

> 注释：bba-group 中的 bba 是带宽汇聚（broadband aggregation）的简称，和那三个德国家用机动车品牌（奔驰、宝马、奥迪）没有关系。

虽然前面有言在先，不会对 PPPoE 服务器端的配置进行过多解释，但我还是简略地解释了几乎所有的相关命令。只有一条命令完全没有提及，那就是 **ip tcp adjust-mss 1452**。别急，不解释的原因恰恰是这条命令比较重要。因此，我会在本章最后，对这条命令的作用以及使用这条命令的理由进行详细解释。

下面说说 PPPoE 配置环节的重中之重——如何将 Cisco 路由器配置为一台 PPPoE 客户端，让 Cisco 路由器充当图 13-16 中的"主机"。

客户端的配置分为两大步骤，第一步是配置物理接口。配置物理接口时，我们需要设置一个拨号池编号，具体的命令是在接口配置模式下，输入 **pppoe-client dial-pool-**

**number** *编号*。这条命令的作用是建立拨号配置文件与物理接口之间的关联。退出接口之前，别忘了 **no shutdown**。

第二步是配置拨号接口。这一步涉及的命令比较多。

首先，使用命令 **interface dialer** *接口号*进入这个拨号口中。

在拨号口中，我们需要使用命令 **encapsulation ppp** 将拨号接口封装为 PPP，并使用命令 **ip address negotiated** 让拨号接口使用协商的 IP 地址。

接下来，我们需要输入 **dialer pool 1** 将拨号接口与拨号池进行绑定，然后输入 **ppp chap password** *密码*供访问集中器（R1）对自己进行认证。最后，可以输入 **dialer persistent** 使 R1 始终保持拨号的状态（见例 13-18）。

例 13-18　PPPoE 主机端（R2）的配置

```
interface f0/1
 no ip address
 pppoe-client dial-pool-number 1

interface Dailer 1
 encapsulation ppp
 ip address negotiated
 dialer pool 1
 ppp chap password cisco
 dialer persistent
 ip mtu 1492
 ip tcp adjust-mss 1452
```

在配置拨号接口时，还有两条命令需要输入，原因暂不解释，它们是 **ip mtu 1492** 和 **ip tcp adjust-mss 1452**。

完成上述配置之后，我们可以使用命令 **show ip interface brief** 来查看拨号的状态。一旦 Dialer1 接口成功获得了（在 R1 上配置的）地址池范围内的地址，就表示实验圆满成功。如果读者还想了解 PPPoE 活动会话的相关信息，可以通过命令 **show pppoe session** 进行查看。

## MTU 之削足适履

下面我们来解决前面遗留的 MSS 和 MTU 问题。以太网接口默认的最大传输单元(MTU) 值是 1500 字节，当一台充当 PPPoE 客户端的路由器通过另一个以太网接口接收到了一个大小为 1500 字节的数据，并要把它通过 PPPoE 传输出去的时候，这个大小为 1500 字节的数据就要在穿上以太网封装的外套之前，先在里面套上一件 PPPoE 的内衣。也就是说，这个数据需要在封装以太数据帧头部之前，先在里面封装一个 8 字节的 PPPoE 头部。于是，以太网所封装的数据就变成了 1508 字节，超过了 MTU 的 1500 字节上限，如图 13-18 所示。

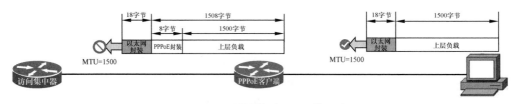

图 13-18　需要修改 MTU 的理由

显然，为了避免出现图 13-18 这样的情形，必须对接口的 MTU 值进行修改，这一点应该已经很明确了。想必此时读者疑惑的是：明明因 MTU 太小而限制了数据帧的传输，为什么在调整 MTU 时，反而需要把 MTU 调整得更小（从 1500 调整为 1492）呢？

我们一起来做个心理测试：假设我开的轿车自重 1550 千克，加上车里长期配备的一些物件（包括车载空气净化器、灭火器、破窗锤等）共计 1570 千克，而我本人体重 90 千克。因此，我和车共重 1660 千克。现在，我考过了 DC 方向的 CCIE，行有行规，于是我去超市消费了重达 60 千克的各类饮料，以激励和慰劳仍在 YESLAB 夜以继日奋斗的兄弟姐妹们。可是，在我们家到 YESLAB 之间，有一座桥限重 1700 千克，请问我要如何开着这辆车，拉着这些饮料去 YESLAB 和大家分享？

如果你的答案是：先拉 40 千克的饮料过去，第二次再拉剩下 20 千克的饮料，你的心智基本正常。如果你的答案是：通过扩建，把桥的限重提高到 1720 千克，我强烈怀疑你有妄想症和自大狂的倾向，请你立刻放下这本书去咨询专业医师。

桥是公共资源，饮料是你的私人财产。套用一句曾经炒得很热的话：如果改变不了这个世界，就改变自己去适应这个世界。局域网接口的 MTU 是 1500，这是默认的数值，是一种公共标准。就算你修改了自己路由器接口的 MTU，你也没法修改访问集中器的 MTU——前面我们说过，那是一台你看不见也摸不着的设备。既然提高公共标准基本属于痴人说梦，那么只能降低私人标准，如图 13-19 所示。

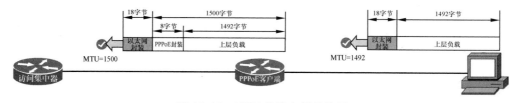

图 13-19　MTU 修改之后的效果

最后，简单说说 MSS 是什么。MSS 是 4 层 TCP 数据包每次传输的最大数据长度。因此，MSS 值等于 MTU 值减去 20 字节的 IPv4 头部，再减去 20 字节的 TCP 头部。说清楚了修改 MTU 的原因及方法，相信将 MSS 修改为 1452 的理由已经不言自明了。

## 13.2　总结

本章对应的 CCNA 考点：

1.2.d　WAN。

在本章中，我们对各类广域网的连接方式进行了概述。同时又对 HDLC 和 PPP 的基本理论和配置方法进行了介绍。在讲解 PPP 的过程中，我们也对 PPP 采取的两种验证协议——PAP 和 CHAP 的原理和配置方法分别进行了解读和演示。

在本章的最后一部分，我们用大量的篇幅对一种在私有基础架构的基础上通过交换线路实现广域网连接的技术——帧中继进行了较为深入的介绍，并分别演示了 DCE 和 DTE 的配置及验证方法。关于帧中继子接口的概念、类型与配置，我们也在本章进行了简要的介绍。读者在阅读本章时，不必深究各项技术的细节，而应把重点放在理解广域网的架构、各项技术之间的异同，以及封装嵌套的逻辑上。

截至目前，我们已经根据 CCNA 的考试要求对传统 IPv4 网络中的必备知识进行了概述。然而，在本书的路由部分行将完结之际，还有一项至关重要的技术需要 CCNA 考生掌握。

## 本章习题

1. 下列哪两项属于广域网连接技术？
   a. WAP
   b. 以太网
   c. IPSec
   d. DSL
   e. PPP

2. 下面哪条命令可以查看帧中继链路的封装类型（是 CISCO 还是 IETF）？
   a. **show inter serial**
   b. **show frame-relay lmi**
   c. **show frame-relay map**
   d. **show frame-relay pvc**

3. 目前，管理员需要修改一个在用的串行接口配置，让它能够连接第二条帧中继虚链路。下列哪一步与实现上述设置无关？
   a. 禁用水平分割以防止子接口网络之间出现路由环路
   b. no 掉物理接口的 IP 地址
   c. 通过 **interface** 命令创建两个虚拟的子接口
   d. 为每个子接口分配一个单独的 IP 地址

4. 命令 **frame-relay map ip 192.168.1.1 103 broadcast** 的效果是什么？
   a. 定义所有 DLCI 103 上的广播数据包所使用的源 IP 地址
   b. 定义使用哪个 DLCI 来传输所有发往 IP 地址 192.168.1.1 的数据包
   c. 定义所有 DLCI 103 上的广播数据包所使用的目的 IP 地址

    d. 定义在哪个 DLCI 上接收从 IP 地址 192.168.1.1 发出的数据包

5. 下列哪条命令可以查看帧中继静态配置的 DLCI 目的地址?

    a. **show inter serial**

    b. **show frame-relay lmi**

    c. **show frame-relay map**

    d. **show frame-relay pvc**

6. 逆向 ARP 的作用是什么?

    a. 已知 IP 地址,获取对应的 MAC 地址

    b. 已知 DLCI 号,获取对应的 IP 地址

    c. 已知 SPID,获取对应的 MAC 地址

    d. 已知 DLCI 号,获取对应的 MAC 地址

    e. 已知 MAC 地址,获取对应的 IP 地址

7. 在 PPP 链路上使用 CHAP 验证机制的陈述,下列哪两项是正确的?

    a. 只有在链路建立的过程中,设备才会执行 CHAP 验证

    b. 在链路建立之后,CHAP 依旧会周期性地发送信息

    c. CHAP 验证采用了三次握手的机制

    d. CHAP 验证采用了两次握手的机制

8. 关于路由器命令 **frame-relay map ip 10.1.1.5 105 broadcast** 的陈述,下列哪一条是正确的?

    a. 这是一条全局配置模式命令

    b. 105 是接收信息的远端 DLCI

    c. 10.1.1.5 是这台路由器转发数据的那个接口的 IP 地址

    d. 可选项 **broadcast** 的作用是让 RIP 更新这类数据包可以穿过 PVC 进行发送

9. PPP 工作在 OSI 模型的哪一层?

    a. 第 2 层

    b. 第 3 层

    c. 第 4 层

    d. 第 7 层

10. 下列哪个 PPP 子协议负责协商验证?

    a. NCP

    b. ISDN

    c. LCP

    d. DLCI

到目前为止介绍的各类技术，尤其是各类路由技术，都是以将网络中的所有设备连接起来，使其能够随心所欲地相互访问为目的的。而本章所介绍的技术却是为了对这种"自由"访问添加某些限制。为什么要限制访问以及如何实现这种限制是本章将要解决的问题。

在回答为什么要使用之前，让我们先来看看什么是访问控制列表。顾名思义，访问控制列表（Access Control List，ACL）就是"对访问行为进行控制的列表"，列表中明确列出了允许或拒绝哪些流量。以乘坐交通工具为例：航空公司会根据乘客名单来允许乘客登上飞机；地铁闸口会根据乘客是否持有有效车票来放行或拦截乘客。对于航空公司来说，ACL 就是那张乘客名单，上面明确列出了有资格登机的乘客姓名、性别、国籍、护照号码，甚至照片等信息，以便明确地对应到每一个人，这种 ACL 也可以称为"白名单"；地铁闸口当然不可能识别每一个人的具体身份信息，当然也没有这个必要，因此我们可以认为它使用的是"黑名单"，也就是拒绝没票入站的人。

从上述两个场景可以发现，白名单的限制更为严格，相对应的优势是更为安全，但名单本身容易变得比较庞大；黑名单的限制则相对宽松，名单本身也要相对精简一些。白名单和黑名单的设立都是为了实现访问控制，选择使用哪种方式要根据具体情况和想要实现的效果而定，甚至还可以根据需要设置多重限制，就像乘客不光得有票，还要通过安检一样。

航空公司和地铁之所以设置票务制度，是出于营收的考虑。但网络中使用 ACL 是出于安全的考虑，这样看来，与其将 ACL 与乘客名单类比，不如将 ACL 与安检规则对照。航空公司对于乘客带上飞机的"身外物"是有严格限制的，不光很多物品不许带，就连容器的尺寸都有标准，这些甚至有些苛刻的限制都是为了保障飞行的安全。

在网络中使用 ACL 也是为了保障安全，无论是保障私有网络中信息的安全，还是保障文件服务器中数据的安全，归根结底都是保障"资源"的安全。网络中充斥着诸多可供人们访问的"资源"，有些是公共的（不花钱谁都能看），有些是私有的（花钱才能看，或者就算花钱也不给你看），为了保证这些资源不被滥用，需要限制哪些人有资格对其进行访问。

机场的安检系统会通过设备和人工来实现保障的目的。在网络中，ACL 又是如何实现对资源的保护呢？继续阅读本章后续内容，你会找到答案。

## 14.1 ACL 的应用

**ACL 最直观也是最基本的应用就是过滤数据包**。在没有应用 ACL 的环境中，路由器在接收到一个数据包之后，会通过查询路由表来判断应该对这个数据包进行转发还是丢弃。而在应用了 ACL 之后，即使路由器知道去往数据包目的地的路由，它也要根据 ACL 中的定义执行"放还是扔"的判断，该丢弃时绝不手软。ACL 还可以允许或拒绝会话的建立，比如可以在路由器的管理接口上设置一个 ACL，以白名单的形式指明哪些 IP 地址可以登录到本设备进行管理。

ACL 还有一些其他的应用方式，也就是将 ACL 作为一个步骤，与其他特性结合起来实现较为复杂的需求。在这里我们简单举两个例子，大家感受一下。

- 可以使用 ACL 对数据包进行分类，也就是按照某些规则对数据包进行匹配，匹配后的数据包被放到某个类别中，之后再由其他特性对这些分类好的数据包实施后续操作。
- 通过使用 ACL，管理员可以管理路由信息的接收和发送。默认情况下，一台路由器会把对端路由器发来的所有路由信息照单全收。使用 ACL 就可以让路由器有选择地接收一部分路由信息；同时还可以在路由器向对端路由器发送路由信息时，有选择地只发送一部分路由。

作为最基础的数据包检查工具，ACL 的应用手法繁多，因此有必要牢牢掌握 ACL 的相关知识和配置命令。

## 14.2 ACL 的工作原理

在一个 ACL 中可以有多条匹配语句，每条匹配语句由匹配项和行为（允许或拒绝）构成。匹配项表明了使用数据包中的哪个字段进行匹配，可以使用源 IP 地址、目的 IP 地址和端口号等参数（见图 14-1）。

当路由器接收到一个数据包，并需要使用 ACL 对其进行匹配时，路由器会按照从上到下的顺序，将数据包逐一与 ACL 中的每条匹配语句相比对。若数据包与第一条语句相匹配，路由器就会根据第一条语句中的行为，相应地放行或丢弃数据包；若数据包与第一条语句不相匹配，路由器会将其与第二条语句进行比对，若匹配则实施相应操作，若不匹配则继续与下一条语句进行比对；以此类推，直到数据包与某条语句匹配为止。若数据包与 ACL 中定义的所有语句都不匹配，每个 ACL 的末尾都有一条默认隐含的"拒绝所有"语句，数据包最终会与这条语句相匹配。

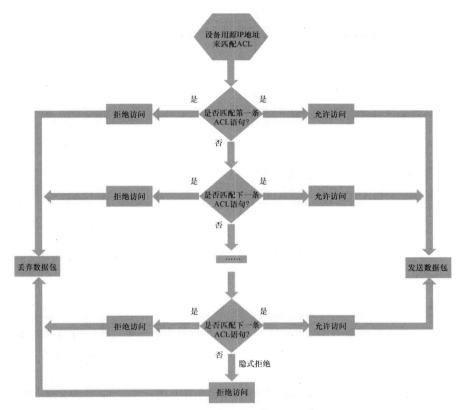

图 14-1　访问控制列表的工作原理

提示一句，既然设备处理 ACL 条目是有序的，那么在配置 ACL 时，就一定要注意语句的配置顺序。

## 14.3　ACL 的类型

ACL 的类型有很多种，包括 IP ACL、二层 ACL 和基于其他协议的 ACL。这里只介绍应用最为广泛的标准 ACL 和扩展 ACL，分别相当于 IP ACL 的标准应用和高级应用。

- 标准 ACL。
  - 检查源 IP 地址。
  - 允许或拒绝整个 IP。
- 扩展 ACL。
  - 检查源 IP 地址和目的 IP 地址。
  - 允许或拒绝某个指定的协议。

如上所示，标准 ACL 中涉及的参数只有源 IP 地址和行为（允许或拒绝），并不能针对具体协议进行管理。如果只是希望放行一个 IP 地址（或网段），并且无须对它发送的流量类型进行限制的话，使用标准 ACL 就足够了。

但若想针对这个 IP 地址的一部分流量进行限制，比如禁止使用 FTP 下载，就需要使用扩展 ACL 了。扩展 ACL 的参数中包含第 4 层端口号，因此可以精确匹配到"来自某 IP 地址的 FTP 流量"，之后对这个流量应用拒绝行为就可以了。

## 14.4　ACL 的配置

ACL 的配置分为以下两个步骤。

步骤 1　配置 ACL。

步骤 2　应用 ACL。

接下来我们分别介绍标准 ACL 和扩展 ACL 的配置。

配置 ACL 有两种方法，一种是编号的 ACL，另一种是命名的 ACL。我们先来看看编号 ACL 的配置方法。顾名思义，这种方式是以编号来区分每个 ACL 的。

### 14.4.1　标准 ACL 的配置命令

配置编号的标准 ACL 的命令语法为"**access-list** *ACL 编号* { **permit** | **deny** } *源地址* [*反掩码*]"。这条命令有点复杂，下面我们分项对这条命令进行介绍。

- 这条命令要在全局配置模式下使用。
- "*ACL 编号*"这项参数会与 ACL 的类型相对应，标准 ACL 所使用的编号范围是 1~99 和 1300~1999。
- 关键字 **permit** 或 **deny** 定义了设备对流量采取的行为；当流量与管理员定义的条件相匹配时，相应地允许或拒绝流量。
- 前文已经介绍过，标准 ACL 只能根据源 IP 地址进行匹配，因此每条匹配语句中的匹配项只能定义源 IP 地址（网络地址或主机地址都可以）。也可以在这里使用关键字 **any** 来匹配任意地址。
- "*反掩码*"是可选的参数。反掩码的概念已经不是第一次出现了。这里再次介绍一下它的用法。反掩码与子网掩码"相反"，即子网掩码为 1 的位，这里要改成 0，同样子网掩码为 0 的位，这里要改成 1。这是因为"0"表示必须匹配，"1"表示忽略，这样写出来的反掩码才可以把需要匹配的位"露出来"。

### 14.4.2　标准 ACL 的实验

现在我们要在路由器 R1 的 E0 接口上应用入向 ACL，允许除 10.1.1.0/24 网段之外的所有流量进入路由器。图 14-2 所示为案例拓扑，例 14-1 则为对应的配置命令。

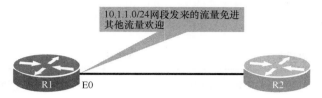

图 14-2   入向标准 ACL 需求

*例 14-1   入向标准 ACL 的配置*

```
R1(config)#access-list 10 deny 10.1.1.0 0.0.0.255
R1(config)#access-list 10 permit any
R1(config)#interface ethernet 0
R1(config-if)#ip access-group 10 in
```

读者在这里一定要注意 ACL 10 中的第二条匹配语句 **access-list 10 permit any**。由于所有 ACL 在末尾处都有一条隐含的"拒绝所有"语句，因此若没有在 ACL 中配置任何 **permit** 语句的话，这个 ACL 就会拒绝所有流量。

此外，也不要忘记配置案例中的最后一条命令，这条命令的作用是调用这个已经配置好的 ACL。这是一条接口配置模式下的命令，因此要先使用 **interface** 命令进入接口配置模式（注意命令提示符的变化），然后在接口的入向调用 ACL。

## 14.4.3   扩展 ACL 的配置命令

配置编号的扩展 ACL 的命令语法如下所示。

**access-list** *ACL 编号* { **deny** | **permit** } *协议 源地址 反掩码 目的地址 反掩码*

参照上面的示例，这条命令需要注意的内容如下。

- 这条命令也要在全局配置模式下使用。
- 扩展 ACL 所使用的编号范围是 100～199 和 2000～2699。
- 关键字 **permit** 或 **deny** 定义了行为，当流量与管理员定义的条件相匹配时，相应地允许或拒绝流量。
- 扩展 ACL 可以根据上层协议信息来精确匹配某种协议的流量。通过"*协议*"这个参数来设置要求设备匹配的协议，我们可以在这里填写协议的名称或协议号。
- 要在"*源地址 反掩码*"参数部分输入数据包的源网络地址及掩码。如果表示所有地址，可以使用关键字 **any** 来替代 0.0.0.0 255.255.255.255；如果源地址是一台主机地址，可以用"**host** *源主机地址*"来表示主机，简化"*源主机地址* 0.0.0.0"的配置。
- 要在"*目的地址 反掩码*"参数部分输入数据包去往的网络地址或主机地址。如果表示所有地址，可以使用关键字 **any** 来替代 0.0.0.0 255.255.255.255；如果目的地址是一台主机地址，可以用"**host** *目的主机地址*"来表示主机，简化"*目的主机地址* 0.0.0.0"的配置。

### 14.4.4　扩展 ACL 的实验

现在我们要在路由器 R1 的 F0/0 上应用一个出向 ACL，不允许主机 10.1.1.10 浏览网页，同时允许 10.1.1.0/24 网络中的其他主机浏览网页。图 14-3 所示为实验的案例拓扑，例 14-2 则是配置命令的示例。

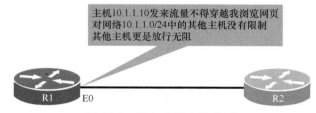

图 14-3　出向扩展 ACL 需求

*例 14-2　出向扩展 ACL 的配置*

```
R1(config)#access-list 101 deny tcp host 10.1.1.10 any eq http
R1(config)#access-list 101 permit tcp 10.1.1.0 0.0.0.255 any eq http
R1(config)#access-list 101 permit ip any any
R1(config)#interface fastethernet 0/0
R1(config-if)#ip access-group 101 out
```

### 14.4.5　命名的 ACL

在使用编号 ACL 的时候，若想删除一个 ACL 中的某一条匹配规则，会导致什么后果呢？我们先来看一个案例。

从例 14-3 中可以看出，管理员配置了一个编号为 1 的标准 ACL。这时管理员发现第二个匹配条件写错了，需要删除这一条，于是他使用了 **no** 命令，详见例 14-4。

*例 14-3　使用命令 show ip access-list 来查看 ACL*

```
R1#show ip access-list
Standard IP access list 1
    10 permit 10.1.1.1
    20 permit 2.1.1.1
    30 permit 30.1.1.1
```

*例 14-4　删除配置错误的匹配项*

```
R1(config)#no access-list 1 permit 2.1.1.1
```

设备并没有报错，也没有给出任何提示性信息，但这样做带来的结果到底是怎样的呢? 请继续看例 14-5。

*例 14-5   再次使用命令 show ip access-list 来查看 ACL*

```
R1#show ip access-list

R1#
```

从例 14-5 可以看出来,整个 ACL 都被删除了。这不仅仅是标准 ACL 会遇到的问题,扩展 ACL 同样存在这个问题。要避免这种结果,我们可以使用命名的 ACL。

要想配置命名的 ACL,需要先在全局配置模式中使用命令"**ip access-list standard| extended** *ACL 名称*"来为这个 ACL 起一个名字。从命令格式可以看出来,命名的 ACL 也分为标准和扩展两种模式。

注意,上面这条命令除了为 ACL 命名并确定 ACL 的模式之外,还会让路由器进入 ACL 配置模式。其中,标准命名 ACL 的命令提示符是(config-std-nacl)#,扩展命名 ACL 的命令提示符是(config-ext-nacl)#。

进入 ACL 配置模式后,就可以开始配置 ACL 的匹配条目了。与刚才提到过的规则一样,在标准 ACL 中能够匹配的字段只有源 IP 地址;在扩展 ACL 中能够匹配源和目的地址以及协议。下面我们以命名的标准 ACL 为例,来演示配置和修改 ACL 的方法,详见例 14-6。

*例 14-6   配置命名的标准 ACL*

```
R1(config)#ip access-list standard yeslab
R1(config-std-nacl)#permit host 10.1.1.1
R1(config-std-nacl)#permit host 2.1.1.1
R1(config-std-nacl)#permit host 30.1.1.1
R1(config-std-nacl)#exit
R1#show ip access-lists yeslab
standard IP access list yeslab
    10 permit 10.1.1.1
    20 permit 2.1.1.1
    30 permit 30.1.1.1
```

现在,与之前的案例一样,粗心的管理员再次配错了第二条匹配规则,这时他想删除这条语句并重新配置,请看例 14-7。

*例 14-7   删除配置错误的匹配项*

```
R1(config)#ip access-list standard yeslab
R1(config-std-nacl)#no 20
R1(config-std-nacl)#exit
R1#show ip access-lists yeslab
standard IP access list yeslab
    10 permit 10.1.1.1
    30 permit 30.1.1.1
```

是的，这时我们就可以用每个匹配条目前面的编号来轻松删除某一条匹配条目了。这个编号不仅可以用来删除具体条目，还可以用来插入条目，详见例 14-8。

*例 14-8　插入匹配项*

```
R1(config)#ip access-list standard yeslab
R1(config-std-nacl)# 20 permit 20.1.1.1
R1(config-std-nacl)#exit
R1#show ip access-lists yeslab
standard IP access list yeslab
    10 permit 10.1.1.1
    20 permit 20.1.1.1
    30 permit 30.1.1.1
```

## 14.4.6　ACL 的配置建议

设计、配置和修改 ACL 可能是每个工程师在工作中经常会遇到的问题，我们接着来说说有关 ACL 的注意事项。

前文提到，**每个 ACL 的最后都默认有一条隐含的 deny 语句**。这个匹配条件只有当 ACL 中存在其他匹配项时才会生效。也就是说如果在一个接口应用了空的 ACL，效果就相当于没有应用 ACL，这个末尾的隐含 deny 语句并不会生效。此外，如果你的配置顺序是先在接口应用了 ACL，再详细配置 ACL 中的每个条目（这种配置顺序是可行的），那么当 ACL 中配置的第一个条目生效时，这个 ACL 末尾隐含的 deny 语句也同时生效，但是这种配置顺序会带来很麻烦的后果。因此，**建议读者先配置好 ACL 后，再在接口下调用它，不要调换这两个步骤的顺序**。

虽然 ACL 的末尾会有这么一条隐含的 deny 语句，但建议读者还是在每个 ACL 末尾自己手动敲上一条 **deny ip any any**。并不是因为设备自身的这条隐含语句不可靠，而是很多型号的设备有这么一项功能：通过 **show access-list** 命令可以看到每条语句的数据包匹配计数。隐含的那条 deny 语句在 **show access-list** 命令中是看不到的，因此当然也就看不到计数了。

说完了 **deny ip any any** 条件，再来看看 **permit ip any any**。这个匹配条件会匹配所有数据包，所以它也只适合充当"垫底"的语句，因为写在它后面的条目永远也不会被匹配上。数据包在与 ACL 进行匹配时，是按照从上到下的顺序去匹配 ACL 中的每一个匹配条件。一旦与某个条件匹配上了，设备就会按照这个条件中的行为对数据包采取行动。哪怕下一个匹配条件就是对这个数据包的更精确匹配，设备也会义无反顾地认准那个不怎么精确但优先的匹配条件。这也提示我们，**在设计 ACL 时，要把精确匹配的条目排在前面，把不怎么精确甚至能够匹配所有数据包的语句写在后面及最后**。

关于隐含的 **deny ip any any**，我忍不住还想再嘱咐两句。如果你只打算在网络中禁用 FTP，那么可千万别以为写一条拒绝 FTP 的匹配条件语句，再把这条命令调用到接口上就万事大吉了。考虑到 ACL 最后还有一条隐含的全拒语句，因此对于只有 deny 条件的 ACL，无论 deny 的流量多精确，最终的效果一定是把所有流量统统拒绝掉。**因此每个 ACL 中应该至少包含一条 permit 语句**，否则所有流量都无法通过，还不如直接 shutdown 接口或者拔掉数据线来得痛快呢。

在强调了 ACL 匹配条件的配置顺序和隐含 deny 条件后，最后对 ACL 的设计做一点提示，有心的读者可以在日后深入学习和工作的过程中，慢慢体会。

- 对于应用在入站方向的 ACL，设备会在对数据包执行路由查找之前，先将数据包与 ACL 进行匹配。
- 对于应用在出站方向的 ACL，设备会在对数据包执行路由查找之后，再将数据包与 ACL 进行匹配。

## 14.5 总结

本章对应的 CCNA 考点：

5.6 Configure and verify access control lists。

本章从 ACL 的用途着手，陆续介绍了 ACL 的工作原理和类型，并花大篇幅展示了各类 ACL 的配置，最后对 ACL 的配置提出了几点提示。ACL 是网络工程师最常接触的配置内容之一，因此有必要牢牢掌握这一部分内容。

## 本章习题

1.  下列哪一项属于标准 IP ACL？

    a.  **access-list 101 deny tcp any host 10.1.1.1**

    b.  **access-list 199 permit ip any any**

    c.  **access-list 10 deny 192.168.1.1 0.0.0.255**

    d.  **access-list 2300 deny tcp any host 192.168.1.1 eq http**

2.  在某个命名的 ACL 中，4 条语句的顺序如下，目前这个 ACL 被调用在了接口上，管理员这么做的初衷是希望阻塞子网 172.21.1.128/28 中的所有主机访问网络，除了这个子网的第一个和最后一个 IP 地址。可是，这个 ACL 显然无法阻止任何流量访问网络。现在，如果请读者重新排列这 4 条语句的顺序来达成管理员的设计目的，读者会如何排列？

    | 10 | permit any |
    |----|-----------|
    | 20 | deny 172.21.1.128 0.0.0.15 |
    | 30 | permit 172.21.1.129 0.0.0.0 |
    | 40 | permit 172.21.1.142 0.0.0.0 |

    a.  20-30-40-10

b. 40-30-10-20

c. 30-40-10-20

d. 30-40-20-10

3. 标准 ACL 中包括下列哪些参数?

a. 源地址及子网掩码

b. 源地址及反掩码

c. 目的地址及子网掩码

d. 目的地址及反掩码

4. 在接口 g0/0 上应用命令 **ip access-group 110 out** 的效果是什么?

```
access-list 110 permit ip 10.10.10.0 0.0.0.255 any
```

a. 所有源自 10.10.10.0/24 这个网络的流量都可以得到放行

b. 关于 10.10.10.0 这个网络的路由更新信息,g0/0 这个接口都会拒绝

c. 这台路由器无法再进行 Telnet 访问

d. IP 流量都可以通过;而 TCP 和 UDP 流量则无法通过

5. 下列哪个 ACL 与 **access-list 101 permit udp 10.1.1.0 0.0.0.255 any eq rip** 等价?

a. **access-list 101 permit udp 10.1.1.0 0.0.0.255 0.0.0.0 255.255.255.255 eq 250**

b. **access-list 101 permit udp 10.1.1.0 255.255.255.0 any eq 250**

c. **access-list 101 permit udp 10.1.1.0 0.0.0.255 0.0.0.0 255.255.255.255 eq 520**

d. **access-list 101 permit udp 10.1.1.0 255.255.255.0 any eq 520**

# 第15章

满打满算，IPv4 这 32 位的地址空间包含了不到 43 亿个地址，就算这些地址都可以同等地作为全球可路由单播地址分配给大家，平均每 3 个地球人也只能分配到不到 2 个 IPv4 地址。那么，3 个人获得 2 个 IPv4 地址够用吗？

乡村地区我去得不多，我只能说在所有我去过的城市（哪怕是最不发达国家的城市）中，人均拥有的联网设备也绝对不止 1 台。这一点是 IP 研发之初，研发人员们始料未及的。

也许那些"节流型"的技术（如 VLSM、NAT 等）可以在一定程度上减缓 IPv4 地址的消耗速率，但 IPv4 这 43 亿个地址毕竟是一潭死水，少一个是一个。为了保障越来越多的联网设备都有地址可用，就只能大幅度扩充 IP 地址空间，直至将它扩充到短时间内绝无可能消耗殆尽的地步，由此诞生了拥有 128 位地址空间的 IPv6。

在"万物互联"这句颇具蛊惑性的口号感召下，可联网设备这一范畴的外延正在不断延伸。但可联网设备毕竟也要有联网的价值，因此探讨这 128 位的地址空间是不是足以给每个可吸入颗粒物都分配到一个 IPv6 地址是没有意义的，毕竟可吸入颗粒物暂时也不需要联网。但可以肯定的是，128 位的地址空间在大家的有生之年是绝对够用了。

IPv6 够用了，IPv4 却用完了。尽管如此，在未来很多年，这两种地址都会在网络中共存，但 IPv4 终将遭到取代，而未来必然属于 IPv6。

有鉴于此，下面我们来具体探讨一下 IPv6 的理论及运用。

## 15.1　IPv6 数据包头部

如果不把 IPv6 的数据包头部和 IPv4 的头部放在一起比较，就无法突出本章的重点。首先，我们不妨通过图 15-1 来看看这两代互联网协议（IP）的数据包头部对比。

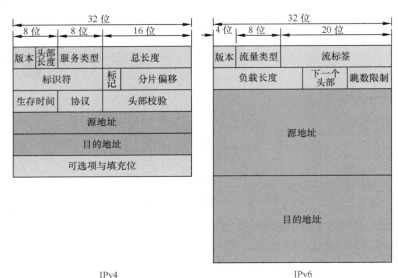

图 15-1　IPv4 与 IPv6 数据包头部的对比

> **警告：** 本章和第 5 章同为理论性极强的内容，要想把这些知识介绍得活灵活现，需要惊人的天赋和想象力。所以，尽管作者试图通过归纳总结、类比等方式带给读者与其他作品不同的讲述 IPv6 的方式，但是下面的文字仍有可能比之前的内容更加枯燥乏味。如果读者在阅读过程中感到不适，请立即停止阅读并自行通过足球、相声、二人转、网游、泡吧、约会、任性花钱等方式调节情绪。当然，费用请自理。

根据图 15-1 不难发现，如果不包括无法进行精简的**源地址**和**目的地址**字段，IPv6 的头部实际上比 IPv4 的头部还要短小精悍。根据 IPv6 头部字段与 IPv4 头部的关系，IPv6 的头部字段可以大体分为三类：沿用类、改良类和新增类。

- **沿用类**。IPv6 头部中的**版本**字段与 IPv4 头部的**版本**字段；IPv6 头部中的**流量类型**字段与 IPv4 头部中的**服务类型**字段；IPv6 头部中的**跳数限制**字段与 IPv4 头部中的**生存时间**字段；IPv6 头部中的**下一个头部**字段与 IPv4 头部中的**协议**字段在长度、设计初衷和功能上都相当类似。

- **改良类**。鉴于 IPv6 不再在数据包头部提供可选项字段（当然也就没什么可填充的），因此 IPv6 头部的长度是固定的，不必再用头部长度字段加以标识。由此，IPv6 头部的**负载长度**字段，可以视为对 IPv4 头部中的**头部长度**字段与**总长度**字段的改良。

- **新增类**。IPv6 头部中的"**流标签**"字段是 IPv4 数据包头部中所不具备的。这个字段的作用是唯一标识一组数据流，而不再通过其他参数对数据流进行标识。在专门介绍 IPv6 功能的读物中，新增的流标签字段向来是重中之重。

当然，也有一些 IPv4 头部字段没有再被定义在 IPv6 的头部中。总结起来，IPv6

头部对 IPv4 头部所进行的删减也可以分为三类。

- **与分片有关的字段**。在 IPv6 的世界里，如果路由器发现一个数据包必须分片才能转发，它就会丢弃这个数据包。只有数据包的始发设备可以通过一个专门的分片头部封装分片数据包。换言之，路由器只会处理分片数据包的转发，不再参与数据包的分片与重组，因此 IPv4 头部中所有那些与分片有关的字段，统统不再见诸 IPv6 头部。

- **与可选项相关的字段**。前面说过，IPv6 不再通过 IPv6 数据包头部提供可选项字段，因此 IPv6 的头部长度是固定的，于是 IPv4 的头部长度字段和总长度字段也就可以汇总为负载长度的字段。当然，这并不代表 IPv6 就不能实现扩展功能。如果说 IPv4 实现扩展功能的方式是"内嵌式"的，那么 IPv6 实现扩展功能的方式就是"外挂式"的，也就是说，IPv6 会通过添加新头部的方式来实现扩展功能。

- **头部校验字段**。IPv6 不再提供头部校验功能。换句话说，IPv6 将校验功能完全交给了上层的协议来执行。

在上文中，我们以两代 IP 头部字段的变化，总结了 IPv6 就 IPv4 所进行的一些修正。如果读者通过上面的描述可以隐约地感受到，IPv6 希望在一定程度上将路由器从一些无关轻重的处理任务中解放出来，更加专心致志地从事它的"转发"老本行，进而提高路由器的转发效率，那么上文的描述就是成功的。不仅如此，如果我们也像计算机一样擅长处理"64 位对齐"的数据，就会发现 IPv6 的头部比 IPv4 的头部"整齐"得多，这种头部结构让设备可以用一种高度流程化的计算方式来处理 IPv6，大大提高了处理信息的效率。

除了增强处理信息的能力，IPv6 对于一些重要安全协议、移动网络技术的支持都比它的上一代更上一层楼。这些内容比较深，有兴趣的读者可以自行阅读有关 IPv6 的文档或专著。

下面我们必须把重点转移到一个更"接地气儿"的话题上，那就是 IPv6 的地址究竟是如何构成、如何表示的。

## 15.2　IPv6 地址

IPv6 地址在表示方式和分类上都与 IPv4 地址有不小的差别，读者需要将其作为全新的知识点加以学习。万事开头难，读者在掌握了 IPv6 地址的基础知识后，就可以轻松驾驭 IPv6 在 Cisco 设备中的配置。

### 15.2.1　IPv6 地址的表示方式

相信读者早已对 IPv4 地址的点分十进制表示法耳熟能详，但 IPv6 地址还是第一次涉及。IPv6 地址通常用十六进制数来表示，每 16 位一段，一共 8 段，每段之间用冒号（:）隔开，如：

```
0123:4567:89ab:cdef:0123:4567:89ab:cdef
```

我不知道读者在之前配置的过程中最"怵"哪一部分，反正我感觉输入 IP 地址的那个过程最麻烦。一边看着拓扑上的地址，一边把地址读出声来，一边自己手动输入，看错了、念错了都有可能。

可别忘了，IPv4 地址用十进制表示，满打满算也就 12 个数，这样的地址的输入正确率尚且难以保证，对于 128 位的 IPv6 地址，表示的方法又是十六进制（小键盘帮不上忙），数字加字母一共 32 个，错误率更是可想而知。所以，如果有可能的话，我们都希望 IPv6 地址可以进行简化。当然，简化的最基本原则是不能产生歧义。

在这个原则之下，我们可以用下列两种方法对 IPv6 地址的表示方法进行简化。

- **每段中前导的 0 可以省略**。这个原则大家都很熟悉，比如一本书的售价为 30 元，没人会说成 030 元。按照这个原理，地址 21FB:0309:0000:0000: 0A25:000F: FE08:3C3C 就可以简化为 21FB:309:0:0:A25: F:FE08:3C3C。

- **当连续一段或几段为全 0 时，这几段可以简化为两个连续的冒号**（::）。因此，上面这个地址又可以进一步简化为 21FB:309::A25:F:FE08:3C3C。

**注意**，即使一个地址有多处都可以用"::"进行简化，我们也只能对前面一处用双冒号表示。这倒不是没事找事或者形式主义，因为如果连续两处都用"::"进行简化，就会产生歧义。

为什么会产生歧义？我举个例子。

假如贵公司的人力资源专员通过邮件发了个通知，这封邮件的内容是这样的："*下周休息 3 天，一次休完，周五开始休。*"那么这封邮件虽然写得非常别扭，但没有歧义，大家都能明白：下周周一到周四上班，周五、周六、周日 3 天休息。

但如果这封邮件是："*下周休息 3 天，分两次休完，第一次从周三开始休，第二次从周六开始休。*"那咱可就得给她发一封邮件追问一下具体的排班计划了，因为有两种放假安排都符合这封邮件的描述：一种是周三、周四、周六休息，其余时间上班；另一种是周三、周六、周日休息，其余时间上班。这句话的歧义在于，它没有说明哪一次休两天，哪一次休一天。

同理，如果把一个 IPv6 地址简化为"21FB::309:A25::F:FE08"，谁都不知道它到底是"21FB:0:0:309:A25:0:F:FE08"还是"21FB:0:309:A25:0:0:F:FE08"，因为这种地址表示方式没有说明省略的两部分当中，哪部分省略了 2 段，哪部分省略了 1 段。

### 15.2.2　IPv6 地址的分类

IPv6 的地址也分为单播地址、多播地址等几种不同的类型吗？答案当然是肯定的，而且 IPv6 地址的分类还很凌乱。总的来说，**IPv6 地址从用途上分为单播地址、多播地址和任播地址三类**。

在三类地址中，**前 8 位二进制数为 1，也就是前 2 个十六进制数为 FF 的 IPv6 地址即为多播地址**。而单播地址和任播地址的地址空间是相同的。

　　为了说清楚这个问题，我们必须简单介绍一下什么叫作"任播地址"。

### *IPv6 的任播地址概述*

　　多播地址和任播地址都是一对多的地址，也就是多个接口共用一个地址，但它们的工作机制完全不同。多播地址主要针对使用相同地址的设备，可以理解为一种对内的机制。使用多播地址的设备之间是社团成员（比如某部门职员、某组织会员等）的关系，一旦有与这个社团有关的内容，消息就会在社团内部进行传播和讨论。比如购买奥拓汽车的人加入了奥拓汽车的车友会，如果其中有人知道奥拓在推广回馈老客户的活动或者汽车出现什么问题需要召回，他/她就会把消息转发到这部分同好的手机。如果人家没买奥拓，买的是奥迪，就算收到这些消息也会自行删除。就算都姓奥，毕竟不是一个品牌，人家对这种不相关的信息大概也不感兴趣。在之前介绍动态路由协议的时候，我们每每提到这些协议会使用某个多播地址来传播路由信息，就是这个意思。也就是说，所有启用了 RIPv2 动态路由协议的设备，都会加入 224.0.0.9 这个"微信群"里，以便和其他 RIPv2 同好在群里聊些和 RIPv2 有关的事儿。

　　任播地址则主要针对的是其他设备，是对外的机制。使用任播地址的设备之间是连锁店的关系，这些设备都对外提供某项服务。当有设备请求这项服务时，请求服务的设备离谁的开销小，服务最终就由谁提供。比如我想吃麦当劳，会在麦乐送下单。半小时左右，就会有人送货上门。每次我问起来，送货上门的人都说是麦当劳五棵松餐厅的员工。之所以麦乐送网站会把我的订单发送给五棵松餐厅而不是新疆和田的麦当劳餐厅，无非是因为我离五棵松餐厅的距离最近（谁开销小，谁提供服务）。如果你在 YESLAB（北京）上课的时候点麦乐送，大概率会由四环边上的海淀餐厅给你送货，也是一样的道理。所以说，虽然任播也是多个接口使用相同的地址，但每次只有一个使用这个地址的设备会参与通信。

　　前文提到，任播和单播的地址范围是相同的，单从地址的角度，谁也看不出这是一个单播地址还是一个任播地址。但不管你配置的是单播地址还是任播地址，在把一个单播地址配置到设备接口上的时候，设备会"很主观地"认为这就是一个单播地址。所以，**如果你配置的是任播地址，而且需要把这个地址配置在好几台设备的接口上，就得明确告诉这些设备你配置的这个地址是任播地址，而不是单播地址。**

　　把本节的文字总结一下，可以写成一句话：IPv6 地址分为三类，FF 打头的是多播地址，其他地址是单播地址，单播地址也可以充当任播地址。

　　"这有什么可凌乱的？"你大概想问。

　　我们走着瞧。

### *IPv6 的单播地址分类*

　　IPv6 的单播地址可以分为 6 类，这 6 类地址功能各异，下面对它们一一进行介绍。

### 1. 全局单播地址

所有头 3 位二进制数为 001 的 IPv6 地址均为全局单播地址。换句话说，所有第一位十六进制数为 2 和 3 的 IPv6 地址都是全局单播地址，具体而言，全局单播 IPv6 地址范围是 2000::/3。

**IPv6 的全局单播地址等同于 IPv4 的公网地址**，也是由 IANA 进行分类的全网可路由地址。当然，IANA 不可能一直分配到第 128 位，它只分配到第 48 位。而第 49～64 位是全局单播地址的子网 ID，最后的 64 位则是接口 ID，如图 15-2 所示。

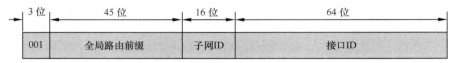

图 15-2　全局单播 IPv6 地址的构成

那么，接口 ID 是什么？其实说白了，**接口 ID 相当于 IPv4 中的主机位**。因为一台主机设备经常有不止一个接口，而每个接口都可以配置不同的地址，所以把定义接口的地址位叫作主机位，就不如叫接口位来得贴切。有意思的是，虽然 IPv4 网络中，我们也经常需要在一个接口上配置不止一个 IP 地址，但到了 IPv6 环境中，根本没有哪个接口是只有一个 IPv6 地址的，总之，接口位的叫法也恰恰是从 IPv6 付诸应用开始，才变得格外不合时宜。

在 IPv6 当中，除了管理员自行手动指定和配置接口 ID 之外，还有一些方式可以让接口自动获得接口 ID，比如将 2 层地址以某种方式转换为 64 位的接口 ID，或者通过其他自动配置功能随机生成，等等。

### 2. 站点本地地址（已不再使用）

所有头 10 位二进制数为 1111111011 的 IPv6 地址均为站点本地地址。具体而言，站点本地 IPv6 地址范围是 FEC0::/10。

IPv6 的站点本地地址等同于 IPv4 的私网地址，这种地址只能用于局域网内部，使用这种地址的设备无法和使用全局单播 IPv6 地址的设备进行通信。

但这个地址段在付诸实施之后，在使用上出现了很多问题。由于 RFC 3879 的反对（认为这个地址的定义含混不清），**目前 IPv6 已经不再把这种地址作为局域网中使用的地址，而使用唯一本地地址作为内部地址，其作用相当于 IPv4 地址中的私网地址**。

### 3. 唯一本地地址

所有头 7 位二进制数为 **1111110** 的 **IPv6 地址均为唯一本地地址。具体而言，唯一本地 IPv6 地址范围是 FC00::/7**。不过，关于唯一本地地址的第 8 位，还有文章。

如果第 8 位为 1，地址变成了 FD00::/8，这个 **FD00::/8 地址段才是真正用来充当 IPv4 RFC1918 地址功能的地址区间**。

而第 8 位为 0 的地址段 FC00::/8 据说会被定义为一个由地址分配机构进行管理的

全局 DNS 可查询但不可全局路由的全局唯一（不可复用）局域网地址。但截至目前，这个地址段的用法还没有标准化。

总之，唯一本地地址从第 **9** 位到第 **48** 位的数值是一个伪随机的全局 ID。而第 **49～64** 位是全局单播地址的子网 ID，最后的 **64** 位则是接口 ID，如图 15-3 所示。

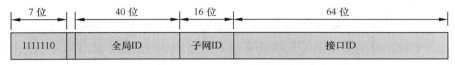

图 15-3　唯一本地 IPv6 地址的构成

### 4. 链路本地地址

所有头 **10** 位二进制数为 **1111111010** 的 IPv6 地址均为链路本地地址。具体而言，链路本地 IPv6 地址范围是 **FE80::/10**。

顾名思义，链路本地地址就是只在链路本地有效的地址。由于只在链路本地有效，因此没有必要搞什么子网位。通过图 15-4 不难发现，链路本地地址从第 11 位到第 64 位均为 0，后 64 位则为接口 ID。

图 15-4　链路本地 IPv6 地址的构成

链路本地地址是个比较新鲜的概念。**接口在启动 IPv6 时，就会自动给自己配置上这样一个链路本地地址**。在设备给自己配置链路本地地址时，**它会采用 EUI-64 格式将 48 位的接口 MAC 地址映射为 64 位的接口 ID，填充在最后 64 位中**。我们姑且不管什么是 EUI-64，总之由于 MAC 地址是物理地址，在网络重新编址的过程中是不变的，而链路本地地址的头 64 位又是固定的，因此这个地址的逻辑化程度很低。如果不去手动进行更改，它几乎就是一个物理地址。于是，在重新编址网络的过程中，设备就拥有了一个像物理地址一样不会发生变化的逻辑地址。所以，**路由表中路由条目的下一跳总是指向对端接口的链路本地地址**。这可以让人们在重新编址网络时，不会出现下一跳不可达的困境。

在介绍广域网的时候，我们提到了串行接口没有 MAC 地址的概念，并对自己当年不懂装懂的行径进行了深刻检讨。对于 IPv6 来说，没有 MAC 地址的接口也是需要生成链路本地地址的，为此，它们会采取第一个以太网接口的 MAC 地址来生成链路本地地址。链路本地地址只在链路本地有效，因此当然是可以复用的，由于一台设备的串行接口不会和自己的以太网接口处于同一条链路上，因此不会出现地址冲突的问题。

为了保证节奏紧凑，提升读者的阅读体验，我们先把 EUI-64 放在一边，继续介绍下一类单播地址。

**5. 未指定地址**

未指定地址就是全 0 的 128 位掩码地址，也就是 0:0:0:0:0:0:0:0/128，根据简化规则可以简化为::/128。出现未指定地址表示这个接口的地址没有指定。在定义默认静态路由时，也需要像 IPv4 地址那样使用全 0 地址指代所有其他目的地址（最笼统的地址）。

**6. 环回地址**

环回地址就是前面 127 位全 0，只有最后一位为 1 的 128 位掩码地址，也就是 0:0:0:0:0:0:0:1/128，根据简化规则可以简化为::1/128。这个地址表示节点自身，等同于 IPv4 地址中的 127.0.0.1。

6 类地址的介绍告一段落，下面说说绕不开的 EUI-64。

### EUI-64

IPv6 地址为接口 ID 预留了整整 64 位的空间，我估计没哪个子网需要用到这么多的地址，这样做显然"别有用心"，这份"用心"就是在接口 ID 部分嵌入 MAC 地址。在 64 位的空间嵌入 48 位的 MAC 地址，总得遵循某种改造规范，而 EUI-64 就是其中的一种规范。

EUI-64 规范将 MAC 地址转换为接口 ID 的过程分为以下 3 步。

**步骤 1** 将 MAC 地址从正中分为两部分，也就是分为前 24 位和后 24 位。

**步骤 2** 在两部分中间插入十六进制数 FFFE（也就是二进制的 1111111111111110）。

**步骤 3** 将地址的第 7 位反转。

下面我们用 MAC 地址 CA01-0303-0008 来演示这个过程。

**步骤 1** 把这个地址分为 CA01-03 和 03-0008 两部分。

**步骤 2** 在两部分中间插入 FFFE，得到 CA01-03FF-FE03-0008。

**步骤 3** 地址第 7 位取反，得到 C801-03FF-FE03-0008。

这就是前面介绍的 EUI-64 规范。值得一提的是，让 MAC 地址能够嵌入 IPv6 地址的接口 ID 部分不仅可以在很大程度上避免冲突，而且可以实现地址自动配置，这也是实现 IPv6 即插即用这一理念的大后台之一。

上面总算说完了 IPv6 单播地址的分类，下面趁热打铁，继续聊多播的话题。

### IPv6 的多播地址分类

前文提到，前 2 个十六进制数为 FF 的 IPv6 地址即为多播地址。但多播地址还有更加详细的分类，如图 15-5 所示。

图 15-5 IPv6 多播地址的结构

不难看出，IPv6 多播地址除了前面的 2 个 FF，后面还别有洞天，尤其是**标记**（flag）和**范围**（scope），这两个字段值得专门介绍一下。

- **标记**。标记字段虽然定义了 4 位，但目前派上用场的只有最后一位，而前面 **3 位都是 0**。最后一位如果也是 **0**，表示这个多播地址是分配给某项技术的固定多播地址。如果最后一位是 **1**，则表示用户可以使用的临时多播地址。即**以 FF0 开头的多播地址为分配给某项服务使用的 IPv6 多播地址，而以 FF1 开头的多播地址则表示用户可以使用的 IPv6 多播地址**。
- **范围**。虽然标记字段中的 4 位只用了 1 位，但范围字段中的这 4 位可是用足了。目前有意义的范围字段值如表 15-1 所示。

表 15-1            IPv6 多播地址中范围字段值的定义

| 范围字段值 | 范围 |
| --- | --- |
| 1 | 接口本地范围 |
| 2 | 链路本地范围 |
| 3 | 子网本地范围 |
| 4 | 管理本地范围 |
| 5 | 站点本地范围 |
| 6 | 组织机构本地范围 |
| E | 全球范围 |

在上面介绍的各种范围之中，最值得大书特书的是取值为 2 的地址，也就是链路本地范围，因为很多"服务"都有自己的链路本地多播地址，这些 FF02 开头的多播地址如下。

- 所有节点的多播地址：FF02::1。
- 所有路由器的多播地址：FF02::2。
- 所有 OSPF 路由器多播地址：FF02::5。
- 所有 OSPF DR 路由器多播地址：FF02::6。
- 所有 RIP 路由器多播地址：FF02::9。
- 请求节点多播地址。

如果你看到第 3、4、5 项 IPv6 链路本地多播地址，却没有一种朦胧的似曾相识感，说明现在是你复习动态路由章节的最佳时机。

确实，IPv6 中很多特定功能的多播地址，就是把 IPv4 中具有相同功能的多播地址，由原来的 IPv4 前缀 "224.0.0.X" 替换成 IPv6 前缀 "FF02::X" 加以继承的。比如 IPv4 中的 224.0.0.5 对应到 IPv6 中，相同功能的地址就是 FF02::5。其实，不止涉及动态路由协议的第 3、4、5 项以这种方式在 IPv6 中得到了传承，上述地址都是这样等价代换得到的。比如本书前面没有提及的所有节点多播地址和所有路由器多播地址，在

IPv4 中对应的地址分别是 224.0.0.1 和 224.0.0.2。唯独第 6 项，也就是"请求节点多播地址"在 IPv4 中没有对应的概念。

不能类比的都是重点，下面我们就说说这个请求节点多播地址是什么。

**请求节点多播地址**

不知道你注意到了没有，关于 IPv6 的话题，我们洋洋洒洒说了这么多，从来没有说过**广播**的问题，简直就像 IPv6 中没有广播似的。

不是"简直就像"，IPv6 中真的没有广播地址。

广播地址没有，广播的工作总是需要延续下去的。最常见的问题是，一台设备要是没有目的设备的物理地址，它就没法向这台设备发送单播数据包。在 IPv4 中，我们解决这个问题的方法是，让想要发送数据的设备在这个网络中通过逻辑地址来"广播寻人"，网络中哪台设备发现人家找的是自己，把自己的物理地址告诉人家就对了。我们都知道干这个活儿的协议叫作 ARP。

IPv6 设备当然也需要掌握目的设备的硬件地址才能封装数据帧，所以 IPv6 设备也得通过某种方式用目的设备的逻辑地址来寻找目的设备的硬件地址。但是在 IPv6 的世界里，广播是没有的，所有也没有什么 ARP。用单播更是无稽之谈，封装单播数据帧的前提就是拥有对端的硬件地址，所以才需要询问对端的硬件地址，那又怎么可能封装单播来进行询问？

于是，多播成了唯一的选择。

和广播比，多播只有一个地方比较麻烦，那就是必须确保咱要找的设备也在我们这个组里。这种功能就需要通过请求节点多播地址来解决。请求节点多播地址的结构为：FF02::1:FFXX:XXXX。最后的 6 个 X，指代接口 ID 后 24 位。

如此一来，逻辑就完整了。只要一台设备知道对端的单播逻辑地址，那么它就可以用这个单播逻辑地址的后 24 位拼接上 FF02::1:FF 的前缀，获得对端的请求节点多播地址，如图 15-6 所示。

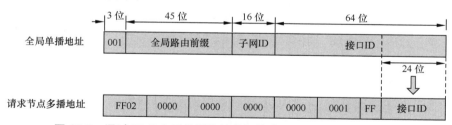

图 15-6　通过 IPv6 全局单播地址获得其请求节点多播地址的逻辑

那么，当一台设备只知道另一台设备的逻辑地址，而不清楚它的物理地址时，它就可以通过请求节点多播地址封装一个数据包发送给对端，让对端将自己的物理地址反馈过来。至于本地链路中无关的设备，由于它们的接口 ID 后 24 位各不相同，因此它们也不会加入这个多播组中，当然也就不会对这个请求进行响应。

上面说完了三层，再来说说二层。既然封装的是多播而不是广播，就不能像 ARP 一样以全 1 来充当数据帧的目的 MAC 地址，这就涉及请求节点多播地址与 MAC 地址进行对应的问题。

在 IPv6 中，多播地址（不只是请求节点多播地址）映射到 MAC 地址的方法如图 15-7 所示。

图 15-7　将多播 IPv6 地址映射为多播 MAC 地址

由于图 15-7 已经相当直白，因此不需要过多解释，总之就是把多播 IPv6 地址的最后 32 位，拼接到 33-33 后面，就获得了这个组对应的 MAC 地址。

上面我们花大量的篇幅介绍了 IPv6 地址的分类，并以 IPv6 地址分类的方式为核心，引出了一些其他与 IPv6 相关的知识。读者如果不具备 IPv6 的基础，难免会觉得上述内容晦涩难懂，也有可能会发现我在描述一部分知识的时候语焉不详。老实说，这是我故意为之的取巧做法。IPv6 涉及一个庞大的知识体系，若以篇幅而论，它的很多分支知识点就已经足够单独著书立说，绝非一两页纸能解释清楚。因此，很多概念与其开一个头却不深入，还不如尽量绕开不提，留给有心的读者自行探索。

那么，IPv6 又该如何进行配置呢，下面我们通过一个极为简单的实验环境进行演示。

## 15.3　IPv6 配置

### *IPv6 的配置命令*

设备设计出来就是为了让人们使用的，"好用"也是设备销量的保障之一，所以厂商在设计系统时，都是希望自己的系统尽可能易学易用。从这个角度上也能想象到，大多数厂商会让 IPv6 的配置命令尽可能地贴近 IPv4。

要想在 Cisco 设备上配置 IPv6，需要先在全局配置模式下启用 IPv6 流量转发功能，其命令为 **ipv6 unicast-routing**。

在接口配置模式下配置 IPv4 地址的命令是 **ip address**，这条命令大家都耳熟能详。而在接口下配置 IPv6 全局单播地址的命令则是 **ipv6 address**，后面跟上要配置的地址。注意，IPv6 地址长达 128 位，让大家每每敲出完整的掩码容易导致键盘上的 F 键过早报废。因此，配置 IPv6 地址时，统一采用"地址/前缀长度"的方式加以表示。比如上文中的环回地址就是用 0:0:0:0:0:0:0:1/128 或::1/128 来表示的。

在接口上配置全局单播地址后，接口就会自动创建自己的链路本地地址。如果没有给接口配置全局单播地址，也可以使用命令 **ipv6 enable** 让接口自动创建链路本地地址。

静态路由的命令也可以套用同样的逻辑，IPv4 中的配置为 **ip route**，那么到了 IPv6 静态路由中，这条命令就变成了 **ipv6 route**。这条命令后面的参数比 IPv4 丰富一些，但是在 CCNA 阶段，熟悉最常用的功能就足够了。套用第 8 章的例子，用 IPv6 指路也是同样的两种思路：一种是告诉人家，"要去珠市口，走前门大街"，那就写 "**ipv6 route 珠市口 前门大街**"；另一种是告诉人家，"要去珠市口，往南走"，那就写 "**ipv6 route 珠市口 南**"。其中，"珠市口"就是"目的网络/前缀长度"；"前门大街"就是下一跳地址，而"南"就是出站接口。这点内容我们在第 8 章花了很多时间进行介绍，这里就不再重复了，直接用一个简单的实验演示。

图 15-8 是史上最简单的拓扑，纯粹为第一次配置 IPv6 的你而设。所以，你值得拥有！

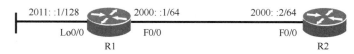

图 15-8　IPv6 实验拓扑

当然，这么简单的拓扑只配置地址太浪费了，不妨一边配置地址一边观察相应接口的情况。我们先在 R1 上启用 IPv6，然后在它的接口 F0/0 上通过命令 **ipv6 enable** 让它自己配置链路本地地址，如例 15-1 所示。

*例 15-1　配置 IPv6 地址*

```
R1(config)#interface fastEthernet 0/0
R1(config-if)#ipv6 enable
R1(config-if)#no shutdown
```

在完成上述配置之后，我们可以使用命令 **show ipv6 interface f0/0** 来查看这个接口的 IPv6 地址，如例 15-2 所示。

*例 15-2　查看接口的 IPv6 状态*

```
R1#show ipv6 interface fastEthernet 0/0
FastEthernet0/0 is up, line protocol is up
  IPv6 is enabled, link-local address is FE80::C801:23FF:FE88:8
  No Virtual link-local address(es):
  No global unicast address is configured
  Joined group address(es):
    FF02::1
    FF02::1:FF88:8
  MTU is 1500 bytes
  ICMP error messages limited to one every 100 milliseconds
  ICMP redirects are enabled
  ICMP unreachables are sent
```

```
ND DAD is enabled, number of DAD attempts: 1
ND reachable time is 30000 milliseconds (using 30000)
ND NS retransmit interval is 1000 milliseconds
```

通过上面的显示，我们可以看到接口已经自动配置上了链路本地地址 (FE80::C801: 23FF:FE88:8)。同时接口也加入了所有节点多播地址的多播组和链路本地地址的请求节点多播地址组中。

如果此时读者通过传统的 **show interface F0/0** 命令来查看这个接口的硬件地址，就会发现链路本地地址的后 64 位就是将接口的硬件地址根据 EUI-64 规范转换过来的（当然，它的前 64 位固定为 FE80::)，如例 15-3 所示。

*例 15-3　查看接口的 MAC 地址*

```
R1#show interfaces fastEthernet 0/0
FastEthernet0/0 is up, line protocol is up
  Hardware  is  i82543  (Livengood),  address  is  ca01.2388.0008  (bia
ca01.2388.0008)
  MTU 1500 bytes, BW 100000 Kbit/sec, DLY 100 usec,
     reliability 255/255, txload 1/255, rxload 1/255
  Encapsulation ARPA, loopback not set
  Keepalive set (10 sec)
  Full-duplex, 100Mb/s, 100BaseTX/FX
  ARP type: ARPA, ARP Timeout 04:00:00
  Last input never, output 00:00:00, output hang never
  Last clearing of "show interface" counters never
  Input queue: 0/75/0/0 (size/max/drops/flushes); Total output drops: 0
  Queueing strategy: fifo
  Output queue: 0/40 (size/max)
  5 minute input rate 0 bits/sec, 0 packets/sec
  5 minute output rate 0 bits/sec, 0 packets/sec
     0 packets input, 0 bytes
     Received 0 broadcasts (0 IP multicasts)
     0 runts, 0 giants, 0 throttles
     0 input errors, 0 CRC, 0 frame, 0 overrun, 0 ignored
     0 watchdog
     0 input packets with dribble condition detected
     15 packets output, 2236 bytes, 0 underruns
     0 output errors, 0 collisions, 1 interface resets
     0 unknown protocol drops
     0 babbles, 0 late collision, 0 deferred
     0 lost carrier, 0 no carrier
     0 output buffer failures, 0 output buffers swapped out
```

下一步，我们将图 15-8 所示的接口全局单播地址配置在路由器 R1 的 F0/0 接口下，这里唯一需要注意的是 IPv6 地址需要通过"/前缀长度"而不是子网掩码的方式表示，如例 15-4 所示。

例 15-4    *在接口上配置 IPv6 地址*

```
R1(config)#interface fastEthernet 0/0
R1(config-if)#ipv6 address 2000::1/64
```

配置之后,再次通过命令 **show ipv6 interface f0/0** 查看这个接口的 IPv6 地址,就会发现这个接口又加入了另一个请求节点多播组中,这验证了每个单播地址都会加入自己对应的请求节点多播组中,如例 15-5 所示。

例 15-5    *再次查看接口的 IPv6 地址*

```
R1#show ipv6 interface fastEthernet 0/0
FastEthernet0/0 is up, line protocol is up
  IPv6 is enabled, link-local address is FE80::C800:23FF:FE88:8
  No Virtual link-local address(es):
  Global unicast address(es):
    2000::1, subnet is 2000::/64
  Joined group address(es):
    FF02::1
    FF02::1:FF00:1
    FF02::1:FF88:8
  MTU is 1500 bytes
  ICMP error messages limited to one every 100 milliseconds
  ICMP redirects are enabled
  ICMP unreachables are sent
  ND DAD is enabled, number of DAD attempts: 1
  ND reachable time is 30000 milliseconds (using 30000)
  ND NS retransmit interval is 1000 milliseconds
```

下面的工作是配置 R2,配置过程与 R1 完全相同。这里我们不使用命令 **ipv6 enable**,而直接给接口配置全局单播 IPv6 地址,以证明直接配置 IPv6 地址,接口也会自动生成链路本地地址,过程如例 15-6 所示。

例 15-6    *配置 R2*

```
R2(config)#interface fastEthernet 0/0
R2(config-if)#ipv6 address 2000::2/64
```

下面我们使用命令 **show ipv6 interface f0/0** 查看这个接口的 IPv6 地址,验证接口是否自动生成了链路本地地址,如例 15-7 所示。

例 15-7    *查看 R2 f0/0 接口的 IPv6 地址*

```
R2#show ipv6 interface fastEthernet 0/0
FastEthernet0/0 is up, line protocol is up
  IPv6 is enabled, link-local address is FE80::C801:23FF:FE88:8
  No Virtual link-local address(es):
```

```
Global unicast address(es):
  2000::2, subnet is 2000::/64
Joined group address(es):
  FF02::1
  FF02::1:FF00:2
  FF02::1:FF88:8
MTU is 1500 bytes
ICMP error messages limited to one every 100 milliseconds
ICMP redirects are enabled
ICMP unreachables are sent
ND DAD is enabled, number of DAD attempts: 1
ND reachable time is 30000 milliseconds (using 30000)
ND NS retransmit interval is 1000 milliseconds
```

如上例所示，接口同样会自动创建一个链路本地地址，并加入链路本地地址和全局单播地址所对应的请求节点多播组中。

在反复使用 **show ipv6 interface** 这条命令后，读者想必也注意到了显示信息中的关键字 ICMP 和 ND，这两个概念都是本书在 IPv6 环节中想要着意回避的，因为话匣子一开，一时半会就收不住了。如果读者希望继续深入了解与 IPv6 有关的理论，应该先花一些时间来熟悉和掌握 ICMPv6 和 NDP（ND 协议）。

下面我们通过 ping 来测试两边是否能够通信，如例 15-8 所示。

*例 15-8 验证两台路由器的逻辑连通性*

```
R1#ping 2000::2
Type escape sequence to abort.
Sending 5, 100-byte ICMP Echos to 2000::2, timeout is 2 seconds:
!!!!!
Success rate is 100 percent (5/5), round-trip min/avg/max = 24/42/92 ms
```

### 配置 IPv6 静态路由

下面我们将配置静态路由。当然，在配置静态路由之前，先要配置图 15-8 所示的环回接口，方法如例 15-9 所示。鉴于配置十分简单，这里不再赘述。

*例 15-9 配置 R1 的环回接口*

```
R1(config)#interface loopback 0
R1(config-if)#ipv6 address 2011::1/128
```

接下来的工作是在 R2 上配置去往 2011::1/128 的静态路由。配置静态路由的命令在这一节开始已经进行了介绍，具体的配置命令如例 15-10 所示。

*例 15-10 配置 IPv6 静态路由*

```
R2(config)#ipv6 route 2011::1/128 2000::1
```

配置完成后，在路由器 R2 上使用命令 **show ipv6 route** 来查看路由器的 IPv6 路由表，可以看到刚刚配置的这条 IPv6 静态路由，如例 15-11 所示。

*例 15-11　查看 IPv6 静态路由*

```
R2#show ipv6 route
IPv6 Routing Table - default - 4 entries
Codes: C - Connected, L - Local, S - Static, U - Per-user Static route
       B - BGP, R - RIP, H - NHRP, I1 - ISIS L1
       I2 - ISIS L2, IA - ISIS interarea, IS - ISIS summary, D - EIGRP
       EX - EIGRP external, ND - ND Default, NDp - ND Prefix, DCE - Destination
       NDr - Redirect, O - OSPF Intra, OI - OSPF Inter, OE1 - OSPF ext 1
       OE2 - OSPF ext 2, ON1 - OSPF NSSA ext 1, ON2 - OSPF NSSA ext 2, l - LISP
C   2000::/64 [0/0]
     via FastEthernet0/0, directly connected
L   2000::2/128 [0/0]
     via FastEthernet0/0, receive
S   2011::1/128 [1/0]
     via 2000::1
L   FF00::/8 [0/0]
     via Null0, receive
```

在完成静态路由的配置之后，读者可以自行在 R2 上尝试对 2001::1 进行 ping 测试，这里不再进行演示。

### 配置 IPv6 访问控制列表

IPv6 的配置介绍到现在，估计读者猜也能猜出来 IPv6 访问控制列表的配置命令及方法。没错，IPv6 访问控制列表的配置也分成三步。

步骤 1　使用命令 **ipv6 access-list** 后面跟访问控制列表的名称建立访问控制列表。

步骤 2　在访问控制列表中配置放行和拒绝条目（别忘了最后的隐含拒绝条目）。

步骤 3　根据部署需求将访问控制列表应用到相关接口上，命令为 **ipv6 traffic-filter**。

下面我们尝试在 R1 上配置一个 IPv6 访问控制列表，让 R2 无法再 ping 通 R1 的环回接口。这个配置的过程如例 15-12 所示。

*例 15-12　配置 IPv6 访问控制列表*

```
R1(config)#ipv6 access-list test
R1(config-ipv6-acl)#deny ipv6 2000::2/128 2011::1/128
R1(config-ipv6-acl)#permit ipv6 any any
R1(config)#interface fastEthernet 0/0
R1(config-if)#ipv6 traffic-filter test in
```

在完成配置后，R2 上就无法再 ping 通 R1 的环回接口了，如例 15-13 所示。

*例 15-13　由于访问控制列表导致 R2 无法再 ping 通 R1 的环回接口*

```
R2#ping 2011::1
Type escape sequence to abort.
```

```
Sending 5, 100-byte ICMP Echos to 2011::1, timeout is 2 seconds:
SSSSS
Success rate is 0 percent (0/5)
```

此外，读者完全可以自行测试 telnet、traceroute 等命令在 IPv6 环境中的工作情况。就像开头说的，大多数厂商不会过度强调 IPv6 的配置差异性，因此如果你对基本的 IPv4 配置已经相当熟悉，那么大多数基本的 IPv6 配置也不会让你犯难。

说到这里，我们这段关于 IPv6 的小小简介也就可以告一段落了。如果说 IPv6 是一本书，那么无论 CCNA 大纲中要求的内容还是我们本章中介绍的内容，充其量就是这本书的扉页。如果读者阅读过其他 CCNA 认证考试类读物，一定会发现无论哪本图书，也无论它们是否在 IPv6 这一章的内容中引入了 NDP、ICMPv6、6to4 等概念，它们都无法对这些内容给予浓墨重彩的介绍。这既是图书的篇幅与主题所限，更是考试的大纲所限。

事实上，作为一项技能认证考试，CCNA、CCNP 乃至 CCIE 对于 IPv6 理论知识的考查都是存在明显局限的。因此，如果读者把即将参加某项考试作为自己学习 IPv6 的动机，那恐怕很快就会感到动力不足，而真正会让一个人下定决心研读 IPv6 技术的理由，唯有日常工作中的技能需求。

好在对于今天阅读本书的你来说，到了实际工作中再深入了解 IPv6 技术仍可以算为时不晚。维基百科告诉我，截至 2018 年 6 月，约有 23%的用户使用 IPv6 上网。由此可见，从 IPv4 迁移到 IPv6 仍有很长的一段路要走，随着这条路的不断延伸，整个网络架构一定还会涌现出很多新的、出人意料的变化。而现在进入这个行业的人仍将有幸见证这段历史，并把自己的经历（添油加醋地）口述给这个行业的后来者，就像有些前辈津津乐道于他们实施过的 ATM 和 X.25 项目一样。

## 15.4  总结

本章对应的 CCNA 考点：

1.8    Configure and verify IPv6 addressing and prefix；

1.9    Describe IPv6 address types；

3.3    Configure and verify IPv6 static routing。

随着 IPv4 地址的耗竭，IPv6 作为 20 世纪 80 年代即为 IPv4 准备的替代品，走进了每一个人的生活。因此，作为一名需要配置、管理、维护网络的工程技术人员，势必要掌握一些基本的 IPv6 概念，这包括 IPv6 数据包头部、IPv6 的编址、IPv6 的地址分类以及 IPv6 的基本配置。

本章用与 IPv4 数据包的头部进行对比的方式，对 IPv6 数据包的头部进行了简要的介绍。通过 IPv6 的数据包头部，可以看到 IPv6 的地址长达 128 位，远远长于 IPv4 的 32 位，因此，IPv6 的地址空间几乎是无法耗竭的。128 位的 IPv6 地址通常用 32 个十六进制数表示，4 个一段，段间用分号（:）隔开。32 个十六进制数表示的地址仍旧太长，因此在满足一些特定条件时，地址的表示方式可以进行简化。

　　IPv6 地址主要分为单播地址、多播地址和任播地址 3 类，没有广播地址。任播地址和单播地址共用相同的地址范围，而多播地址则以 FF 打头。关于 IPv6 单播地址，还可以细分为很多类型，不同类型的单播地址在功能和范围上就会有所区别。

　　在 Cisco 设备上配置 IPv6 地址需要先启用 IPv6 单播转发，至于接口、静态路由、访问控制列表的配置和查看，与 IPv4 的命令区别不大，非常容易上手。

## 本章习题

1.　下列哪一项是 IPv6 地址 C561:0000:0000:0780:0029:0000:0000:0C72 正确的简化表示？

　　a.　C561::78:29:0:0:C72

　　b.　C561::780:29::C72

　　c.　C561::780:29:0:0:C72

　　d.　C561::078::29:::C72

2.　关于 IPv6 单播地址，下列哪一项叙述是正确的？

　　a.　链路本地地址的开头部分是 FE00::/12

　　b.　链路本地地址的开头部分是 FF00::/10

　　c.　全局地址的开头部分是 2000::/3

　　d.　如果为一个接口分配了一个全局地址，那么这个接口就不能同时使用别的地址

3.　IPv6 地址每一段中包含多少比特（位）？

　　a.　24

　　b.　16

　　c.　8

　　d.　4

4.　关于 IPv6 任播地址的特点，下列哪种说法是错误的？

　　a.　任播采用的是一对多的通信模型

　　b.　一组中会有多台设备都使用某个相同的任播地址

　　c.　任播采用的是就近选择的通信模型

　　d.　数据包会被发送给这一组接口中距离发送方开销最小的设备

5.　所有路由器多播 IPv6 地址是？

　　a.　FF02::1

　　b.　FF02::2

　　c.　FF02::3

    d. FF02::4

6. 下列哪个地址是 IPv6 链路本地地址？

    a. FE02::381e:613a:e19c:c683

    b. FE20::381e:613a:e19c:c683

    c. FE08::381e:613a:e19c:c683

    d. FE80::381e:613a:e19c:c683

7. 下列关于 IPv6 地址的说法，哪一个是正确的？

    a. IPv6 地址分为 4 类：单播地址、多播地址、任播地址和广播地址

    b. IPv6 地址的前 64 位是动态创建的接口 ID

    c. IPv6 地址各段前导的 0 不得省略

    d. 一个接口上可以分配多个 IPv6 地址

8. 下列哪一项不是 IPv6 的特性？

    a. 头部字段复杂

    b. 即插即用

    c. 自动配置

    d. 无广播

9. 用来在 Cisco 路由器上启用 IPv6 转发功能的是下列哪条命令？

    a. **ipv6 host**

    b. **ipv6 local**

    c. **ipv6 unicast-routing**

    d. **ipv6 neighbor**

10. 下列哪个 IPv6 地址的功能等同于 IPv4 地址 127.0.0.1？

    a. ::

    b. ::1

    c. 2000::/3

    d. FF02::1

# 第16章

## 二层交换技术

　　本章是 CCNA 交换机部分的开篇。对于很多读者而言，我们之前在网络层兜了一大圈，难免会忘记前文中关于数据链路层和交换机的内容。毕竟，对于很多读者来说，阅读第 4 章已经是很久远的事情了。没关系，我们来简单回顾一下。

　　在第 4 章，我们曾经对交换机的工作和转发原理进行了常识性的介绍。当时我们说二层交换机的作用是让连接在一起的设备能够相互通信，并决定这些设备之间如何进行通信。为了说清楚交换机的得名，我们还需把它和开关（switch）进行一个简单的比较。

　　效果都是要以功能作为支撑的，为了实现它的工作目标，交换机必须具备一些功能。在本章中，会介绍为了保障相连设备之间的正常通信，交换机所作出的努力。首先，我们先用一节的篇幅来复习并且深化交换机的转发原理。

## 16.1　动态学习 MAC 地址

　　二层交换机的任务是把接收到的数据帧按照一定的规则高效地传输出去。之所以称之为**二层交换机**，是因为它工作在 OSI 模型的第 2 层——数据链路层，它并不具备三层功能，它负责传输的是数据帧。**对于二层交换机来说，它在接收到一个数据帧时，只会关注这个数据帧的目的 MAC 地址和源 MAC 地址。**那么，它是如何利用如此有限的信息实现数据转发的呢？我们来看下面这个案例。

　　鲁迅先生说"世上本没有路，走的人多了也便成了路"。交换机上本来也没有转发路径，发过来的数据帧多了，也便形成了路径。图 16-1 所示的交换机就是一台全新的设备，连好线后刚刚启动。虽然它的 4 个二层接口都分别连接了一台主机，但 MAC 地址表空空如也。管理员手动为这 4 台主机配置了 IP 地址，并且让它们属于同一个子网。这 4 台主机都对其他设备的 MAC 地址一无所知。

　　假设主机 A 想要跟主机 D 进行通信，它需要先通过 ARP 来询问主机 D 的 MAC 地址。这时交换机会收到源为主机 A 的 MAC 地址，目的为广播 MAC 地址的数据帧。于是，交换机会做两件事：一是发现自己的 MAC 地址表中没有这个源 MAC 地址的记录，因此赶紧把这个源 MAC 地址（也就是主机 A 的 MAC 地址 0260.8c01.1111）记录下来，但光记录一个地址还不够，它还会把收到这个 MAC 地址的二层接口一起记录下来，也就是 E0；二是转发数据帧。由于这是一个目的为广播 MAC 地址的数据帧，交换机会负责任地把这个数据帧从除了 E0（收到这个数据帧的端口）之外的所有接口转发出去，如图 16-2 所示。

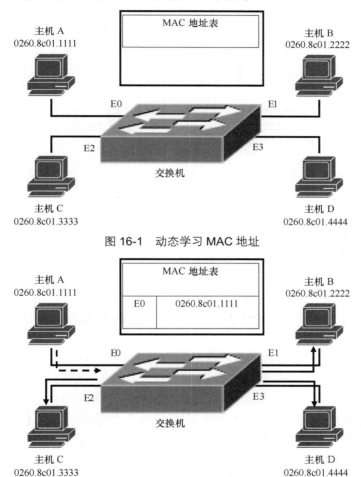

图 16-1　动态学习 MAC 地址

图 16-2　MAC 地址表中记录主机 A 的 MAC 地址

这种将数据帧从除接收接口之外的所有接口转发出去的行为叫作"泛洪"，这一点我们之前就已经介绍过了。

在处理了主机 A 去往主机 D 的数据帧后，交换机的 MAC 地址表中终于有了第一个条目。至于主机 D 的 MAC 地址位于哪个交换机接口，甚至网络中是不是真的有主机 D，交换机仍然毫不知情。对于主机 B 和主机 C 来说，在发现这个数据帧不是发给自己的之后，它们就会把它丢弃。而当主机 D 收到这个发给自己的 ARP 请求后，它就会向主机 A 返回 ARP 应答消息。显然，这个数据帧会以主机 D 的 MAC 地址作为源 MAC，主机 A 的 MAC 地址为目的 MAC 进行封装。于是，交换机就会从这个数据帧中学习到主机 D 的 MAC 地址（0260.8c01.4444）和主机 D 对应的二层接口（E3），并把这个对应关系记录到自己的 MAC 地址表中，如图 16-3 所示。

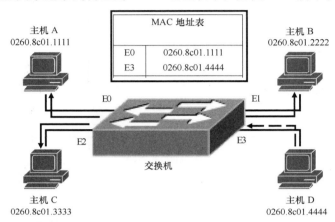

图 16-3　在 E3 接收数据帧后交换机将把主机 D 的 MAC 地址记录在 MAC 地址表中

既然在执行转发任务时，交换机关注的是目的 MAC 地址，我们下面就来复习一下在第 3 章介绍过的 MAC 地址分类。

MAC 地址的分类和网络层的 IP 地址分类方式相同，它也分为单播地址、多播地址和广播地址三种类型。而根据目的 MAC 地址的不同，交换机会采取下面两种不同的处理方式。

■　如果目的 MAC 地址是单播地址，而且交换机的 MAC 地址表中有这个地址，那么交换机就会按照 MAC 地址表的指示，将这个数据帧从相应的接口转发出去。

■　其他情况，交换机会执行泛洪。这些情况包括：目的 MAC 地址为单播且不在 MAC 地址表中，或者当 MAC 地址为多播或广播地址，交换机会将这个数据帧从除了接收接口之外的所有接口泛洪出去。对于单播 MAC 地址的泛洪，还专门有个学名"未知单播泛洪"。在图 16-1 中，当主机 A 向主机 D 发送数据包时，就会出现这种情况。

再次强调，在学习 MAC 地址时，交换机关注的是源 MAC 地址以及收到这个数据帧的二层接口。因此在本例中，只有当 4 台主机都尝试发送数据帧后，交换机才会学习到全部 4 个 MAC 地址。

## 16.2　冗余网络

交换机在构建出了 MAC 地址表后，就可以高效而又有针对性地转发数据帧了。

在 16.1 节中，我们只是想描述交换机学习 MAC 地址的过程，因此只使用了一台交换机。现在我们来看看把这台交换机连接到网络中的情况。

图 16-4 中的两台交换机之间通过两条线连接在一起，这是一种非常常见的拓扑结构——冗余拓扑。使用冗余拓扑的理由显而易见，为了避免单点故障，增强网络的稳定性。说白了就是一条路不通了，还能走另一条路。

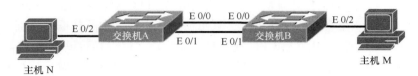

图 16-4　简单的冗余网络拓扑

在第 10 章中，我们提醒过读者：信息如果成环，后果会很严重。从这个角度上看，这种把两台设备用两条线连接在一起的拓扑，难免会让人隐隐地感到不安，它是不是确实有一些潜在的隐患呢？

我们做一个假设（无责任假想）：这是一个全新的网络，两台交换机刚刚连线开机。这时候，交换机的 MAC 地址表当然是空的，而两台主机之间此前也没有进行过通信，因此它俩也不知道对端的 MAC 地址。此时，如果主机 N 想要跟主机 M 通信，它就需要先知道主机 M 的 MAC 地址。于是，它会通过 ARP 根据主机 M 的 IP 地址来请求它的 MAC 地址信息。

我们在前文介绍过，ARP 请求数据帧的目的 MAC 地址是广播地址（FF:FF:FF:FF:FF:FF），源 MAC 地址是主机 N 的 MAC 地址。交换机 A 在收到主机 N 发出的 ARP 请求帧后，它会做两件事：首先把主机 N 的 MAC 地址和接收接口记录在 MAC 地址表中，然后根据目的 MAC 地址（广播地址）把 ARP 请求帧泛洪到除接收接口外的所有接口——在本例中，也就是连接交换机 B 的两个端口 E0/0 和 E0/1。而交换机 B 在收到这个目的地址为广播 MAC 地址的帧后，也会将其从除接收接口之外的所有接口泛洪出去。这时，三个恶果出现了：

- 主机 M 收到了两个 ARP 请求；
- 交换机 B 把这个 ARP 请求再次泛洪给了交换机 A；
- 交换机 B 从两个接口都收到了源为主机 A 的 MAC 地址，它该如何在 MAC 地址表中进行记录？

第一个恶果的学名叫作"重复帧"，指的就是由于网络故障，导致一台设备先后收到了两个一模一样的数据帧。

第二个恶果最终会导致"广播风暴"，因为这个广播帧每经过一次泛洪，数量就翻一倍。目前交换机转发数据的速率都是微秒级的，不到 1 秒，这两台交换机组成的小网络中就会充斥着上万个数据包。

第三个恶果是"MAC 地址翻动",或者叫"MAC 地址漂移",指的就是交换机从不同的二层接口收到同一个源 MAC 地址发来的数据帧。虽然现代设备的传输速率已经达到微秒级,但交换机 A 从与交换机 B 相连的两个接口泛洪出去的数据帧在到达交换机 B 直连接口时还是会存在时间差。假设交换机 B 先从自己的 E0/0 收到了这个广播帧,那么它就会把主机 N 的 MAC 地址和 E0/0 记录在一起;但在一瞬间之后,它又会从 E0/1 收到这个帧,并且按照这个帧来更新 MAC 地址表中的记录。

上述三种恶果会无限循环下去,且每循环一次网络中的数据帧就翻一倍。如果交换机性能不佳的话,几秒后 CPU 就会满负荷运转,最终导致设备瘫痪。

看到这里,各位不用惊慌,因为这是一种"无责任假想",做出这种看似耸人听闻的假设,是为了解释清楚交换机转发数据帧的原则,以及这种原则会在冗余网络中导致的后果。正因为对这种灾难性后果有了深入了解,才使得应对方法应运而生——生成树协议。

## 16.3 生成树协议

生成树协议(STP)的作用就是解决冗余网络拓扑引发的环路问题。既然有环,剪断环路就可以解决问题,这是再直接不过的思维方式了。不过,我们之所以采用冗余的部署方案就是为了提高网络的容错性,所以直接拔掉一个接头无异于因噎废食。合理的做法是,由交换机检测二层网络中的逻辑环路,当网络中存在环路时,就从**逻辑上阻塞环路**中的一个端口来切断环路,使网络中任意两台设备之间只存在一条活跃的链路。而当活跃链路出现问题时,STP 能够在感知到问题后,自动激活这个被阻塞的端口,从而保障网络可以正常运行。图 16-5 所示为 STP 阻塞了环路中一个端口的场景。

图 16-5　STP 阻塞端口,切断环路

> 注释:我们曾经向读者保证,尽一切可能使用"二层接口"等术语替代容易引发混淆的"端口"这一说法。但在本章中,鉴于大量涉及 STP 的术语(如指定端口、根端口等)并无相应的替代用法,因此我们在此只得使用"端口"这一术语指代交换机的硬件接口。

图 16-5 是一个最为简单的冗余结构。为了说明 STP 的工作原理,请看图 16-6 所示的这个稍微复杂一些的拓扑,里面涉及了多条环路。

STP 对于这个拓扑所能够做的,就是通过阻塞端口来修剪环路,使网络中的每两台设备之间有且只有一条活跃的链路。STP 定义了 4 个步骤来完成冗余链路的修剪,在介绍具体步骤之前,我们先来了解几个重要的概念。

- **交换机 MAC 地址**。每台交换机都有一个 MAC 地址池，交换机可以把这些 MAC 地址分别用作不同的用途（这句话为 Cisco 英文官网原文直译）。比如接下来要介绍的 STP 选举过程中就不止一次涉及 MAC 地址的使用。
- **桥 ID（Bridge ID）**。桥 ID 是由优先级和交换机 MAC 地址构成的一组数值，其中优先级在前，MAC 地址在后。所有交换机上默认的优先级都是 32768，这个数值是可以手动进行修改的。
- **链路开销**。读到本章，读者对于开销的概念应该不陌生了。说得直白一点，开销标识的是这条（链）路有多难走。因此，链路的速率越高，它的开销越低：在 Cisco 交换机上 10Gbit/s 链路的开销是 2；1Gbit/s 链路的开销是 4；100Mbit/s 链路的开销是 19；而 10Mbit/s 链路的开销是 100。
- **BPDU**。全称为桥协议数据单元，这种数据帧中包含了所有 STP 选举所需的信息，包括由根网桥的优先级值、根网桥的 MAC 地址、交换机去往根网桥的链路开销等。

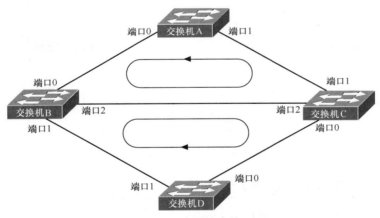

图 16-6　冗余网络中的 STP

说完了背景知识，下面我们来看看 STP 是如何根据上述参数来修剪冗余链路的。

## 16.3.1　步骤 1：选举根网桥

- 选举对象：交换机。
- 选举范围：这个二层网络中的所有交换机。
- 胜出条件：比较根网桥的桥 ID，数值最小者当选。
- 优胜奖励：根网桥的所有端口都转发数据，不会被阻塞掉。

具体过程是这样的：一台新交换机连接在网络中，启动后就会认为自己是根网桥，并在自己发出的 BPDU 中声称自己是这个二层网络中的根网桥。因为所有交换机都会这样做，所以每台交换机都会收到邻居发来的 BPDU，收到后它会拿这个 BPDU 中声称的根网桥桥 ID 与自己的桥 ID 进行对比。如果 BPDU 中的根网桥桥 ID 比自己的桥 ID 数值大，表示对方的优先级低，它就会忽视这个 BPDU，并继续以 2 秒为周期持续发送 BPDU。如果收到的根网桥桥 ID 比自己的桥 ID 数值小，说明对方的优先级高，它就会承认自己选举失败，从而停止发送自己的 BPDU，改为转发这个从邻居发来的 BPDU。

这个过程不断重复进行，直到所有交换机"心目中"的根网桥都是同一台交换机，根网桥的选举就完成了。图 16-7 所示为选举根网桥所需的参数：优先级和 MAC 地址。观察后发现 4 台交换机的优先级都一样，保留了默认的 32768。这时需要进一步比较它们的 MAC 地址，比较后发现交换机 A 的 MAC 地址最小，因此 A 最终赢得了根网桥的选举。A 上的端口自动成为指定端口，原因会在步骤 3 中进行解释。

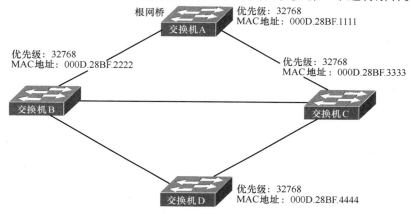

图 16-7　步骤 1：选举根网桥

## 16.3.2　步骤 2：选举根端口（RP）

- 选举对象：二层端口。
- 选举范围：非根网桥上的端口，以交换机为单位进行选举，一台交换机选出一个。
- 胜出条件：（1）比较链路开销，低者胜出；（2）比较非根网桥的桥 ID，低者胜出；（3）比较端口 ID，低者胜出。
- 优胜奖励：根端口都转发数据，不会被阻塞掉。

首先要明确一点，并不是交换机上的所有活跃端口都会参与选举。交换机选举根端口所使用的对比参数都来自别人发送给它的 BPDU。由于只有交换机才会发出 BPDU，因此交换机连接终端设备（比如 PC 和服务器）的端口并不会收到 BPDU，因而也不会参与根端口的选举。

确定了候选端口，现在来看看这些非根网桥是如何选举出自己的根端口的。案例网络中的所有链路速率都是 10Mbit/s，因此链路开销为 100，详见图 16-8。

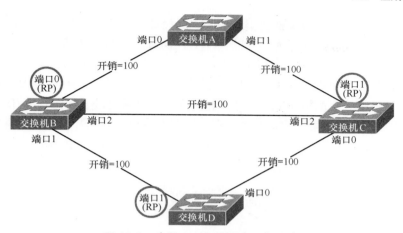

图 16-8    步骤 2：选举根端口（RP）

先看看交换机 B，对比链路开销，它从端口 0 收到的 BPDU 中标示的链路开销是 100（经过了从 A 到 B 的链路），从端口 1 收到的链路开销是 300（经过了从 A 到 C、C 到 D 以及 D 到 B 的路径），从端口 2 收到的链路开销是 200（经历了从 A 到 C 以及从 C 到 B 的路径）。因此 B 马上把端口 0 选举为根端口。交换机 C 的情况也比较简单，通过链路开销可以选举出端口 1 为根端口。

交换机 D 无法从链路开销上做出选择，因为它从端口 1 和 0 收到的 BPDU 中，标示的链路开销都是 200，这时它需要对比桥 ID。所有交换机在转发 BPDU 时，都会在 BPDU 中携带上自己的桥 ID 信息，因此这时 D 需要比较的就是从端口 1 和 0 收到的这两个 BPDU 中，非根网桥的桥 ID。桥 ID 的比较还是先看优先级，相等的话再看 MAC 地址。本例中端口 1 胜出，因为交换机 B 的 MAC 地址小于交换机 C 的 MAC 地址。

本例环境中没有用到第三个胜出条件，若两台交换机之间连接了两条线，并且两条链路的速率相同，这时在选举根端口时就需要用到第三个胜出条件：端口 ID。同样是数值小的胜出。

### 16.3.3    步骤 3：选举指定端口（DP）

- 选举对象：二层端口。
- 选举范围：所有交换机的端口，**每组相连端口中选出一个**。
- 胜出条件：（1）比较链路开销，开销低者当选；（2）比较非根网桥的桥 ID，数值低者当选。
- 优胜奖励：所有指定端口都转发数据，不会被阻塞掉。

这一步骤中的对比参数是 BPDU 中的链路开销，也就是在每组端口中选出一个离根网桥最近的端口。根网桥本地的端口到根网桥的链路开销为 0，这就是"根网桥的端口都是指定端口"的理由。至于非根网桥交换机之间，以交换机 B 和 D 之间的那条链路为例，就会有来自交换机 B 的端口 1，链路开销为 100 的 BPDU，以及来自交换机 D 的端口 1，链路开销为 200 的 BPDU。于是，交换机 B 的端口 1 赢得了选举。同样，交换机 C 的端口 0 就赢得了交换机 C 和 D 之间链路的指定端口选举。

麻烦出在交换机 B 和 C 之间的链路上，这条链路上也存在两种 BPDU，并且它们的链路开销相等，都是 100。这时，交换机之间就需要进一步比较 BPDU 中携带的非根网桥的桥 ID，其实也就是这两个端口所属交换机的桥 ID。本例中交换机 B 胜出，因为它的 MAC 地址小于交换机 C 的 MAC 地址，至此所有指定端口也就确定了下来。图 16-9 展示了这个环境中选举出来的指定端口。

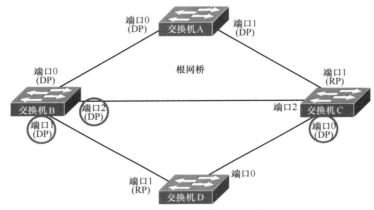

图 16-9   步骤 3：选举指定端口（DP）

### 16.3.4   步骤 4：阻塞非指定端口

所谓的"非指定端口"就是那些在前三步选举中都落选的端口，这些端口的命运是被 STP"阻塞"掉。通过阻塞这些端口，STP 也就修剪了这个二层网络中的冗余路径，构建出了一棵无环的"树"。图 16-10 展示出修剪后的 STP 树。

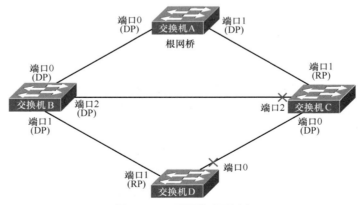

图 16-10   无环的 STP 树

### 16.3.5 生成树端口状态

上面我们介绍了 STP 是如何采用"四步走"的战略，把一些端口确定为"非指定端口"并"阻塞"这些端口的。同时我们也提到过，这种"阻塞"只是逻辑层面的"禁止通行"。换言之，"阻塞"只是交换机端口的一种逻辑状态。为了让生成树的介绍更加完整，下面来说明生成树端口存在哪些状态，以及工作在这些状态的端口会如何处理数据帧。总的来说，遵循 STP 的交换机端口存在以下几种状态。

- **阻塞（blocking）**：既不接收和转发数据帧，也不进行地址学习；可以接收 BPDU，但不会转发 BPDU。
- **监听（listening）**：既不接收和转发数据帧，也不进行地址学习；但会接收并转发 BPDU。
- **学习（learning）**：虽不接收和转发数据帧，但会开始进行地址学习，为后面转发数据帧构建 MAC 地址表；接收和转发 BPDU。
- **转发（forwarding）**：接收和转发数据帧；接收和转发 BPDU。

除上述状态之外，交换机端口还有一种**未使能（disabled）**状态，也就是交换机端口本身处于关闭的状态。在这种状态下，端口当然也不会接收和发送数据帧。

当新交换机连入网络中，新交换机的端口以及与其相连的端口在逻辑上 up 起来后，并不能马上转发数据。这是因为在一开始所有端口都处于阻塞状态，在 STP 将其选举为根端口或指定端口后，这些端口会经历过渡性的监听和学习状态，并最终维持在转发状态。因此在运转正常的网络中，所有端口均处于"转发"或"阻塞"状态。而"监听"和"学习"只是中间状态。"阻塞"状态的端口被选举为能够转发数据的端口后，这个端口会马上进入"监听"状态。这时有一个称为"转发延迟计时器"的倒计时机制开始运作，在计时器超时后，端口进入"学习"状态，并重置"转发延迟计时器"。当计时器再次超时后，端口进入"转发"状态。

## 16.4　交换机转发方式

在 STP 机制计算完成后，稳定、无环且有备份路径的网络就构建完成了。关于 STP 的理论介绍也可以到此告一段落。下面进入本章的最后一个必读主题，那就是交换机转发数据帧的方式。总的来说，交换机转发数据帧的方式包括以下三种，根据硬件的不同，采取的方式也有区别。

- **直通转发**。交换机查看数据帧头部中的 MAC 地址，在本地 MAC 地址表中找到对应的接口后，立即转发帧。通常在它收到帧头部 14 字节左右就会开始转发了。这种转发方式的优势在于转发延迟比较低，并且转发延迟也比较固定。但它也有缺点，那就是交换机在转发前并不会检查帧的状态，因此会把小于 64 字节的帧连同坏帧一起转发出去，这就浪费了带宽资源和设备处理资源。

如今一些低端交换机使用的是这种转发方式。

- **存储转发**。交换机在收到帧后会先把帧放到内存缓冲区中，并对帧进行 CRC（循环冗余校验），检查无误后才会执行转发。这种转发机制的优缺点正好与直通转发相反：存储转发能够丢弃小于 64 字节的帧和通不过 CRC 的帧，从而节约了带宽资源；但由于在转发前需要先接收并处理完整的帧，因此转发延迟较高且延迟时间也不固定。如今绝大多数中高端交换机使用的是这种转发方式。

- **分段转发**。由于以太帧在传输时有最小帧长度的要求（不能小于 64 字节），因此这种转发方式是在交换机接收到 64 字节后，就能够转发这个帧了。这种转发方式消除了直通转发中的一个弊病，但它仍不会对帧进行 CRC。

## 16.5　一些历史遗留问题（选读）

细心的读者也许发现，我在介绍 STP 步骤 3 的时候，对于一个概念的描述语焉不详，那就是"每组相连端口"，这里对此进行解释。

这个"每组相连端口"，原文只对应英文单词 segment，如果直译，似乎应该翻译成"网段"。但"网段"这个词早有所指，如果混用又容易产生歧义。思前想后，我用一种"每组相连端口"这种比较暧昧的方式进行了表达。那么，segment 这个词在这里到底是什么意思呢？在图 16-10 这样的环境中，端口不都是两两相连的吗？既然如此，为什么不说成"每对相连端口"呢？

要解释清楚这个问题，可能需要对历史进行一下简单的回顾。

在 STP 推出之际，集线器（**hub**）还能在网络的构建中占有一席之地。我们说过，集线器是一个非智能设备，可以将其视为一个多向接口，只会不加区分地转发所有信息。因此，集线器所连接的所有端口就如同被一根多向线缆连在了一起，这个环境就是一个 segment，如图 16-11 所示。我们之所以没有采用"每对相连端口"中选举一个指定端口这样的方式进行描述，一方面是为了更加严谨（因为一个 segment 中未必只有一对接口），另一方面是为了缅怀一段连我们也不曾经历的时代，在那个时代，人们还会用集线器来连接交换机。

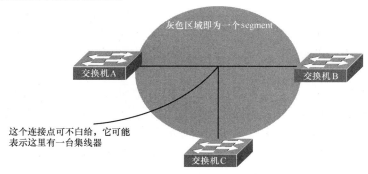

图 16-11　历史与 segment

再说句题外话，有些文档在介绍 STP 的选举过程时，会在步骤 3 提出选举"指定交换机"的概念，Cisco 官方的 STP 介绍中也使用了这个概念。之所以有这么一个概念，原因和上面解释的背景相同。如果我们通过集线器将多台交换机的端口连接到了一个 segment 中，那么就需要在这些交换机中选出一台交换机作为"指定交换机"，然后进一步在"指定交换机"中定位指定端口。由于在当今网络中已经基本看不到集线器的身影，因此这种先选出"指定交换机"，再定位"指定端口"的做法就显得多此一举了。

## 16.6 Portfast 与 BPDU Guard

不得不说，在收敛速度方面，STP 可以算得上"臭名昭著"。别的不说，在默认条件下，STP 会在监听和学习状态下各停留 15 秒。很多人在初学阶段难免会想，这有必要吗？

至少在传统 STP 的设计看来，这还是很有必要的，毕竟端口从阻塞到转发的过渡时间长一点，最多也就是让用户等的时间久一些，网络要是产生环路，那篓子可就大了。

当然，交换机也并不是所有端口都有引入环路的风险。比如说，交换机连接服务器等终端设备的端口就不可能导致环路。毕竟终端的意思不就是这些设备应该处于网络最边缘的位置吗？所以，一个很自然的想法是，这些连接终端的交换机端口是不是就不用过渡得那么谨小慎微了呢？

有道理！因此，Cisco 交换机提供了一个称为 Portfast 的特性。顾名思义，Portfast 就是"快速端口"：管理员在连接终端设备的端口上启用这个特性后，对应的交换机端口就可以立刻从阻塞状态过渡到转发状态，而不用经历中间的延迟。

不过，Portfast 如果没有任何保护措施，那常常是存在风险的——试想，如果你是一家企业的新人，在不了解的情况下匆忙去上项目，给某个前辈已经配上了 Portfast 的端口连上了交换机，那你就有可能面临试用期过早结束的窘境。

为了不让 Portfast 特性"失控"，Cisco 交换机提供了一个称为 BPDU Guard 的特性。在某个端口上启用 BPDU Guard 特性后，只要这个端口接收到了 BPDU，这个端口就会立刻进入一种称为 errdisabled 的状态。这个状态的端口就暂时"躺平"了，需要你手动重新启用它才能恢复工作。BPDU Guard 的目的也很简单——终端是不发送 BPDU 的，如果这个端口连接的设备能发 BPDU，那这个端口就有可能造成环路，就要关闭它等待管理员处置。所以你看，在大多数情况下，BPDU Guard 应该和 Portfast 一起使用，作为后者的保护措施。

启用这两个特性的方法非常简单，管理员只需要分别在对应端口的配置模式下输入 **spanning-tree portfast** 和 **spanning-tree bpduguard enable**，就可以分别启用 Portfast 功能和 BPDU Guard 特性。这种操作极为简单，为免侮辱读者的智商，我就不专门进行演示了。

## 16.7　STP 的快速收敛与 RSTP

STP 可以通过动态阻塞网络中的端口来在逻辑上切断交换网络中的环路，但是这个古老的协议依然存在各种各样的问题，其中一个最显著的问题我们刚刚提到，就是——慢。除了默认条件下，STP 会让端口在监听和学习状态下各停留 15 秒之外，STP 还定义了包括转发延迟计时器在内的几种计时器来避免 STP 重新收敛过快，这些都是为了避免过快启用被阻塞的端口，导致网络中产生转发环路。

就算有一万个理由，你都得承认收敛速度慢是一个巨大的缺陷，这个缺陷也势必会随着网络应用数量的增加以及流量重要性的提升变得让人越来越无法容忍——在那个泡论坛和贴吧的时代，你可能一页还没看完一半，STP 已经收敛完了；但是在如今这个短视频的时代，视频卡 10 秒你可能已经哭出声来了。从这个角度上看，定义一个收敛速度更快、同时绝不会因收敛速度快而导致出现逻辑环路的新版 STP 势在必行，这个协议称为快速 STP，简称 RSTP。

首先，RSTP 简化了 STP 的端口状态，把 STP 中的未使能、阻塞和监听状态汇总为了同一种状态，称为**丢弃（discarding）**状态。毕竟，STP 的这三种状态本身就没有太大区别——这一点不知道大家在读前文 STP 端口状态的时候有没有同感。经过这样一番简化，RSTP 就只剩下了三种状态，也就是丢弃、学习和转发状态。

当然，RSTP 不可能仅仅通过简化端口状态就可以实现快速收敛。前文提到过，STP 的慢是人为设计的，就是为了避免因过快开放被阻塞端口而导致网络中出现环路。说简单点，STP 通过计时器到期延缓收敛来避免环路，但导致了网络收敛速度慢，RSTP 则摒弃了这种听起来就相当被动的做法，还引入了一种称为 P/A 的机制，这才是 RSTP 在 STP 基础上实现大幅提速的核心操作。说简单点，这种机制会从根交换机开始，先让各个连接直连交换机的上游端口立刻过渡到转发状态，同时阻塞这些交换机的下游端口，再让这些交换机的下游端口把这个流程向它们下游交换机的上游端口传导，以此类推。通过这种方式，RSTP 既可以避免无效的等待，又可以确保网络中没有环路。

当然，P/A 机制细说起来还真是有点复杂。我在写这一节的时候，发现 CCNP 的教学内容中没有包含对这个机制详细内容的介绍。所以，对这个机制的具体原理感兴趣、同时对英文阅读能力有一定信心的读者，可以在搜索引擎上输入"Cisco Understand Rapid Spanning Tree Protocol (802.1w)"，阅读和学习找到的 Cisco 在线文档。我们这里就点到即止了。

除了收敛速度慢，STP 还有一个重要的缺陷。限于本书的体系结构，这个缺陷我们在这里不得不卖个关子，留待第 17 章进行说明。

## 16.8  总结

本章对应的 CCNA 考点：

1.13  Describe switching concepts；

1.14  MAC learning and aging；

1.15  Frame switching；

1.16  Frame flooding；

1.17  MAC address table；

2.5.a  Root port, root bridge (primary/secondary), and other port names；

2.5.b  Port states (forwarding/blocking)。

这是交换技术的第 1 章。我们在本章的一开始对于交换机转发数据帧的方式进行了回顾和深入介绍。下一个话题既是本章的重点，也是交换技术的重点，那就是旨在解决交换机环路的生成树协议（STP）。在 16.3 节中，我们详细介绍了 STP 是如何采用四步的选举，从逻辑上阻塞拓扑中的一些端口，进而实现逻辑无环拓扑的。为了彻底说清 STP 的阻塞机制，我们在后面立刻介绍了 STP 的端口状态。接下来，我们对交换机的三种数据帧转发方式进行了概述。在本章的最后，我们介绍了 Portfast 和 BPDU Guard 这两个重要的特性，还对 RSTP 进行了简要的说明。

在第 17 章中，我们会对交换技术中另一个极为重要的概念——VLAN 进行介绍。至于和 STP 有关的配置，我们留待第 18 章再进行介绍。

## 本章习题

1.  交换机会依据什么做出转发决策？

    a.  源 IP 地址

    b.  目的 IP 地址

    c.  源 MAC 地址

    d.  目的 MAC 地址

2.  交换机会依据什么学习 MAC 地址？

    a.  收到数据帧的接口以及该数据帧的源 IP 地址

    b.  收到数据帧的接口以及该数据帧的目的 IP 地址

    c.  收到数据帧的接口以及该数据帧的源 MAC 地址

    d.  收到数据帧的接口以及该数据帧的目的 MAC 地址

3.  若没有 STP，网络会面临什么困境？（选择三项）

    a.  重复帧

    b.  广播风暴

    c.  IP 地址翻动

   d. MAC 地址翻动

4. 以下关于根网桥的描述错误的是？

   a. 新交换机在加入网络后，会认为自己是根网桥

   b. 根网桥的桥 ID 数值最大者成为根网桥

   c. 根网桥的桥 ID 由优先级和 MAC 地址组成

   d. 根网桥上的所有端口都转发流量

5. 以下关于根端口的描述正确的是？

   a. 根网桥上的端口都是根端口

   b. 交换机上的所有端口都会参与根端口的选举

   c. 一台交换机上只能有一个根端口

   d. 只要端口 ID 值小的，就会成为根端口

6. 以下关于指定端口的描述错误的是？

   a. 去往根网桥链路开销低的成为指定端口

   b. 根网桥上的端口都是指定端口

   c. 一台交换机上只能有一个指定端口

   d. 指定端口不会被阻塞

7. 以下关于非指定端口的描述正确的是？

   a. 不是根端口和指定端口的端口，都是非指定端口

   b. 非指定端口的状态是监听

   c. 非指定端口是通过桥 ID 选举出来的

   d. 一台交换机上只能有一个非指定端口

8. 能够接收和转发数据帧的接口状态是什么？

   a. 阻塞

   b. 监听

   c. 学习

   d. 转发

9. 以下哪一项不是交换机的转发方式？

   a. 直通转发

   b. 存储转发

   c. 连续转发

   d. 分段转发

# 第17章

## VLAN 技术

世上有些事就是那么别扭：明明在一起的，人们却偏要把它们分开；明明不在一起的，人们却又常常希望把它们凑到一块儿。除了琼瑶小说和都市言情剧，这种事儿也常常发生在网络技术领域。当然，上述情况发生在小说和影视剧中，是为了制造矛盾冲突，得从艺术的角度去分析；发生在网络技术领域，则是为了解决客观问题，得从需求的角度去分析。

本章我们要介绍两种超级简单却又超级现实的技术，这两项技术原理简单、配置简单、部署简单，却广泛应用于几乎所有的网络环境中。

## 17.1 VLAN

有时候，我们并不希望所有物理上连接在同一台交换机上的主机都处于同一个局域网中。这种需求相当常见，而且也很好理解。就像大多数教材会介绍的那样，大多数网络会把不同部门的人员部署在不同的局域网中，这是因为在网络层把不同部门的员工相互隔离开，既可以让一个部门（比如财务部）的内部信息更不容易被另一个部门的人搞到手，又可以把故障和错误隔离在一个更小的范围内。

这么基本的需求当然会在技术层面得到满足。也就是说，管理员可以把连接在一台交换机上的设备，按照员工的工作职能，而人为地"划"进不同的虚拟局域网（VLAN）中。这样，它们在通信时就会像连接在不同的交换机上一样了。

图 17-1 是在一台交换机上划分出两个 VLAN 的示意，一个用于连接财务部员工的计算机；另一个用来连接其他部门员工计算机。

之前我们曾经在很多章节反复提到过，局域网（以太网）是一个广播型网络，同一个局域网中的主机都位于一个广播域中。又因为连接在同一台交换机上的主机都处于同一个局域网中，所以这些主机也就都处于同一个广播域中。由此，我们在此前的章节中，称交换机可以隔离冲突域，而路由器可以隔离广播域。

但实际上，交换机可以通过划分 VLAN 的方式将连接到自己的主机"划分到"不同的局域网中，因此交换机也可以用划分 VLAN 的方式隔离广播域。比如说，在图 17-1 中，财务部的 3 台主机就和其他部门的 5 台主机处于不同的广播域中。

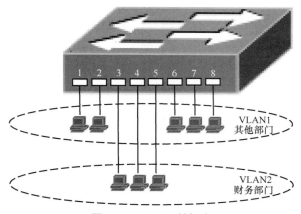

图 17-1　VLAN 的概念

　　所以说，我们可以将交换机上的接口分配给不同的 VLAN，存在多少个 VLAN 就有多少个广播域，只有相同 VLAN 中的终端设备可以相互通信，而不同 VLAN 中的设备不能进行通信。

　　如图 17-2 所示为交换机 VLAN 划分的示意。

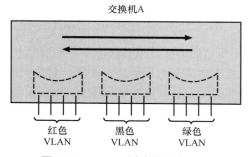

图 17-2　VLAN 划分的抽象表示

　　通过图 17-2 可以看到，交换机 A 一共有红色、黑色、绿色三个 VLAN，每一个 VLAN都包含了多个交换机接口。根据上文介绍的内容，这些交换机接口所连接的终端设备就会组成一个广播域，这些设备之间可以相互通信，而不同 VLAN 之间则是不能通信的。

---

注释：用颜色表示不同的 VLAN 只是为了方便初学者理解，是这个行业各类教案和读物的通用做法。交换机又不长眼，区分不同 VLAN 当然不可能依赖颜色，它依赖的是 VLAN 的编号。这一点，在我们介绍 VLAN 配置步骤时，读者就会发现。

---

## 17.2　VLAN 配置步骤

　　通过上文的描述，VLAN 的配置步骤基本也就差不多可以推测出来了。宏观上，配置 VLAN 的工作分为两大步。下面我们分别介绍这两步的内容，以及它们的具体操作方式。

步骤 1　创建 VLAN。

在全局配置模式下，输入"**vlan** *VLAN 编号（VLAN ID）*"，进入 VLAN 配置模式。

进入 VLAN 配置模式之后，我们指定的 VLAN 也就自动创建了。接下来，管理员可以为了管理方便，在 VLAN 配置模式下给刚刚创建的这个 VLAN 起个名字。命名 VLAN 的方法是，在 VLAN 配置模式下，输入"**name** *VLAN 名称*"。

步骤 2　把交换机的接口划分到相应的 VLAN 之中。

划分接口首先需要进入相应接口的接口配置模式，把这个接口定义为二层（switchport）接入（access）接口。要想实现上述配置，应该在相应接口的接口配置模式下输入命令 **switchport mode access**。

接下来，我们需要把这个接口划分到特定的 VLAN 中，命令是"**switchport access vlan** *VLAN 编号*"。

在一台交换机上将不同的接口划分到不同 VLAN 中的方法，就是这么简单。

例 17-1 所示为在一台交换机上创建 vlan 100，将其命名为 YESLAB，然后将交换机接口 F0/1 划分到这个 VLAN 中的配置过程。

*例 17-1　VLAN 的配置*

```
SW1(config)#vlan 100
SW1(config-vlan)#name YESLAB
SW1(config)#interface FastEthernet 0/1
SW1(config-if)#switchport mode access
SW1(config-if)#switchport access vlan 100
```

验证 VLAN 配置最常用的命令是 **show vlan brief**。通过这条命令，我们可以清晰地看到交换机各个接口与 VLAN 之间的对应关系，如例 17-2 所示。

*例 17-2　验证 VLAN 的配置*

```
SW1#show vlan brief

VLAN Name                             Status    Ports
---- -------------------------------- --------- ---------
-------------------------------
1    default                          active    Fa0/2, Fa0/3, Fa0/4, Fa0/7
                                                Fa0/8, Fa0/9, Fa0/10, Fa0/11
                                                Fa0/12, Fa0/13, Fa0/14, Fa0/15
                                                Fa0/16, Fa0/17, Fa0/18, Fa0/19
                                                Fa0/20, Fa0/21, Fa0/22, Fa0/23
                                                Fa0/24, Gi0/1, Gi0/2
100  YESLAB                           active    Fa0/1
1002 fddi-default                     act/unsup
```

```
1003 token-ring-default              act/unsup
1004 fddinet-default                 act/unsup
1005 trnet-default                   act/unsup
```

如果想要查看交换机上的某个接口目前工作在什么模式下，可以使用命令 "**show interfaces** *接口编号* **switchport**" 查看它的工作模式，如例 17-3 所示。

*例 17-3　查看接口的工作模式*

```
SW1#show interfaces FastEthernet 0/1 switchport
Name: Fa0/1
Switchport: Enabled
Administrative Mode: static access
Operational Mode: static access
Administrative Trunking Encapsulation: negotiate
Operational Trunking Encapsulation: native
Negotiation of Trunking: Off
Access Mode VLAN: 100 (YESLAB)
Trunking Native Mode VLAN: 1 (default)
Administrative Native VLAN tagging: enabled
Voice VLAN: none
Administrative private-vlan host-association: none
Administrative private-vlan mapping: none
Administrative private-vlan trunk native VLAN: none
Administrative private-vlan trunk Native VLAN tagging: enabled
Administrative private-vlan trunk encapsulation: dot1q
Administrative private-vlan trunk normal VLANs: none
Administrative private-vlan trunk associations: none
Administrative private-vlan trunk mappings: none
Operational private-vlan: none
Trunking VLANs Enabled: ALL
Pruning VLANs Enabled: 2-1001
Capture Mode Disabled
Capture VLANs Allowed: ALL

Protected: false
Unknown unicast blocked: disabled
Unknown multicast blocked: disabled
Appliance trust: none
```

通过上面这条命令，我们不仅可以看到这个接口的工作模式，还可以看到很多其他的信息，包括它所属的 VLAN 等。

注释：很多教材在介绍上述配置步骤的时候，都会提到一点：一旦管理员将一个接口划分到某个并不存在的 VLAN 中，系统就会自动将那个 VLAN 创建出来，因此管理员没必要专门通过步骤 1

来创建 VLAN。对于企业网中的 Catalyst 系列交换机，事实确实如此，但是这种说法并不适用于数据中心网络的 Nexus 系列交换机。如果管理员在配置 Nexus 交换机时，将接口划分到了一个并不存在的 VLAN 中，那个 VLAN 并不会自动创建出来。而那个被划分到了"虚无"中的接口，当然也就无法正常工作。我建议管理员在划分接口之前手动创建 VLAN，并且在创建 VLAN 的同时，给它起一个能够标识这个 VLAN 作用的名称。

## 17.3　Trunk

有时候，我们并不希望所有物理上连接在同一台交换机上的主机都处于同一个局域网中；有时候，我们又希望让物理上并不连接在同一台交换机上的主机都处于一个局域网中，图 17-3 所示的就是这样的情形。

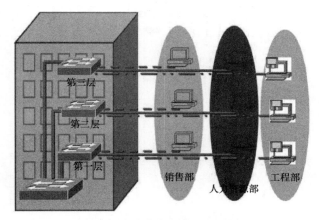

图 17-3　连接在不同交换机上的主机处于同一 VLAN 中

如果一家企业独占一栋大楼，同一部门的员工就有可能分布在不同的楼层中。比如在图 17-3 所示的环境中，第一层、第二层、第三层楼中都分布了销售部、人力资源部和工程部的员工。此时，我们就不光需要把各层的交换机都划分为三个 VLAN，然后把隶属于不同部门的员工划分到不同的 VLAN 中，还要保证分布在不同楼层（当然也连接在不同的交换机上）但隶属于相同部门的员工能够处于同一个 VLAN 中。

显然，要实现这样的通信，**交换机与交换机之间相连的接口和链路就不能只负责传输某一个 VLAN（部门）的数据，而必须传输全部 VLAN 的数据。**鉴于这种接口的工作模式显然与上文中的二层接入（access）接口不同，因此这种接口也就不能再设置成上文中的二层接入接口，而应该设置为**二层干道（Trunk）接口，它们之间的链路也称为干道（Trunk）链路。**

对于一个两台交换机的环境，它们的工作方式如图 17-4 所示。

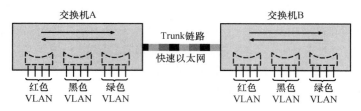

图 17-4　用 Trunk 链路连接两台交换机的环境

现在，我们结合图 17-4 来介绍两台交换机之间到底是如何通过 Trunk 链路来分享数据帧的。为了说清楚这个问题，我们把图 17-4 改造成了图 17-5。

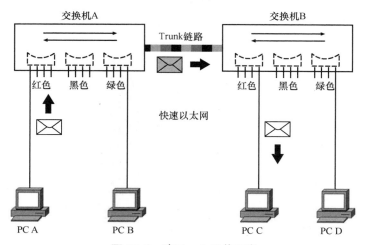

图 17-5　跨 Trunk 通信示意

如图 17-5 所示，交换机 A 红色 VLAN 中的一个接口所连接的一台主机（PC A），希望向交换机 B 红色 VLAN 中的一个接口所连接的一台主机（PC C）发送数据帧。在它发出数据帧时，它当然只能把数据帧发送给自己直连的设备，也就是交换机 A。交换机 A 在接收到数据帧时，会（在与 PC A 相连的接口）给这个数据帧打上红色标签。通过查看数据帧的目的 MAC 地址，交换机 A 发现去往这个目的 MAC 地址的数据帧应该通过 Trunk 接口转发出去，因此经 Trunk 接口转发到了 Trunk 链路上，发给了交换机 B。交换机 B 根据标签，发现这是一个红色 VLAN 中的数据帧，于是在（与 PC B 相连的）相应接口拿掉了它的红色标签，并把它转发给了目的主机（PC C）。这就是连接在不同交换机上的两台主机跨 Trunk 进行通信的过程。

注释：在上面我们介绍的情况中，Trunk 接口接收到了打着 PC A 所在 VLAN（红色）标签的数据帧。不知道你想过没有，万一 Trunk 接口接收到了没有打上任何标签的数据帧，它会怎么处理？此时，Trunk 接口会给这个数据帧打上一个默认 VLAN 的标签，然后进行转发。在 Cisco 术语中，称这个默认 VLAN 为"本征 VLAN"。不过,行内的人还是更喜欢直接称呼它的英文原名——native VLAN。在默认情况下,native VLAN 是 VLAN 1。如果管理员修改 native VLAN,要确保 Trunk 链路两边的 native VLAN 编号是一致的,否则就会出现 native VLAN 不匹配的问题,导致通信无法进行。而命令 **show interface trunk** 可以用来查看 native VLAN 的编号。

两台交换机之间通过相互连接的接口建立 Trunk 链路,这当然也是需要一些标准才能进行通信的。目前,交换机对帧进行标记的协议有两种,它们是 Cisco 私有的 ISL 协议和 IEEE 的公有标准 802.1Q。当前,ISL 几乎没有人会再去使用了,因此 802.1Q 基本已经一统江湖。

**把一个接口配置成 Trunk 接口的方法和把它配置成接入(access)模式的方法类似,但多了一步,除了指定接口类型之外,还要指定封装方式。**所以,具体的配置命令分为下面两步。

**步骤 1** 进入相应接口的接口配置模式,把封装协议指定为 802.1Q(dot1q)。其方式为在相应接口的接口配置模式下,输入命令 **switchport trunk encapsulation dot1q**。当然,如果把关键字 **dot1q** 替换成 **isl**,就可以将封装协议指定为 ISL。只不过现在已经绝少有人会采用 ISL 协议了。

**步骤 2** 将接口的工作模式指定为二层 Trunk 接口。既然将接口的工作模式指定为二层接入接口的命令为 **switchport mode access**,那么将接口指定为二层 Trunk 接口的命令显然就是 **switchport mode trunk**。

例 17-4 所示为将一台交换机上的接口 f0/5 配置为 Trunk 模式,并指定 dot1q 封装方式的配置过程。

*例 17-4　Trunk 接口的配置*

```
SW1(config)#interface FastEthernet 0/5
SW1(config-if)#switchport trunk encapsulation dot1q
SW1(config-if)#switchport mode trunk
```

此时如果我们通过前面介绍的命令"**show interfaces** *接口编号* **switchport**"查看这个接口的工作模式(见例 17-5),就会发现它处于 Trunk 模式之中,同时还可以看到这个 Trunk 采用的封装协议。

*例 17-5　查看接口的工作模式*

```
SW1#show interfaces FastEthernet 0/5 switchport
Name: Fa0/5
Switchport: Enabled
Administrative Mode: trunk
Operational Mode: trunk
Administrative Trunking Encapsulation: dot1q
Operational Trunking Encapsulation: dot1q
Negotiation of Trunking: On
```

```
Access Mode VLAN: 1 (default)
Trunking Native Mode VLAN: 1 (default)
Administrative Native VLAN tagging: enabled
Voice VLAN: none
Administrative private-vlan host-association: none
Administrative private-vlan mapping: none
Administrative private-vlan trunk native VLAN: none
Administrative private-vlan trunk Native VLAN tagging: enabled
Administrative private-vlan trunk encapsulation: dot1q
Administrative private-vlan trunk normal VLANs: none
Administrative private-vlan trunk associations: none
Administrative private-vlan trunk mappings: none
Operational private-vlan: none
Trunking VLANs Enabled: ALL
Pruning VLANs Enabled: 2-1001
Capture Mode Disabled
Capture VLANs Allowed: ALL

Protected: false
Unknown unicast blocked: disabled
Unknown multicast blocked: disabled
Appliance trust: none
```

看了上面的内容，很多人都会提出一个颇具建设性的问题：如果某个环境中有 *N* 台交换机，我们能不能把其中一台交换机上配置的 VLAN 自动同步给其他交换机，省却一台一台交换机挨个配置 VLAN 之苦呢?

当然可以。

## 17.4 VTP

**VTP（VLAN Trunking Protocol）的主要功能就是在一个管理域内维持所有交换机 VLAN 配置信息的一致性**。为了达到这个目的，VTP 会通过 Trunk 接口（以多播的方式）来通告 VLAN 配置信息。所以，实现 VTP 同步的前提是这个 VTP 管理域中的所有交换机彼此之间已经建立了 Trunk 连接。

### 17.4.1 VTP 的工作模式

在一家公司里，员工可以分成几种角色。一种员工属于管理者，除了需要承担自己的工作之外，也负责给其他员工分配工作；另一种员工需要由管理者来为自己分配有待完成的工作；还有一种员工比较独立，他们既不给别人分配工作，也不需要别人为自己分配工作，他们自己知道要完成的工作包含什么内容。

在 VTP 中，一台交换机可以扮演的角色也分成类似的三种。一种角色是让这个管理域中的其他设备按照自己的 VLAN 配置信息进行同步，我们称这种角色的交换机工作在**服务器模式**下。一种角色是按照这个管理域中服务器模式交换机的 VLAN 配置信息，来同步自己的 VLAN 配置信息，我们称这种角色的交换机工作在**客户端模式**下。还有一种角色虽然置身于这个管理域中，却光荣孤立，这类交换机既不会让其他交换机按照自己的 VLAN 配置信息进行同步，也不会按照其他交换机的 VLAN 配置信息来同步自己的配置，这种交换机工作在**透明模式**下。也就是说，如果我们将一台交换机配置为服务器模式，那么我们就可以在这台交换机上创建、修改和删除这个 VTP 管理域中的 VLAN。但对于客户端模式的交换机，管理员就不能对 VLAN 配置进行任何的调整。至于透明模式的交换机，管理员固然可以在上面调整与 VLAN 有关的配置，但这些配置仅针对这一台交换机生效，并不会作用于 VTP 管理域的其他交换机上。

## 17.4.2 修订版本号

管理交换机是一个连续的过程，并不是一次性的工作，而且每次进行管理时，也经常涉及多个 VLAN 的添加、修改和删除。所以，必须有一种机制来确保客户端模式的交换机是**按照最近的**配置进行更新的，这种机制叫作修订版本号（revision）。下面我们通过图 17-6 来介绍修订版本号的工作机制。

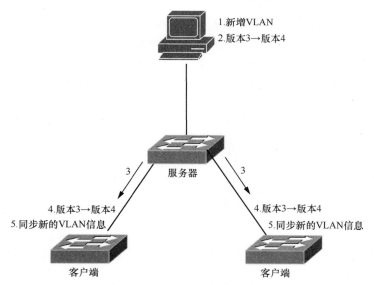

图 17-6　修订版本号的工作原理

如图 17-6 所示，当服务器模式的交换机对其 VLAN 配置进行了修改后，它的修订版本号就会加 1，在图中也就是由 3 变成了 4。当配置信息传输给其他交换机时，这些交换机会将自己的配置修订版本号与 VTP 服务器的修订版本号进行比较，以查看是否需要同步自己的 VLAN 数据库。在图 17-6 中，由于客户端交换机发现更新 VLAN 配置的修订版本号是 4，比自己的修订版本号 3 要高，于是它们将自己的修订版本号也增加 1，并且按照服务器模式的交换机发送过来的信息更新了自己的 VLAN 数据库。

当然，如果管理员没有更新服务器模式交换机的 VLAN 配置，在默认情况下，交换机也会每 5 分钟就周期性地通过 Trunk 接口向周围的交换机发送通告消息。接收到通告消息的交换机则会根据消息中包含的修订版本号，来判断服务器交换机上的 VLAN 配置信息是否又进行了更新。所以，VTP 消息的通告方式也是周期性通告和触发通告的结合。

说完了原理，下面我们来说说 VTP 的配置。

## 17.4.3　VTP 配置步骤

**VTP** 的配置简单至极，它的配置分两步走：定义 **VTP** 的管理域；定义这台交换机的 **VTP** 模式。这两步都需要在全局配置模式下完成，但这两步的先后次序并不重要。

其中，定义交换机模式的命令就是 "**vtp mode** *工作模式*"。就像我们在原理部分介绍的那样，在工作模式这一部分，可选的关键字包括 **server**（服务器模式）、**client**（客户端模式）和 **transparent**（透明模式）。

而定义 VTP 域名的命令则是 "**vtp domain** *VTP 管理域名*"。

除了这两步之外，我们推荐大家给自己的 **VTP** 域定义一个密码，以防不明身份的交换机 "不请自来"。设置密码的命令是 "**vtp password** *密码*"。

**所有设备必须配置相同的密码，才能参与到这个管理域中。密码长度可以设置为 8~64 个字符。**

例 17-6 所示为将一台交换机配置为管理域 "YESLAB" 中的服务器模式，并且将密码设置为 yeslabtest 的配置过程。

*例 17-6　VTP 的配置*

```
SW1(config)#vtp domain YESLAB
SW1(config)#vtp mode server
SW1(config)#vtp password yeslabtest
```

## 17.4.4　VTP 修剪

多台交换机通过 Trunk 链路连接，可以大大扩展 VLAN 的范畴，让连接在不同交换机上的设备可以处于同一个 VLAN 当中。但是这种做法有时也会造成带宽资源的浪费。我们下面通过图 17-7 来简单解释一下。

在图 17-7 中，一台蓝色 VLAN 中的主机在蓝色 VLAN 中发送了广播。一个 VLAN 就是一个广播域，而交换机与交换机之间的 Trunk 链路则会转发所有 VLAN 的信息。

因此，在理论上，这个广播数据会按照图 17-7 所示的箭头，发送给这个拓扑中的所有交换机。

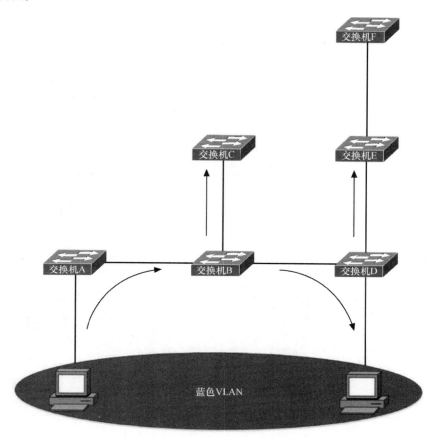

图 17-7 因为未进行 VTP 修剪而造成的链路带宽浪费

问题是在这个拓扑中，除了交换机 A 和交换机 D 之外，其他交换机并没有连接属于蓝色 VLAN 的主机。所以，除了交换机 A 和交换机 D 之外，只有在必经之路上的交换机 B 有理由接收到这个广播数据，而另外三台交换机接收到这个广播只会浪费 Trunk 链路的带宽资源，产生不了任何积极的作用。

**VTP 修剪就可以防止无关的广播信息从一个 VLAN 泛洪到这个 VTP 域中的所有 Trunk 链路上**，这样就可以避免上述环境中带宽资源无故遭到浪费的情况，如图 17-8 所示。

在默认情况下，修剪功能是禁用的。启用它的方法是在全局配置模式中输入命令 **vtp pruning**。

对 VTP 状态进行验证，最常见的命令是 **show vtp status**，这条命令的输出信息如例 17-7 所示。

*CCNA*

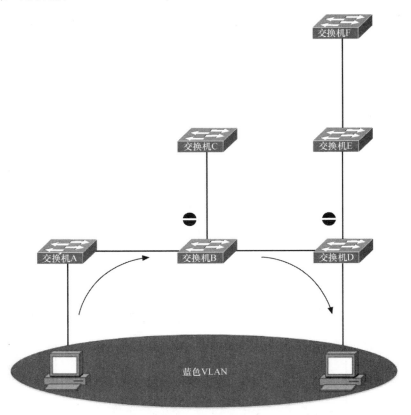

图 17-8   通过 VTP 修剪避免带宽浪费

*例 17-7   查看 VTP 的状态*

```
SW1#show vtp status
VTP Version                    : running VTP1 (VTP2 capable)
Configuration Revision         : 0
Maximum VLANs supported locally : 1005
Number of existing VLANs       : 6
VTP Operating Mode             : Server
VTP Domain Name                : YESLAB
VTP Pruning Mode               : Enabled
VTP V2 Mode                    : Disabled
VTP Traps Generation           : Disabled
MD5 digest                     : 0x0B 0xD3 0x69 0x86 0x37 0x0C 0xE6 0xF6
Configuration last modified by 0.0.0.0 at 3-1-93 00:06:05
Local updater ID is 0.0.0.0 (no valid interface found)
```

如上面的示例所示，我们可以通过这条命令看到上文介绍的所有与 VTP 有关的内容：包括 VTP 修订版本号（0）、现有 VLAN 的数量（6 个）、这台交换机的 VTP 工作模式（Server）、这个 VTP 管理域的域名（YESLAB）、是否启用了 VTP 修剪模式（Enabled）等。

## 17.5　使用 VLAN 灵活配置物理资源

下面我们来讨论一个比较有深度的问题，那就是 VLAN 和 Trunk 到底是一项多么伟大的技术。

我想说，这项技术虽然简单，但是超级伟大。简而言之，一切能够以逻辑的方式重新配置物理资源的技术都是超级伟大的技术。

我举个例子。你已婚，育有一子，从去年开始又想跟进二孩计划。可是，你在北京的居所只有 40 平方米，这还是建筑面积。但是你在老家还有另外两处居所，那两处居所面积之和有 300 多平方米。所以，如果你能够把三处居所的面积从逻辑上整合到北京，就相当于在北京有了一处近 400 平方米的住所。别说两个孩子，要是政策允许，五个孩子都有地方安置。

再如，你年事已高，家道中落，自己居住在祖上传下来的一栋 400 平方米的住所。可是你孤身一人，上无父母，下无儿女，也没有配偶。你经济拮据，更请不起家政人员照顾你的起居。每天晚上起夜，走过漫漫走廊长道，冷风一吹，浑身打战。所以，如果你能把这 400 平方米"从逻辑上"切割成 8 份，自己占据其中 1 份，另外 7 份出租，不仅解决了起夜之苦，还可以大大改善经济条件，可谓一举两得。

如果说上面谈到的第二种情况还勉强算是有法可想，那么解决第一种情况就彻底是痴人说梦了。这么说吧，如果在空间科学上也能够按照逻辑的方式配置物理资源，估计房地产公司比航空公司倒得都早。但是在计算机科学领域，正是虚拟化带来的这种灵活性和便捷性，使它成为时代发展的一个大趋势。

到底什么叫"以逻辑的方式重新配置物理资源"？光说不练假把式，先来做个算术题，你估计，图 17-9 所示的这个三层拓扑中最少需要使用几台二层交换机？

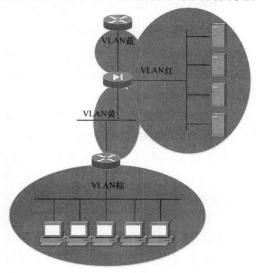

图 17-9　一个普通的网络环境

　　首先，我想对给出的答案是"我没发现图中画有二层交换机"的同学说明一点。既然图 17-9 所示的是一个三层拓扑，那么在这张图中，相连设备之间就会处于同一个局域网之中。二层交换机是不会出现在这个网络中的。换句话说，直线相连的设备处于同一个广播域中。

　　其次，我想对给出的答案是"可以不用二层交换机"的同学说明一点。我们讨论的是一家普通的中小型企业，不是那种样样产品都可以配备高端模块化设备，再另行购买局域网模块的公司。说简单一点，**路由器和防火墙都不是高端口密度的设备**。一般情况下，用它们连接终端设备，都会先连接到一台二层交换机上。

　　那答案就只能是两台咯？很多人会说。

　　但其实，一台二层交换机就够用了。

　　下面我用二层拓扑的方式解释一下这个环境可以采取什么样的物理方式组建网络。

　　在图 17-10 中，我们用相同颜色的接线（线体颜色标记在了图中）表示接口处于相同的 VLAN 中，而且接线的颜色也与图 17-9 中 VLAN 的**命名**进行了对应（当然，我们把所有设备都连接"上沿儿"的接口只是为了画图方便）。

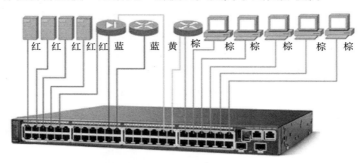

红　红　红　红　红　蓝　　蓝　黄　棕　　棕　棕　棕　棕　棕

图 17-10　物理接线示意

　　相信读者读到了这一章，应该有能力能够自行领会图 17-10 和图 17-9 之间的关系，所以对这个接线图本身，我们不再专门进行解释。希望读者通过图 17-9 和图 17-10 之间的对比，了解下面几个概念：

- 划分 VLAN，可以让物理资源得到更加合理的利用；
- 逻辑拓扑和物理拓扑之间常常存在着显著的差距；
- 当接口数量有限的设备需要再连接大量设备时，可以借助二层交换机来实现。

　　所以咯，你也看到了，一个环境的物理接线图和它的逻辑拓扑之间的差距还是蛮大的。而划分 VLAN 这种方式，可以让那些不是特别"趁"端口的设备也能实现一对多的连接。从现在开始，建议每一位读者养成一个习惯，那就是在看到一个拓扑的时候，思考一下眼前的这张图更像二层拓扑还是三层拓扑。如果更像三层拓扑，那么它的物理连接方式有可能是什么情况。如果你希望去甲方（也就是需要购买设备，并建设、维护网络的一方）工作，可以考虑一下如何实现这个逻辑拓扑的物理连接，能够尽可能地节省成本；如果希望去厂商或者集成商工作，则可以考虑一下通过这个拓扑，如何能够尽可能卖出更多的设备。

当然，我反复提到"尽可能"这个词，就是强调合理性方面的考量要重于利益方面的考量。这是一本技术类图书，厚黑学不在讨论范围之列。

## 17.6　VLAN 间路由

循着上文的思路，我们来讨论一个比上面的情况更简单一些的问题。你估计，图 17-11 这个三层拓扑中最少需要使用几台二层交换机。

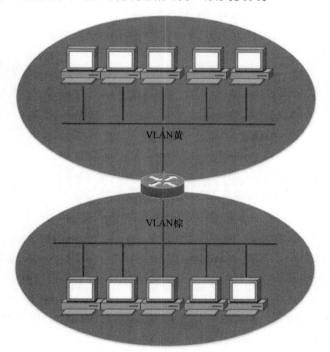

图 17-11　另一个普通的网络环境

我相信，有了上面的先例，这道题目的答案已经不言自明了。实际上，图 17-10 是 VLAN 技术很常见的一种应用方式。首先，我们把连接到一台交换机上的终端设备按照需求划分到不同的 VLAN 之中，从数据链路层隔离它们的通信。然后，用这两个局域网共同的上游路由器充当转发设备，实现它们在网络层的通信，这种做法就叫作 **VLAN 间路由**。这在理论上相当通顺，理由我们在前面已经介绍过了，不同 VLAN 之间的通信必须通过三层来实现。

关于图 17-10，还有一个小问题，那就是**路由器和那台二层交换机之间到底需要用几个接口互连**。通常情况下，我们都会认为使用两个接口，如图 17-12 所示。

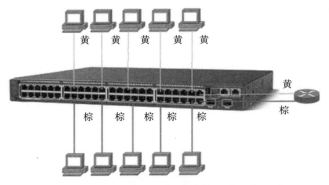

图 17-12　实现 VLAN 间路由的一种连接方式

　　这种做法当然可行，配置起来也很简单，但是还有另一种连接方式。这种连接方式如图 17-13 所示。

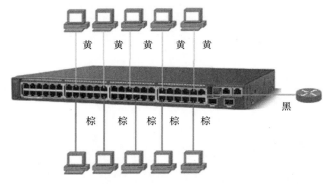

图 17-13　实现 VLAN 间路由的另一种连接方式

　　图 17-13 所示的这种连接方式稍微有些不好理解，因为它至少涉及了两个问题：
- 如何配置与路由器相连的那个交换机的接口；
- 如何配置与交换机相连的那个路由器的接口。

　　我们先来回答第一个问题。在图 17-13 中，我们将这条链路画成了黑色，这意味着这条链路并不只传输黄色 VLAN 或者棕色 VLAN 的数据。这个交换机的接口是让这两个 VLAN 之间实现信息互通的必经之路，这种承载多个 VLAN 信息的二层接口显然不应该工作在接入模式下，而应该设置为二层 Trunk 接口，方法不再赘述。

　　接下来回答第二个问题。在路由器上，我们必须让一个接口同时处于两个网段当中。听起来似乎不可能，但是读过第 13 章的读者应该还能够记得，路由器的接口具有一个功能，那就是把一个物理接口划分成多个逻辑子接口。创建子接口的具体命令是在全局配置模式下，输入"**interface** *主接口编号.子接口编号*"。管理员要把哪个接口划分成子接口，相应的子接口编号就是在那个主接口编号后面后缀的一个小数，如例 17-8 所示。

提示：在使用子接口时，不要忘记使用 **no shutdown** 命令来打开对应的主接口，否则主接口往往也无法正常转发数据。

*例17-8 生成子接口*

```
R1(config)#interface FastEthernet 0/0
R1(config-if)#no shutdown
R1(config)#interface FastEthernet 0/0.1
```

创建子接口的目的就是将一个主接口当作两个逻辑接口使用，因此在创建了两个子接口之后，我们显然需要在一个子接口上配置其中一个网络的 IP 地址，在另一个子接口上配置另一个网络的 IP 地址。

同时，为了保证这两个子接口都可以和交换机的 Trunk 接口进行通信，我们还必须将这两个子接口也打上 dot1q 封装，实现这种配置的命令是在子接口配置模式中输入 **encapsulation dot1Q**。完整的配置过程如例 17-9 所示。

*例17-9 子接口的配置*

```
R1(config)#interface FastEthernet 0/0.1
R1(config-subif)#encapsulation dot1Q 100
```

顺便说一句，像图 17-13 这种借助一条链路、一台路由器连接两个 VLAN 并实现 VLAN 间路由的环境，在国内翻译为"**单臂路由**"，堪称业内经典。在英文原文中，对应的术语"Router on a stick"则逊色不少，直译为"一根棍上的路由器"。

关于 VLAN 间路由的具体配置，在 CCNP 的课程中会进行极为详细的介绍和解释，这里仅作概述处理。

## 17.7 SPAN 与 RSPAN

在网络中，一种常见的需求是管理员希望把交换机通过某个接口发送出去的流量也通过连接监控设备的接口发送一份副本，以便自己对该流量进行监控。SPAN 与 RSPAN 就是为了解决这种常见需求所设计的交换机技术。SPAN 与 RSPAN 放在这一章似乎不是特别合理，但在本书中也很难找到更适合的章节对它们进行说明了，因此只得从权，希望读者不要觉得过于突兀。

### 17.7.1 SPAN 技术原理

所谓 SPAN，全称叫作本地交换端口分析器（Local Switched Port Analyzer），而 RSPAN 的全称则是远程交换端口分析器（Remote Switched Port Analyzer）。放心，除了各个培训机构的讲师之外，没有人会真的提到或者记得这个拗口的全称。下面，让我们忘记这一自然段的内容，来关注一下这项技术的功能。

有一个概念之前我们说过两万多次，那就是交换机可以隔离冲突域。如果把这个概念和"以太网是一种广播型网络"这句话结合起来看，你就会发现，在集线器大行其道的年代，监控局域网内的信息是一项相当没有技术含量的工作，因为甭管是谁，在局域网中的主机上装一个流量分析软件，就可以把整个网络中的信息看个通透。说得被动一点，无论想不想要，也无论信息的目的设备是哪台具体的终端设备，每一位局域网中的用户都会从 HUB 那儿原封不动地收到一份这个局域网中的信息，如图 17-14 所示。

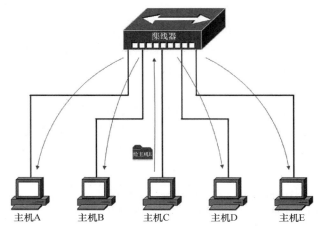

图 17-14 集线器的转发机制

后来，人们开始在局域网中使用交换机了。交换机的每个接口都是一个冲突域。换句话说，交换机会根据二层地址对数据帧进行有针对性的转发，而不是对所有信息都一股脑儿地群发。这样，通过交换机连接在一起的终端，就再也不会平白无故地接收到和自己一点关系都没有的信息了，广播寻人除外，如图 17-15 所示。

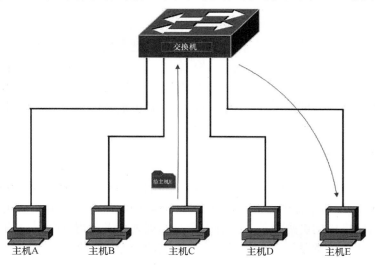

图 17-15 交换机的转发机制

　　好是好。但是，如果管理员需要分析某些接口的信息，那该怎么办？毕竟，交换机可不会把发往某个目的地址的信息，转发给连接在其他接口上的监控设备。

　　具有一定教学经验的老师都有一个共识，那就是初学者在思考一些问题的解决方式时，常常会以更形象的物理层面作为切入点，而不太擅长理解相对抽象的逻辑层面。因此，读者也许会产生这样的想法，像图 17-16 这样给每个接口都连接一台"下行集线器"，这样就可以在被监控设备边上并联一台监控设备了，而且这样也可以保证监控设备与被监控设备处于同一个冲突域中。

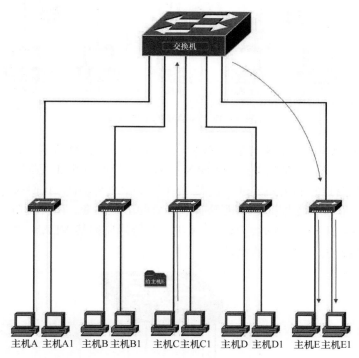

图 17-16　一种可行性几乎为 0 的方案

　　这种方法虽然可以解决问题，但是它造成的问题比解决的问题还多，所以根本就不现实。就算你真的有钱，可以给每台终端设备配备一台监控设备，也未必能坐拥足够多的地盘可以安置这些设备和为它们配备的人员。

　　那么，逻辑上的解决方案是什么呢？这就是我们这一节介绍的 SPAN 和 RSPAN 技术。管理员可以通过配置，告诉交换机哪些接口的流量需要进行监控，然后将这些接口的流量复制一份，发送给另一个接口，如图 17-17 所示。而这里所说的"另一个接口"，当然需要连接一台安装了流量监控软件的计算机，以便对接收到的流量进行分析。

　　如果被监控设备和监控设备所连接的接口位于同一台交换机上，使用的技术就是SPAN；如果不在同一台交换机上，则是 RSPAN。

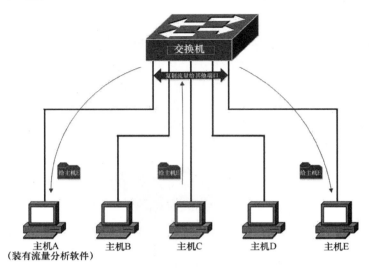

图 17-17　SPAN 的工作原理

　　基于 VLAN 的 SPAN 与常规 SPAN 在工作方式上没什么区别，只是在使用上存在一点小小的差异。在使用普通的 SPAN 技术时，管理员既可以监控某个接口的入站流量，也可以监控它的出站流量。在图 17-17 所示的情形中，我们通过交换机下面的宽箭头表示，管理员监控的是主机 E 直连接口的出站流量。而在使用图 17-18 所示的基于 VLAN 的 SPAN 技术时，有些交换机只支持能监控某 VLAN 中所有接口的**入站流量**，也就是该接口接收到的流量。

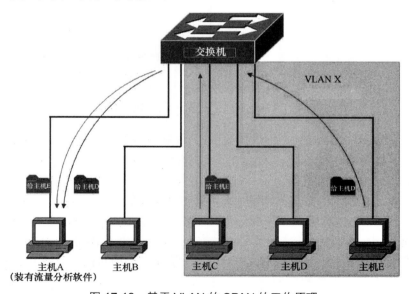

图 17-18　基于 VLAN 的 SPAN 的工作原理

## 17.7.2 SPAN 的配置

原理简单的技术，配置必不复杂，这类技术都属于相当亲民的技术。

根据 SPAN 这项技术所涉及的原理，就可以想见它的配置也可以大致分成两个步骤：一步是指定哪个接口是 SPAN 的源接口；另一步则是指定哪个接口是目的接口。这两步通过一条全局配置模式下的命令就可以实现。

首先，指定 SPAN 源接口的命令是"**monitor session** *会话编号* **source interface** *源接口号 监控方向*"。

比如，**monitor session 1 source interface f0/10 both** 这条命令就是将交换机的 F0/10 接口配置为被监控接口，而且是对该接口的出入站双向流量进行监控。而 **monitor session 2 source interface f0/11 rx** 则是将交换机的 f0/11 接口配置为被监控接口，但只对该接口的入站流量进行监控。如果想要对接口的出站流量进行监控，将最后的关键字 **rx** 替换成 **tx** 即可。

其次，指定 SPAN 目的接口的命令与上述命令相当类似，是"**monitor session** *会话编号* **destination interface** *目的接口号*"。

比如，要是在交换机的全局配置模式下输入 **monitor session 1 destination interface F0/1**，就会将交换机的 f0/1 接口配置为监控设备所连接的接口，交换机会将受监控接口的会话复制一份发送给 f0/1 接口。既然这里配置的是受监控接口，当然就没有"监控方向"的概念。因为这条命令的会话编号是 1，与上一步中命令 **monitor session 1 source interface f0/10 both** 的会话编号一致，因此交换机会将 f0/10 双向流量复制一份发送给 f0/1 接口。

> 注释：配置基于 VLAN 的 SPAN 和上面介绍的命令没什么区别，把关键字 **interface** 替换成 **vlan**，把接口号替换成 VLAN 编号即可，比如 **monitor session 5 source vlan 101 rx**。

查看与 SPAN 相关的信息时，我们既可以查看 SPAN 的总览信息，也可以查看某个 SPAN 会话的信息。**如果希望查看 SPAN 的总览信息，命令是 show monitor**，如例 17-10 所示。

*例 17-10 查看 SPAN 的配置信息*

```
SW1#show monitor
Session 1
---------
Type                 : Local Session
Source Ports         :
    Both             : Fa0/10
Destination Ports    : Fa0/1
    Encapsulation    : Native
        Ingress      : Disabled
```

　　显然，通过这条命令可以看到所有 SPAN 涉及的信息，比如源接口、目的接口等。

　　另外，如果希望查看某个特定会话的信息，只需要在上面的命令后面跟上关键字 **session** 和相应会话的编号，比如 **show monitor session 2**。其实，关于这一点，读者在使用命令 **show monitor** 时多打一个问号就会发现。

### 17.7.3　RSPAN 的配置

　　RSPAN 涉及别的交换机，所以配置起来多少会比 SPAN 复杂一些，但是远比 SPAN 常用得多。图 17-19 所示就是一个常见的 RSPAN 应用环境。

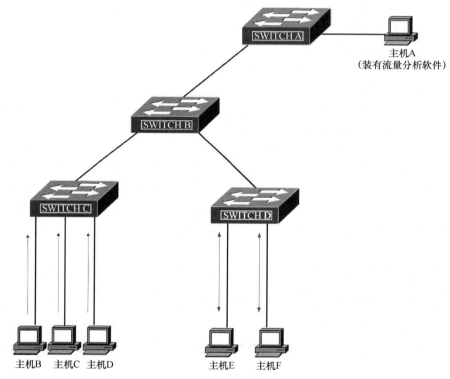

图 17-19　RSPAN 示意

　　下面请读者根据自己的推理，做一道填空题：

　　RSPAN 是通过＿＿＿＿在二层跨交换机传输数据的。

　　如果读者理解了这一章的内容，那么这道题的答案就很明确了，正确答案是：Trunk。既然通过 Trunk 传输，交换机总需要在将数据传输出去之前，给它们打上某个 VLAN 的标签。对此，RSPAN 的做法是，在将监控信息通过 Trunk 传输出去之前，先把它们复制到本地的一个专门的 VLAN 中，再将这些数据打上这个专门的 VLAN 的标签，发送到 Trunk 链路上。而这个专门的 VLAN 就叫作 RSPAN VLAN。

刚刚学习了 SPAN 配置方法的读者很容易把 RSPAN 的配置过程简单化。因此，我必须在这里强调，既然存在 RSPAN VLAN 的概念，那么**仅仅在源接口所在的交换机上配置源接口，并在目的端口所在的交换机上配置目的接口，然后通过它们的会话编号来关联监控对象与受控对象的配置方法，是行不通的**，因为在配置 RSPAN 时，管理员还需要定义这个用来穿针引线的 RSPAN VLAN。下面我们来具体说说 RSPAN 的配置过程。

### 源接口所在交换机的配置

在源接口所在的交换机上，管理员不仅需要使用上文中的命令来定义 SPAN 的源接口，还需要定义 RSPAN VLAN，然后将 SPAN 的目的接口指定为这个 RSPAN VLAN。

定义 RSPAN VLAN 的方法十分简单，只需在定义一个 VLAN 之后，在这个 VLAN 的 VLAN 配置模式下输入关键字 **remote-span**，如：

```
SwitchS(config)#vlan 800
SwitchS(config-vlan)#remote-span
```

接下来，管理员需要定义 SPAN 的源接口，这一步的工作和命令倒是与定义普通 SPAN 源接口别无二致，比如：

```
SwitchS(config)#monitor session 1 source interface fastethernet0/10 rx
```

最后，我们需要在源交换机上将 SPAN 的目的接口指定为这个专门的 RSPAN VLAN，命令是在传统的关键字 **destination** 后面输入关键字 **remote vlan**，然后加上 RSPAN VLAN 的 VLAN 编号，如：

```
SwitchS(config)#monitor session 1 destination remote vlan 800
```

注释：如果源接口所在的交换机型号比较古老，那么我们在定义目的 RSPAN VLAN 时，仅仅输入形如 "monitor session 1 destination remote vlan 800" 这样的命令还不够，我们还需要通过关键字 **reflector-port** 来指定交换机上的一个接口作为 RSPAN 的反射端口（接口）。此时，读者选择一个闲置的接口作为反射端口就可以了。

### 目的接口所在交换机的配置

通过上面一步的介绍，相信稍有演绎能力的读者，已经能够明白目的接口所在的交换机应该如何进行配置了。我们直接进入配置命令的环节，不加解释。

```
SwitchD(config)#monitor session 1 source remote vlan 800
SwitchD(config)#monitor session 1 destination interface fastethernet0/1
```

注释：在这里我们假设前面配置的 SwitchS 是 VTP 服务器，而这台 SwitchD 是 VTP 客户端，因此不再在这台交换机上重复定义 RSPAN VLAN 800。但若这台交换机上并没有 VLAN 800（比如，这台交换机运行的是 VTP 透明模式），那么管理员就必须在这台交换机上创建出相应的 RSPAN VLAN 800。

在完成配置后，管理员当然也可以使用 SPAN 的 **show** 命令，对 RSPAN 的相关信息进行查看。

如果源接口（们）和目的接口所在的交换机全都直接相连，上面的配置就可以解决问题。可是，如果实际环境像图 17-19 所示的拓扑那样，源接口所在的交换机（SWITCH C 和 SWITCH D）与目的接口所在交换机（SWITCH A）之间隔了一台既不包含源接口，也不包含目的接口的交换机(SWITCH B)，那么，管理员需不需要对这台交换机进行配置呢？

这个问题的答案可以参照上面的注释。简而言之，如果中间交换机上没有 RSPAN VLAN，管理员就需要在中间交换机上都定义好相应的 RSPAN VLAN。

由于 SPAN 不易测试，我们仅通过这一小节对于它的原理和配置方法进行了介绍，就不再专门提供实验环节了。

## 17.8　PVST+

希望读者读到这里，还记得我们在第 16 章末尾留的"关子"——传统 STP 还存在一个重要的缺陷。讲到这里，我们终于可以把这个疑问解开了。STP 的另一个缺陷就是，它只能把一个交换网络中的所有 VLAN 收敛成一棵生成树。

初学者学到这里很容易觉得疑惑：VLAN 和 STP 有什么关系？所有 VLAN 收敛成一棵生成树有什么问题？这事儿光靠嘴说还真不好解释，下面用一个我为了解释这个问题已经画了无数遍的拓扑进行说明，请看图 11-20。注意，为严谨起见，在下面的讨论中，我们假设图 17-20 中每条 Trunk 链路的带宽都是相等的。

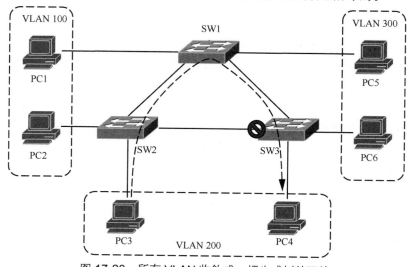

图 17-20　所有 VLAN 收敛成一棵生成树的环境

你发现这个拓扑的特点了吗?

如图 17-20 所示,若 STP 阻塞了 SW3 连接 SW2 的那个接口,那么如果 PC3 需要向 PC4 发送数据流量,它就只能通过 SW1 把报文发送给 SW3。可见,这种转发路径显然白白占用了 SW1 的资源,浪费了 SW2 和 SW3 之间的链路。你再仔细看看,这个拓扑相对于每个 VLAN 都是等价的。因此推而广之,在这个拓扑中,只要这个交换网络运行的是传统的 STP,那么无论 STP 阻塞的是哪个交换机的 Trunk 接口,都会在某些转发情形下出现次优路径的情形。

毫无疑问,这种情况就是整个交换网络只能收敛成一棵生成树所导致的,也是传统 STP 的另一个重要缺陷。为了解决这个问题,每 VLAN 生成树(PVST)的概念应运而生。顾名思义,这个概念就是交换网络可以为每个 VLAN 收敛出一棵生成树。我们还是以图 17-20 为例,如果 VLAN 100 的生成树阻塞了 SW3 连接 SW1 的接口,VLAN 200 的生成树阻塞了 SW2 连接 SW1 的接口,VLAN 300 的生成树阻塞了 SW3 连接 SW2 的接口,次优路径的问题也就不复存在了,不是吗?

那么,传统 STP 存在两个重要的缺陷——慢和全网一树——有没有通用的解决方案呢?

有,这种解决方案就称为快速 PVST+(Rapid PVST+)。顾名思义,这个协议的做法就是在使用快速生成树收敛机制的同时,让交换网络针对每个 VLAN 分别收敛出一棵独立的生成树。这也才是当今交换网络会真正使用的 STP 版本之一——传统的 STP 早已基本没人使用了。

到这里读者可能想问,给每个 VLAN 分别收敛出一棵生成树的做法会不会特别消耗交换机上的计算资源呢?

当然会,所以生成树的数量也不是越多越好,在大型网络中尤其如此。其实在前面图 17-20 的案例中,只要 VLAN 100 和 VLAN 200 的生成树阻塞 SW3 连接 SW1 的接口,VLAN 300 的生成树阻塞 SW2 连接 SW1 的接口就可以达到没有次优路径的要求。换句话说,图 17-20 没有必要非得收敛出 3 棵生成树。从设备资源的角度综合来看,收敛 2 棵生成树才是最经济高效的操作。

所以有没有技术支持管理员按需对一些 VLAN 进行"打包",允许每"包"VLAN 收敛成一棵生成树呢?

当然有,但这个问题要到 CCNP 课程中才能得到解决了。

## 17.9 总结

本章对应的 CCNA 考点:

2.1　Configure and verify VLANs (normal range) spanning multiple switches;

2.2　Configure and verify interswitch connectivity。

在本章中,我们对 VLAN 和 Trunk 的概念及配置方法进行了相当详尽的介绍,同时介绍了能够在多台交换机上自动同步 VLAN 配置信息的 VTP。不仅如此，我们还对 VLAN 的意义进行了简单的挖掘，并对由此引出的 VLAN 间路由进行了简单的概述。除此之外，本章也对 SPAN 和 RSPAN 的概念和配置进行了介绍。在本章的最后，我们对每 VLAN 生成树（PVST）的必要性进行了说明，并且结合第 16 章末尾对 RSTP 的介绍，引出了快速 PVST+ 的概念。

## 本章习题

1. 当管理员将一个交换机接口划分到了一个新的 VLAN 中，他也就_____。
   a. 创建出了很多新的冲突域
   b. 创建出了一个新的广播域
   c. 增加了网络对于带宽的需求
   d. 更有效地利用了 IP 地址资源

2. 下列哪一项不属于实施 VLAN 的优势？
   a. VLAN 可以将敏感数据流量相互隔离，因此可以提高网络的安全性
   b. VLAN 可以让多个逻辑网络共享相同的网络设施，因此可以更有效地利用带宽资源
   c. VLAN 可以增加广播域的数量，因此可以通过减小广播域的范围来缓解广播风暴造成的恶果
   d. 由于所有 VLAN 同属一个广播域，因此 VLAN 可以方便 IT 员工配置新的逻辑组

3. VLAN 的优势不包括下列哪一项？
   a. 它可以增加冲突域的范围
   b. 它可以提高网络的安全性
   c. 它可以增加广播域的数量，因此可以减小广播域的范围
   d. 它可以根据用户的职责将它们划分进不同的逻辑组中

4. 下列哪两个协议可以在一条链路上承载多个 VLAN 的流量？
   a. 802.1Q
   b. VTP
   c. ISL
   d. IGP

5. 关于在 Cisco Catalyst 交换机上操作 VLAN 的陈述，下列哪一项是正确的？
   a. 广播和多播数据帧会被传输给不同 VLAN 的接口
   b. 交换机之间互连的接口应该配置为 access 模式，这样才能承载多个 VLAN 的流量
   c. 未知单播数据帧只会被传输给同一个 VLAN 的接口

d. 当交换机从 802.1Q Trunk 接口接收到了一个数据帧，它可以通过自己的源 MAC 地址表判断出这个数据帧的 VLAN ID

6. 在企业网中，同一个 VLAN 中的主机可以相互通信，而不同 VLAN 中的主机则不能相互通信。若想让不同 VLAN 的主机相互通信，需要如何处理？

 a. 用一台路由器与这台交换机相连，并在连接交换机的物理接口上配置一个 IP 地址
 b. 用一台路由器与这台交换机相连，并在连接交换机的物理接口上创建出逻辑的子接口
 c. 用另一台二层交换机的 access 接口与这台交换机相连
 d. 用另一台二层交换机的 Trunk 接口与这台交换机相连

7. 目前，你手头有一台只有两个快速以太网接口的路由器，请问如何用它来连接本地网络中的 4 个 VLAN？（要求使用尽可能少的接口，同时还不会影响网络的性能）

 a. 再添置两个快速以太网接口
 b. 再添置一台这样的路由器
 c. 用一台集线器将这 4 个 VLAN 和路由器的某个快速以太网接口连接起来
 d. 采用单臂路由模型

8. 目前，在 Catalyst 交换机上并没有 VLAN 3，如果管理员在某个接口的接口配置模式下输入 **switchport access vlan 3**，会出现什么情况？

 a. 交换机会接受这条命令并创建出相应的 VLAN
 b. 交换机会报错
 c. 交换机会接受这条命令，但管理员需要事后手动创建这个 VLAN
 d. 相应接口的指示灯会变红

9. 在交换环境中，IEEE 802.1Q 标准描述的是什么内容？

 a. VTP 的工作方式
 b. 无线 VLAN 通信的方法
 c. VLAN 修剪的逻辑
 d. VLAN 建立 Trunk 链路的封装标准

10. 下列哪一项不属于 VLAN 的优点？

 a. VLAN 可以在交换网络中创建出新的广播域
 b. VLAN 可以让员工根据其所属部门而不是其所在位置来访问网络
 c. 当网络中新增、减少或变更主机时，VLAN 可以大大简化管理员的工作
 d. VLAN 可以在大型网络中起到节约 IP 地址资源的作用

# 配置 STP

在第 16 章介绍 STP 的工作原理时，我们没有把 VLAN 纳入考虑范围。换言之，第 16 章介绍 STP 原理，是基于"所有设备都属于同一个 VLAN"这一前提展开的。不过在第 17 章中，我们已经对 VLAN 进行了一番相对深入和透彻的介绍，对于它的实用性更是不吝笔墨。鉴于 VLAN 是一项如此实用又如此常用的技术，我们显然很有必要介绍一下多 VLAN 环境中 STP 的计算方式，以及如何通过配置来确保 STP 树的合理性。

Cisco 设备支持以下三种类型的 STP：

- PVST（每 VLAN 生成树）；
- Rapid PVST+（快速生成树+）；
- MST（多生成树）。

PVST 和快速 PVST 是 Cisco 私有的协议，MST 是工业标准协议。本章将重点介绍 PVST 的配置与设计原则。

## 18.1 CST 概述

第 16 章介绍的那种不考虑 VLAN 的生成树称为 CST，即标准生成树。那时我们假设网络中的所有设备都属于同一个 VLAN，那么当网络中存在多个 VLAN 时，CST 会如何工作呢？

答案是，CST 并不会考虑 VLAN 信息，它还是会把网络中的所有设备结合在一起进行计算，创建出一棵生成树，如图 18-1 所示。

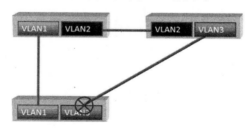

图 18-1　CST

在图 18-1 中，3 台交换机之间两两相连，从物理上看，的确形成了"环路"。但是，这个所谓的环路是很不禁推敲的。

环路之所以危险，是因为它会让信息在同一条路径上反复、交替出现，让设备无所适从；甚至借助设备自身的泛洪机制让信息爆炸式增长，最终让设备不堪重负。但图 18-1 所示的环境完全不会出现这种情况，因为这 3 台交换机上各配置了两个 VLAN，每两台直连的交换机之间只有一个 VLAN 是重叠的。所以，从广播域的角度上看，根本就不存在环路，也不会出现那些因环路导致的恶果。

遗憾的是，对于 CST 来说，它并不考虑 VLAN 的划分方式。也就是说，CST 会固执地根据物理环境认定该拓扑中存在环路。于是，通过计算，CST 阻塞了 VLAN 3 之间的链路。

PVST 协议是 Cisco 的私有协议，它会为每一个 VLAN 创建一棵生成树，所以只有当一个 VLAN 域中存在环路时，PVST 才会阻塞其中的一条链路。它的计算基础并不是物理连接，因此即使物理拓扑"看似"存在环路，但 VLAN 域不存在环路，它就不会阻塞链路，如图 18-2 所示。

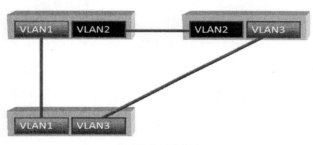

图 18-2 PVST

## 18.2 PVST 概述

之前在介绍生成树的相关知识时，我曾着重强调了在没有生成树的环境中，网络会面临的灾难性后果，让大家对于环路如临大敌。但其实，在交换机启动时，STP 就已经自动运行了，交换机无须人为干预，就会自动为我们解决这些恼人的环路。之所以把这个彩蛋留到最后，就是担心大家知道后会没有耐心学习 STP 的计算原则，这将非常不利于继续学习 PVST 的配置。

对于生成树的必要性，大家应该了然于胸了，现在来看看手动配置生成树的必要性。

一般我们在建设园区网时，是按照层级化的结构进行设计的，分为核心层、分布层以及接入层。因此对于 STP 中的根网桥来说，我们希望由性能更好的核心层或者分布层的交换机来充当，这样做的好处之一是流量无须"绕远路"，好处之二是性能佳则转发能力强。但若让 STP 自行选举根网桥，无法保证网络的性能达到最佳。

除此之外，在层级化的网络结构中，我们通常会在核心层和分布层部署冗余交换机。就算根网桥由这两层中的设备来担任，STP也会通过阻塞端口切断冗余环路，这样一来，冗余设备的设计方案实际上就成了"备份路径"方案。要想让两台设备真正实现流量分担，还是要由管理员出面干预，如图18-3所示。

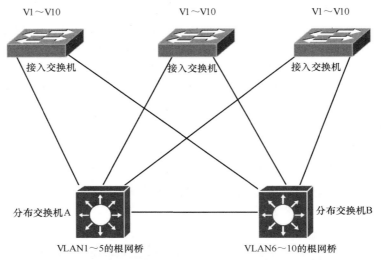

图18-3　手动干预STP，实现流量分担

从图18-3所示的拓扑可以看出，网络中共有10个VLAN。通过管理员的干预，最终实现让分布层交换机成为STP根网桥，且交换机A是VLAN 1～5的根网桥，交换机B是VLAN 6～10的根网桥。

如果我们回忆一下第16章介绍的STP选举原则，就会发现只要在交换机A和B上修改ID中的优先级值，就可以让它们成为根网桥。那么如何能够根据VLAN的不同，让它们分别成为VLAN 1～5和VLAN 6～10的根网桥呢？这就要得益于Cisco的私有STP——PVST（每VLAN生成树）。

## 18.3 PVST配置

在本节，我们将以一个案例拓扑（见图18-4）为大家展示PVST的配置。

在图18-4所示的案例拓扑中，SW1和SW2是分布层交换机，SW3和SW4是接入层交换机。本着将根网桥安置在网络中心位置的原则，我们要把**SW1和SW2设置为根网桥，其中SW1为VLAN 1的根网桥，SW2为VLAN 2的根网桥**。将一台交换机配置为根网桥有两种方法，都是通过全局命令实现的。一种是自定义优先级，命令为"**spanning-tree vlan** *VLAN 号* **root** *优先级值*"；在这条命令中的优先级要设置为4096的倍数；另一种是使用关键字**primary**进行配置，具体的命令为"**spanning-tree vlan** *VLAN 号* **root primary**"，这条命令会将优先级设置为小于当前网络中最低的优先级值。

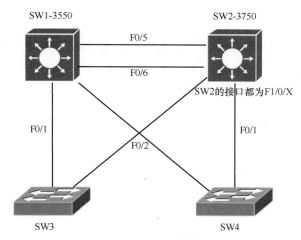

图 18-4   PVST 案例拓扑

此时，如果 SW1 出了问题，VLAN 1 的根网桥就会重新选举。显然，我们希望重新选举的结果是由同为分布层交换机的 SW2 当选。所以，我们还可以**把交换机 SW2 设置为 VLAN 1 的从根网桥，同时把交换机 SW1 设置为 VLAN 2 的从根网桥**。这次我们仍分别使用关键字（**secondary**）和优先级进行设置。

具体的配置方法如下。

■   VLAN1：SW1 为主根网桥，SW2 为从根网桥，使用优先级。

```
SW1(config)#spanning-tree vlan 1 priority 4096
SW2(config)#spanning-tree vlan 1 priority 8192
```

■   VLAN2：SW1 为从根网桥，SW2 为主根网桥，使用关键字。

```
SW1(config)#spanning-tree vlan 2 root secondary
SW2(config)#spanning-tree vlan 2 root primary
```

要想查看 STP 的信息，可以使用命令 **show spanning-tree**。例 18-1 所示为在 SW1 上查看 STP 信息的命令输出。

*例 18-1   命令 show spanning-tree 的输出信息*

```
sw1#show spanning-tree

VLAN0001
  Spanning tree enabled protocol ieee
  Root ID    Priority    4097
             Address     0014.6948.c900
             This bridge is the root
             Hello Time   2 sec  Max Age 20 sec  Forward Delay 15 sec
```

```
  Bridge ID  Priority    4097   (priority 4096 sys-id-ext 1)
             Address     0014.6948.c900
             Hello Time   2 sec  Max Age 20 sec  Forward Delay 15 sec
             Aging Time 300

Interface          Role Sts Cost      Prio.Nbr Type
-------------------------------------------------------
Fa0/1              Desg FWD 19         128.1    P2p
Fa0/2              Desg FWD 19         128.2    P2p
Fa0/5              Desg FWD 19         128.5    P2p
Fa0/6              Desg FWD 19         128.6    P2p


VLAN0002
  Spanning tree enabled protocol ieee
  Root ID    Priority    24578
             Address     0016.9d41.4e00
             Cost        19
             Port        5 (FastEthernet0/5)
             Hello Time   2 sec  Max Age 20 sec  Forward Delay 15 sec

  Bridge ID  Priority    28674  (priority 28672 sys-id-ext 2)
             Address     0014.6948.c900
             Hello Time   2 sec  Max Age 20 sec  Forward Delay 15 sec
             Aging Time 15

Interface          Role Sts Cost      Prio.Nbr Type
-------------------------------------------------------
Fa0/1              Desg FWD 19         128.1    P2p
Fa0/2              Desg FWD 19         128.2    P2p
Fa0/5              Root FWD 19         128.5    P2p
Fa0/6              Altn BLK 19         128.6    P2p


sw2#show spanning-tree

VLAN0001
  Spanning tree enabled protocol ieee
  Root ID    Priority    4097
             Address     0014.6948.c900
             Cost        19
             Port        7 (FastEthernet1/0/5)
             Hello Time   2 sec  Max Age 20 sec  Forward Delay 15 sec

  Bridge ID  Priority    8193   (priority 8192 sys-id-ext 1)
             Address     0016.9d41.4e00
             Hello Time   2 sec  Max Age 20 sec  Forward Delay 15 sec
             Aging Time  300 sec
```

```
Interface        Role Sts Cost     Prio.Nbr Type
-------------------------------------------------
Fa1/0/1          Desg FWD 19       128.3    P2p
Fa1/0/2          Desg FWD 19       128.4    P2p
Fa1/0/5          Root FWD 19       128.7    P2p
Fa1/0/6          Altn BLK 19       128.8    P2p
Fa1/0/10         Desg FWD 19       128.12   P2p




VLAN0002
  Spanning tree enabled protocol ieee
  Root ID   Priority   24578
            Address    0016.9d41.4e00
            This bridge is the root
            Hello Time   2 sec  Max Age 20 sec  Forward Delay 15 sec

  Bridge ID Priority   24578 (priority 24576 sys-id-ext 2)
            Address    0016.9d41.4e00
            Hello Time   2 sec  Max Age 20 sec  Forward Delay 15 sec
            Aging Time  15  sec

Interface        Role Sts Cost     Prio.Nbr Type
-------------------------------------------------
Fa1/0/1          Desg FWD 19       128.3    P2p
Fa1/0/2          Desg FWD 19       128.4    P2p
Fa1/0/5          Desg FWD 19       128.7    P2p
Fa1/0/6          Desg FWD 19       128.8    P2p


SW3#show spanning-tree

VLAN0001
  Spanning tree enabled protocol ieee
  Root ID   Priority   4097
            Address    0014.6948.c900
            Cost       19
            Port       1 (FastEthernet0/1)
            Hello Time   2 sec  Max Age 20 sec  Forward Delay 15 sec

  Bridge ID Priority   32769 (priority 32768 sys-id-ext 1)
            Address    000a.8a84.32c0
            Hello Time   2 sec  Max Age 20 sec  Forward Delay 15 sec
            Aging Time 300

Interface        Role Sts Cost     Prio.Nbr Type
-------------------------------------------------
Fa0/1            Root FWD 19       128.1    P2p
```

```
Fa0/2            Altn BLK 19         128.2    P2p


VLAN0002
  Spanning tree enabled protocol ieee
  Root ID    Priority    24578
             Address     0016.9d41.4e00
             Cost        19
             Port        2 (FastEthernet0/2)
             Hello Time  2 sec  Max Age 20 sec  Forward Delay 15 sec

   Bridge ID  Priority   32770 (priority 32768 sys-id-ext 2)
             Address     000a.8a84.32c0
             Hello Time  2 sec  Max Age 20 sec  Forward Delay 15 sec
             Aging Time 15

Interface        Role Sts Cost      Prio.Nbr Type
-------------------------------------------------
Fa0/1            Altn BLK 19         128.1    P2p
Fa0/2            Root FWD 19         128.2    P2p

sw4#show spanning-tree

VLAN0001
  Spanning tree enabled protocol ieee
  Root ID    Priority    4097
             Address     0014.6948.c900
             Cost        19
             Port        2 (FastEthernet0/2)
             Hello Time  2 sec  Max Age 20 sec  Forward Delay 15 sec

   Bridge ID  Priority   32769 (priority 32768 sys-id-ext 1)
             Address     000c.ce84.7180
             Hello Time  2 sec  Max Age 20 sec  Forward Delay 15 sec
             Aging Time 300

Interface        Role Sts Cost      Prio.Nbr Type
-------------------------------------------------
Fa0/1            Altn BLK 19         128.1    P2p
Fa0/2            Root FWD 19         128.2    P2p


VLAN0002
  Spanning tree enabled protocol ieee
  Root ID    Priority    24578
             Address     0016.9d41.4e00
             Cost        19
             Port        1 (FastEthernet0/1)
```

```
            Hello Time   2 sec  Max Age 20 sec  Forward Delay 15 sec

  Bridge ID  Priority   32770  (priority 32768 sys-id-ext 2)
            Address      000c.ce84.7180
            Hello Time   2 sec  Max Age 20 sec  Forward Delay 15 sec
            Aging Time 300

Interface          Role Sts Cost      Prio.Nbr Type
------------------------------------------------------------
Fa0/1              Root FWD 19        128.1    P2p
Fa0/2              Altn BLK 19        128.2    P2p
```

## 18.4　一些关于生成树的参数与特性

在很多情况下，我们在交换环境中使用生成树的默认设置，就可以让交换环境很好地运行。但如果工程师需要对交换环境进行更精准的控制和改进，可以使用本节中的生成树参数和特性。

### 18.4.1　Uplinkfast

在图 18-4 所示的这种层级式网络中，接入层交换机在连接分布层交换机时，都会有一条冗余链路。这条冗余链路会被 STP 阻塞，进而避免了形成。如果 SW3 和 SW4 与 SW1 和 SW2 相连的活跃链路出现了问题，这条备用路径会被启用，相应的端口会从阻塞状态经历监听和学习状态，并最终保持在转发状态。如果我们希望 STP 能够迅速启用备用路径，可以设置 Uplinkfast 这样一个特性。这个特性可以使 STP 在重新选举出根端口后，使这个根端口跳过中间的两个状态，从阻塞状态直接进入转发状态。具体配置命令为在接口配置模式下输入 **spanning-tree uplinkfast**。

### 18.4.2　Portfast

SW3 和 SW4 是接入层交换机，分别连接了 20 台主机。为了使主机在连接到交换机端口后，不用经历"监听"和"学习"阶段，直接进入"转发"阶段，我们可以把这些连接终端设备的端口设置为快速端口（Portfast）。具体的命令是在接口配置模式下输入 **spanning-tree portfast**。

### 18.4.3　修改链路开销和端口优先级

在选举根端口时，可能会依次用到两个参数：链路开销和端口 ID。这两个参数也是可以由管理员修改的。命令"**spanning-tree vlan** *VLAN 号* **cost** *开销值*"可以用来修改端口的链路开销，是一条接口配置模式下的命令。命令"**spanning-tree vlan** *VLAN 号* **port-priority** *优先级值*"则可以用来修改端口优先级，这也是一条接口配置命令。

## 18.5 以太网通道

我们在第 16 章介绍过，遇到图 18-5 所示的情景，这两台交换机之间的那两条链路总有一条难逃被 STP 阻塞的厄运，只剩一条活跃链路为数据帧提供转发。虽然我们反复强调过，逻辑阻塞胜于物理断开，但阻塞毕竟也属于一种"弃用"，会让好端端的链路和带宽就此被"打入冷宫"。但是如果不通过 STP 进行阻塞，环路的阴影又挥之不去。我们总是希望鱼与熊掌可以兼得。那么，有没有什么方法可以同时使用这两条链路，而又不会使网络中产生环路呢？

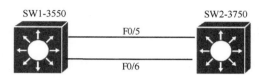

图 18-5 捆绑 EtherChannel

以太网通道（EtherChannel）技术满足了这一需求。

EtherChannel 可以把多条物理链路"捆绑"成一条逻辑链路，以达到负载分担和合理利用带宽的目的。当一条链路失效时，其他链路仍可继续传输数据，并不会造成通信中断或丢包问题。

在配置 EtherChannel 时，需要以接口为单位进行配置，因此我们应该在需要启用 EtherChannel 的接口配置模式下输入命令"**channel-group** *接口通道号码* **mode** *模式*"来创建 EtherChannel。

在这条命令的"模式"部分所选择的内容，决定了 EtherChannel 能否成功建立，以及建立 EtherChannel 所遵循的协议。在下面的示例中，我们姑且以 On 模式为例，介绍如何将 EtherChannel 两端的四个端口均设置为 On 模式，来建立 EtherChannel。

由于在 EtherChannel 的配置中涉及多个端口，因此可以使用 **interface range** 命令来同时配置多个端口，如例 18-2 所示。读者在下面的示例中可以看到命令提示符的变化，提示符"(config-if-range)"表示我们正在不止一个接口（本例中为 F0/5 和 F0/6）下进行配置。

例 18-2 *配置以太网通道*

```
SW1(config)#interface range FastEthernet 0/5-6
SW1(config-if-range)#channel-group 1 mode on
```

在完成了 EtherChannel 的配置后，可以使用 **show etherchannel** 命令和 **show etherchannel summary** 命令进行查看，如例 18-3 所示。

例 18-3 *命令 show etherchannel 和 show etherchannel summary 的输出信息*

```
sw1#show etherchannel
              Channel-group listing:
```

```
                ---------------------
   Group: 1
   ----------
   Group state = L2
   Ports: 2   Maxports = 8
   Port-channels: 1 Max Port-channels = 1
   Protocol:   -
   Minimum Links: O

   sw1#show etherchannel summary
   Flags: D - down       P - bundled in port-channel
          I - stand-alone s - suspended
          H - Hot-standby (LACP only)
          R - Layer3     S - Layer2
          U - in use     f - failed to allocate aggregator

          M - not in use, minimum links not met
          u - unsuitable for bundling
          w - waiting to be aggregated
          d - default port


   Number of channel-groups in use: 1
   Number of aggregators:          1

   Group Port-channel Protocol    Ports
   ------+-------------+-----------+-------------------------------------
   ------
   1    Po1(SU)         -        Fa0/5(P)   Fa0/6(P)
```

EtherChannel 可以用以下几种协议进行协商：Cisco 私有的 PAgP、IEEE 公有的 LACP，以及不属于上述两大协议的 On。上文演示的是创建 EtherChannel 的最直观的方法，也就是将 EtherChannel 两端的四个端口都配置为 On 模式（On mode）。

下面简单介绍一下 PAgP 和 LACP 各自的模式及它们的动态协商方式。

对于 Cisco 私有的 PAgP 来说，它包含 desirable 和 auto 两个模式。其中，工作在 auto 模式下的端口就像不敢捅破"窗户纸"的暗恋者，如果双方都是这样的性格，期待对方总有一日会对自己开口，最终的结果势必是"无可奈何花落去"；而 desirable 模式的端口则是大胆的告白者，成就金玉良缘只在问答之间。也就是说，如果链路两端有任意一端为 desirable 模式，EtherChannel 就会协商建立起来；但若两端都是 auto 模式，则 EtherChannel 不会建立起来。

IEEE 公有的 LACP 与之极为类似，它包含 active 和 passive 两个模式。如果链路两端有任意一端为 active 模式，EtherChannel 就会协商建立起来；但若两端都是 passive 模式，则 EtherChannel 不会建立起来。

无论采用什么模式，命令都是在接口模式下输入"**channel-group** *接口通道号码* **mode** *模式*"，我们鼓励读者自己尝试使用 PAgP 和 LACP 协商 EtherChannel，再通过 **show etherchannel** 查看输出信息与例 18-3 的异与同。

## 18.6 总结

本章对应的 CCNA 考点：

2.4 Configure and verify EtherChannel。

有话则长，无话则短。有了第 16 章的铺垫，本章也可以在言简意赅的轻松节奏中迅速完成。本章作为前两章的延续，在读者掌握了 STP 和 VLAN 的理论基础后，通过案例介绍了 STP 的参数修改方法，使读者能够按照实际情况干预 STP 的选举结果，从而使网络中的 STP 计算结果更为合理。之后介绍了一种能够实现多路径负载分担的方法—以太网通道（EtherChannel）技术。本章的内容不多，却能够巩固前两章的学习成果，做到学以致用。

## 本章习题

1. Cisco 支持哪些 STP 类型？（选择三项）
   a. CST
   b. PVST
   c. Rapid-PVST
   d. MST

2. 以下配置 PVST 的命令中错误的是？
   a. SW1(config)#spanning-tree vlan 1 priority 10240
   b. SW2(config)#spanning-tree vlan 1 priority 8192
   c. SW1(config)#spanning-tree vlan 2 root secondary
   d. SW2(config)#spanning-tree vlan 2 root primary

3. 若希望备用路径能够在活跃链路出现问题时迅速启用，应使用哪条命令？
   a. **spanning-tree uplinkfast**
   b. **spanning-tree portfast**
   c. **spanning-tree priority 4096**
   d. **spanning-tree root primary**

4. 若希望终端设备在连接到交换机接口后马上能够接入网络，应使用哪条命令？
   a. **spanning-tree uplinkfast**
   b. **spanning-tree portfast**
   c. **spanning-tree priority 4096**
   d. **spanning-tree root primary**

5. 交换机可以使用以下哪个协议来防止环路？

   a. VTP

   b. 802.1Q

   c. STP

   d. ISL

6. 在稳定的网络中，交换机接口应该处于什么状态？（选择两项）

   a. 监听

   b. 学习

   c. 转发

   d. 阻塞

7. 在下图所示网络中，指定接口有哪些？（选择三项）

   a. 交换机 A 的 Fa0/0

   b. 交换机 A 的 Fa0/1

   c. 交换机 B 的 Fa0/0

   d. 交换机 B 的 Fa0/1

   e. 交换机 C 的 Fa0/0

   f. 交换机 C 的 Fa0/1

8. 在 3 台交换机相互连接的网络中，若保留默认配置，那么谁会被选为 VLAN1 的根网桥？

   a. 拥有最小 IP 地址的交换机

   b. 拥有最小 MAC 地址的交换机

   c. 拥有最大 IP 地址的交换机

   d. 拥有最大 MAC 地址的交换机

9. 以太网通道的作用是什么？

   a. 防止网络中的环路

   b. 增加网络中的带宽

   c. 把一条物理链路分隔成多条逻辑链路

   d. 把多条物理链路捆绑成一条逻辑链路，实现负载分担

# 第19章

## 第一跳冗余协议

在第 18 章最后，我们介绍了以太网通道（Etherchannel）的概念，这种技术可以把多条物理链路"捆绑"成一条逻辑链路，从而在提供冗余的同时拓宽两台交换机之间的带宽，以备其中一条链路失效时，还有一条链路可以作为两台交换机之间的数据通道。

然而，除了交换机，网络中还有一个更重要的组件需要提供冗余，那就是网关设备。网关设备是一个网络的大门，网关设备如果发生故障，其背后的网络与外部网络之间就会"失联"。为了避免发生这种"悲剧"，网关应该部署冗余设备。本章要介绍的第一跳冗余协议（First Hop Redundancy Protocol，FHRP）正是为部署冗余网关设备而设计的标准。在这一章中，让我们再次从交换的世界回到路由的话题，聊一聊网关设备的冗余协议。

Cisco 设备支持多种 FHRP，包括 Cisco 私有的热备份路由器协议（Hot Standby Router Protocol，HSRP）、网关负载均衡协议（Gateway Load Balancing Protocol，GLBP）和公共标准的虚拟路由器冗余协议（Virtual Router Redundancy Protocol，VRRP）。本章的重点是 FHRP 的一般目标、功能和概念，但我们也会对 HSRP 的基本原理进行简单说明。

## 19.1　FHRP 概述

乍一想，给一个网络多配备一个网关好像是件挺简单的事，但其实并没有那么简单。首先，大家可以找到自己操作系统配置 IP 地址的窗口，看看里面可以配置几个默认网关。我用的操作系统的 IP 地址配置界面如图 19-1 所示。

如你所见，在给客户端系统配置 IP 地址的时候，你只能填写一个网关地址。从这个角度不难想见，冗余网关协议需要给两台网关设备提供一个统一的对外地址，让网关背后的设备可以正确地给自己配置网关地址——这确实也就是 FHRP 的解决方案。

实际上，FHRP 会让参与的两台或多台路由设备监听同一个虚拟的 IP 地址(和虚拟的 MAC 地址)，但同时只有其中一台路由设备会对发送给虚拟 IP 地址的报文作出响应，只有在这台路由设备发生故障时，其他路由设备才会接替它继续响应和转发报文。

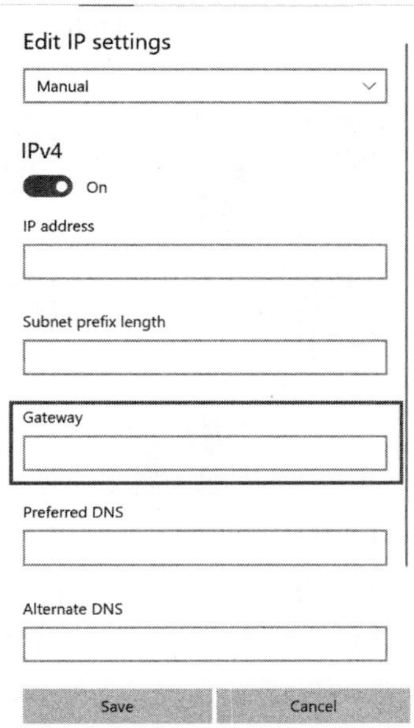

Edit IP settings

Manual

**IPv4**

On

IP address

Subnet prefix length

Gateway

Preferred DNS

Alternate DNS

Save　　Cancel

图 19-1　IP(v4)地址配置界面

我们可以参考一下图 19-2 所示的拓扑，路由器 R1 和 R2 充当一个内部网络的网关，两台路由器分别有一个面向内部网络的 IP 地址，即 192.168.1.8/24 和 192.168.1.10/24，但它们共同使用一个虚拟 IP 地址，即 192.168.1.254/24。这样一来，这两台设备就组成了一个 FHRP 组。对于内部网络的设备来说，它们"眼中"的网关是一台虚拟路由器，这台虚拟路由器的 IP 地址就是这个虚拟 IP 地址，它们的网关地址也就是这个虚拟 IP 地址。在这种场景中，如果两台路由器都在正常工作，它们其中之一（如 R1）就会负责为内外网络转发流量，我们可以将这台路由器称作"主用路由器"。当这台路由器发生故障时，另一台（R2）则会代替它承担流量转发工作。相应地，我们可以管 R2 这类路由器称作"备用路由器"。

所以，FHRP 在共享对外联系方式的机制上类似于 400、800 客服电话，所有接电话的人都是在响应同一个电话号码。当然，读了前文的读者也能看出来，FHRP 和 400 电话在响应机制上存在巨大的差异：虽然 FHRP 也只有一个"电话号码"，但 FHRP"接电话"的总是同一个人。400 电话如果也是这种搞法，估计大量打电话给这家机构的客户就会去打 12315 了。

下一个问题呼之欲出，如果主用路由器发生了故障，备用路由器怎么才能知道这一点呢？

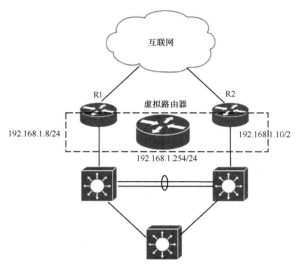

图 19-2　FHRP 工作机制

　　这个问题的答案很简单，FHRP 也会配备 Hello 协议作为设备的保活（keepalive）机制，也就是那种"x（年/月）没有我的消息，你就另谋他路吧"的机制。具体来说，运行 FHRP 的路由器会在网络中以固定时间间隔发送 Hello 报文，备用路由器如果在计时器限定的时间内没有接收到来自主用路由器的 Hello 报文，它就会接替主用路由器的角色，如图 19-3 所示。这个计时器的时长默认是 Hello 报文固定发送时间间隔的几倍。

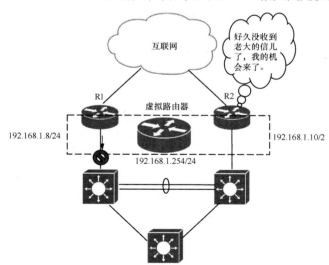

图 19-3　FHRP 的 Hello 机制

　　至此为止，我们介绍的内容都是关于 FHRP 的一般论。在下面的内容中，我们着重谈一谈一款 Cisco 私有的 FHRP——HSRP。

## 19.2 HSRP 概述

前面说完了"马"，下面我们说说"白马"。

我们刚刚说过，HSRP 是 Cisco 私有的 FHRP。HSRP 的基本原理和特点完全符合我们前面介绍的 FHRP 一般原理和特点。所以，我们下面以 HSRP 为例，具体说明一下 FHRP 到底是如何运作的。

默认情况下，HSRP 是依靠 IP 地址来决定谁是这个团队里的老大的。

说到这里，不知道大家发现了没有。FHRP 这种使用统一 IP 地址和 MAC 地址对外部地址作出响应的做法，是针对特定接口的。这也是在这一章前面的两个拓扑中我们用虚线只覆盖了两台网关路由器下面一半的原因。换句话说，如果按照上面拓扑的方式部署，那么来自互联网方向的设备并不会自动把这两台设备视为同一台设备；这两台路由器在下面几台交换机所连接的网络中以一台虚拟路由器的面目示人，并不代表它们在互联网环境中也以一台虚拟路由器的面目示人，这一点需要读者特别注意。

回到前面的话题。HSRP 默认会通过两台路由器执行 HSRP 的那个接口的 IP 地址来判断哪台设备充当主用路由器——IP 地址数字大的路由器胜出。对于这种机制读者读到这里应该已经相当适应了，估计让你自己设计这个协议，也不会有什么太大出入。

当然，既然通过接口 IP 地址选择主用路由器是默认做法，那 HSRP 这个协议一定也给管理员提供了手动设置 HSRP 主用路由器的方法，这个方法就是通过指定路由器的 HSRP 优先级（HSRP priority）来进行设置：同样，HSRP 优先级高的路由器胜出。因为默认情况下，（Cisco）路由器的 HSRP 优先级都是 100，所以它们才会默认比较下一个参数，也就是接口的 IP 地址。话说，如果读者未来真的有机会参与协议的设计，要知道这是一种基本的协议设计思路：把交给人们手动设置的那个参数设计成最先比较的参数，这样才能让管理员的设置拥有一锤定音的效果；另外，除非你允许比较的结果出现平局，否则最后一个比较的参数一定不能重复。

HSRP 怎么决定谁是主用路由器的事情说清楚了。下一个问题是：如果有一台路由器已经用作主用路由器，这时候有一台 HSRP 优先级更高的路由器参与到了 HSRP 当中，那么这台主用路由器要不要交班让贤呢？或者我换一个问法：如果一台主用路由器宕机，备用路由器接替了主用路由器的角色，那么这台主用路由器恢复上线之后，它会拿回原本属于自己的王位吗？

公元 1449 年，明英宗朱祁镇御驾亲征瓦剌，兵败被俘，史称"土木堡之变"。大臣们一看皇帝被俘，认为国不可一日无君，就把他的弟弟朱祁钰推上了龙椅，史称景泰帝。一年之后，瓦剌听从了鸿胪寺卿杨善的游说，把朱祁镇放回去了。这一下就从国不可一日无君变成了天无二日、民无二主，也给此后七八年两兄弟的关系和著名的"夺门之变"埋下了伏笔。说起来，这十来年的历史还真是有点戏剧性。当然，这就扯远了。

*CCNA*

　　毋庸置疑的是，承担这个主用路由器的角色对路由器来说也是有害无益，所以恢复的主用路由器要不要上演网络版的"夺门之变"，取决于网络管理员的意向。"夺门之变"这个词套用到网络领域，叫作"抢占"。

　　默认情况下，当一台路由器已经成了主用路由器，之后即使有 HSRP 优先级更高的路由器参与到 HSRP 中，这台主用路由器也会依然稳坐钓鱼台。这样设计是有道理的，如果主用路由器自身的状态或者连接不稳定，就会频繁抢占主用路由器的角色显然会造成网络不稳定，如图 19-4 所示。

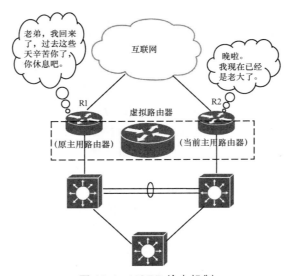

图 19-4　HSRP 抢占机制

　　当然，考虑到每个网络的设计特点，管理员完全可以根据自己网络的情况手动启用抢占功能。不过，即使管理员手动启用了抢占功能，一台路由器也只有在自己拥有更高 HSRP 优先级的情况下才会抢占当前主用路由器的角色。换句话说，管理员无论如何都不能让一台路由器仅仅因为自己的 IP 地址数值比较大，就把主用路由器的角色从其他路由器那里抢占过来。

　　这就像用人，如果企业发现对于某个关键职位可以在人才市场找到一个比现任员工更优秀的人才，企业会不会想要换人呢？这得看所找到的这个人比现在的员工强了多少：如果差距巨大，部分企业还真有可能选择换人；但如果差距没那么大，我想理智的企业都会遵循"衣不如新，人不如故"的原则。

## 19.3　总结

　　本章对应的 CCNA 考点：

　　3.5　Describe the purpose, functions, and concepts of first hop redundancy protocols。

本章的内容只有两项，分别是关于 FHRP 的一般论和 Cisco 私有的 FHRP——HSRP 的一些具体工作方式。在 FHRP 概述部分，我们介绍了这一类协议的原理以及它们的操作方式，特别是充当网关的路由设备通过虚拟 IP 地址（和 MAC 地址）对数据报文作出响应的做法，以及充当备份设备的路由器是如何及时发现主用路由器的故障并取而代之的。

在 HSRP 部分，我们不光解释了 HSRP 如何选举主用路由器，还通过生动的例子解释了抢占的概念以及 HSRP 的抢占操作原则。

## 本章习题

1. 在启用了 FHRP 的网络中，客户端应该把哪台路由器连接该网络的接口地址配置为（默认）网关地址？
   a. 主用路由器
   b. 备用路由器
   c. （连接该网络）接口带宽最高的路由器
   d. 以上答案皆不对

2. HSRP 备用路由器会通过下列哪种机制了解到主用路由器发生了故障？
   a. 保活（keepalive）机制
   b. 备份（backup）机制
   c. 回声（echo）机制
   d. 遥测（telemetry）机制

3. HSRP 优先使用哪项参数来选举主用路由器？
   a. 接口 IP 地址
   b. 接口 MAC 地址
   c. HSRP 优先级
   d. CPU 主频

4. 关于 HSRP 抢占机制，下列哪种说法是正确的？
   a. 在默认情况下，拥有更大 IP 地址数值的路由器可以抢占当前 HSRP 主用路由器的角色
   b. 在默认情况下，拥有更大 HSRP 优先级数值的路由器可以抢占当前 HSRP 主用路由器的角色
   c. 只有在管理员手动启用了抢占机制的情况下，拥有更大 IP 地址数值的路由器才可以抢占当前 HSRP 主用路由器的角色
   d. 只有在管理员手动启用了抢占机制的情况下，拥有更大 HSRP 优先级数值的路由器才可以抢占当前 HSRP 主用路由器的角色

# 网络架构设计

在这一章，我们希望读者能够完成一次从网络"战术"层面到网络"战略"层面的跃升。

所谓"战术"层面，是指一项又一项关于设备、协议、特性的介绍。这些内容非常重要，但还不足以让一个人胜任最基本的网络技术工作，正如了解不同烹饪器具的用法、不同食材的处理方式、不同调料的味道距离能够成功烹饪一道佳肴显然还有差距。简言之，胜任一项工作意味着我们需要知道怎么在一次工作任务中把这些内容组合在一起。

为了解决"只见树木不见森林"的问题，我们会在这一章中介绍典型的三层园区网架构，以及在数据中心网络中广泛使用的 Spine-Leaf 架构。考虑到数据中心近年来的特点，在介绍数据中心网络架构的过程中，我们也会聊一聊虚拟化的概念及一些常见的虚拟化应用案例。

## 20.1 园区网架构

我们首先思考一个问题。假如你有很多台交换机，每台交换机有 48 个端口，而园区网中有 200 台终端，那么你打算怎么连接这个园区网呢？

每次提出这个问题的时候，我仿佛都能听到有人说……他打算用一台交换机，每个端口连接一个 AP？

这位读者，你可真是个小机灵鬼。

在这里，我们必须抛开这种设计方案在网络带宽、设备性能等方面的不合理之处，先抛出一个基本的概念。那就是在设计企业园区网时，如果提到"终端"，除了常见的智能手机、笔记本计算机、无线打印机、无线 IP 摄像头，一般都会包含服务器设备，有时还会包含 IP 电话等。换个好理解的说法就是，你得默认很多终端都是不能连接 Wi-Fi 的。

为严谨起见，我换个问法：假如你有很多台交换机，每台交换机有 48 个端口，而园区网中有 200 台纯有线终端，那么你打算怎么连接这个园区网呢？

我们先说说不能怎么连接这个园区网。显然，图 20-1 所示的连接就有点不合适了。

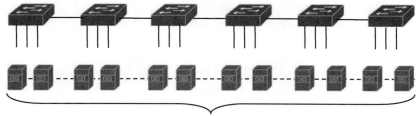

200台有线终端

图 20-1　园区网连接的错误方式示意

　　这种连接方式有什么问题呢？书都读到这里了，相信大家都能作出基本的判断。让我总结，这种连接方式至少存在三大问题。

- **不方便**："不方便"体现在流量转发路径上。比如图 20-1 中最左边的两台设备要和最右边的两台设备通信，任何一个方向上的流量都需要穿越所有 6 台交换机。
- **不靠谱**："不靠谱"体现在可靠性层面。图 20-1 中任何一个连接交换机的 Trunk 发生了故障都意味着这个园区网会在二层被分成两个相互隔离的网络。
- **难扩展**：上面两大问题都会随着网络规模的增加变得更加严重。所以读者可以想到，图 20-1 中如果不是只有 6 台交换机，而是有 60 台交换机，那么这个网络基本已经无法正常使用。

　　为了规避这种"糖葫芦"架构带来的各种麻烦，园区网实际上采用的都是分层式架构。一般来说，根据园区网规模的不同，人们通常会采用三层架构或两层架构。三层架构包括核心层（Core Layer）、汇聚层（Aggregation Layer）和接入层（Access Layer）。有时候，汇聚层也称为分布层（Distribution Layer），接入层也翻译成访问层，反正意思都是一回事儿。图 20-2 所示的就是这种三层的园区网架构。

　　画完这张图，突然想起了一桩往事。2017 年，我参与了一套教学资源的设计和编纂工作。彼时，担任技术审校的是《深入浅出人工神经网络》一书的作者——重庆邮电大学的江永红教授。我至今清晰地记得，江教授在反馈的书稿审阅批注中指出我的图书的其中一处不足是，我画的拓扑把所有线缆都连接在设备图标的同一个点上，容易让读者误认为设备是使用一个接口进行对外连接的。当时除了开发教学资源，我还在参与对外技术教学和工程项目的部署工作，同时恰逢我还有一件私事需要投入大量精力，而且进行得不太顺利。读到这个修改意见，想到我的图书中有大量这类拓扑需要修改，我顿时有一种求生不得、求死不能的感觉。

　　次日下午 2 点，我接到江教授的电话，他说他准备了一份文档，把他认为要修改的内容用 Word 的修订方式改好了，只要我认可后单击确认修改就可以完成修订。不知怎么的，一瞬间，过去一年经历的所有辛苦、委屈、感恩一并涌上心头，一个 30 多岁的大老爷们，在电话里对一个当时甚至未曾见过面的前辈专家嚎啕大哭，倒把江教授搞得手足无措。事后每每看到图 20-2 这样的拓扑，都会想到 2017 年的那一刻，想到那时的心境和那时的人，然后借此勉励自己，在做事上尽量再认真一点、再细致几分。

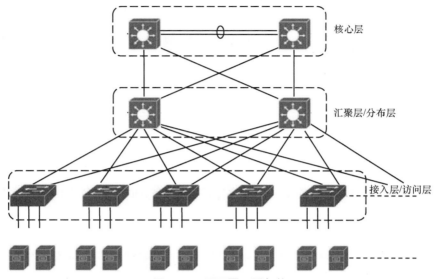

图 20-2　园区网三层架构

回到正题，图 20-2 所示的这个拓扑分成了我们前面提到的三层。读者对照图 20-2 的这个拓扑去看一看"糖葫芦"架构中的几大缺陷，应该就可以轻松理解为什么图 20-2 所示的三层拓扑得到了广泛的采用。在流量路径方面，无论这个网络扩展到多大，园区网中任何两个终端之间的流量都只需要经过为数不多的几台交换机进行转发；同时，网络中任何一条链路发生故障，都不会对网络转发构成影响。解决了这两条，网络的可扩展性当然也就可以大大增强。

当然，既然每层都有自己的命名，它们在设计上也必然存在区分。其中，接入层的目的最明确，就是通过交换机的端口给终端提供网络接入。核心层的作用也很明确，就是为整个网络提供高速骨干连接。居中的分布层则会在网络中充当二层和三层的分界线——用三层接口上行连接核心层，同时用二层接口下行连接接入层，从而在网络中负责实现基本的路由、二/三层安全特性。

除了经典的三层架构之外，我们前面也说到过两层架构。简单来说，如果一个网络规模不是特别大，那么这个网络区分核心层和分布层的必要性也就没那么大。因此在这种网络中，人们常常会把核心层和分布层设计在同一层中，这一层一般会称为融合核心层（Collapsed Core Layer）。

总之，无论两层还是三层架构，反正分层架构比扁平的"糖葫芦"架构在设计上要合理得多。当然，世界上没有十全十美的设计方案。在有些场景中，这一节介绍的分层架构同样不利于通信。比如，如今的数据中心网络就越来越不适合使用这种分层架构。为了说清楚这一点，我们必须先来聊聊虚拟化的概念。

## 20.2 虚拟化技术

"服务器"这个词我们在前面提过不知道多少次了。下面我想问问大家，在访问一个门户网站或者购物网站的时候，你觉得给你的访问请求提供响应的服务器大概什么样子？

如果你认为你访问的服务器是图 20-3 中某一台设备或者与某一台设备类似的样子，你很可能想多了。

图 20-3　物理服务器示意

之所以说你想多了，是因为现如今，如果不出意外，你访问的服务器肯定只是分配给某个软件的一部分计算、内存和存储资源。是的，你访问的"服务器"极有可能只是一个虚拟环境。

### 20.2.1 虚拟机

说起来，我这辈子第一次用虚拟机还真不是出于技术目的。如果没记错，那会儿我上中学，家里的计算机用的操作系统是 Windows 98，可是我想玩一款很难在 Windows 环境中运行的上古游戏，于是我听说了虚拟机的概念，也自己利用 VMware Workstation 平生第一次生成了虚拟机。

言归正传，虚拟机就是在我们的计算机硬件内部安装虚拟机软件，利用我们分配给它的一些计算、内存和存储资源模拟出来的计算机。因此，泛泛地说，在 IT 领域，所有通过划分、重组物理资源来改变原本物理资源呈现逻辑的做法都属于虚拟化技术。

这么说过于抽象，非常不符合我们这本书的风格，我举个简单的例子：比如第 17 章介绍的 VLAN 就属于虚拟化技术，我们也在第 17 章中介绍了很多通过修改 VLAN 划分来改变逻辑拓扑（也就是三层拓扑）的例子。这就是我们说的，通过划分、重组物理资源来改变原本物理资源呈现逻辑的技术。虚拟机当然也属于这类技术：明明你手里只有一台物理设备，你却可以在它的基础上创建出很多"虚拟计算机"。

如前文所述，如今给你提供服务的服务器基本上都是虚拟设备。当然，不管虚拟的是 PC 还是服务器，它们本来就是同一种东西，你自己的 PC 就可以随时拿来当服务器用，所以后面我就统一称虚拟 PC 或者虚拟服务器为"虚拟机"（Virtual Machine，VM）。

不用说你也知道，生成 VM 是需要借助软件的。说简单点，VM 软件可以分成两种，一种安装在操作系统上，这种 VM 软件称为类型 2 Hypervisor，我前面提到的 VMware Workstation 就属于这类 VM 软件。只要你是一位足够资深的计算机游戏爱好者，我相信你大概率已经使用过类型 2 Hypervisor。另一种 VM 软件自身就可以视为一个简单的操作系统，它当然不会提供常用操作系统那么复杂的功能和特性，因为它主要的功能就是创建和管理 VM，这类 VM 软件称为类型 1 Hypervisor，比如 VMware vSphere 就是类型 1 Hypervisor。鉴于类型 1 Hypervisor 本身就可以视为一个操作系统，所以它可以直接访问硬件资源，于是也就能够让硬件资源得到更加高效的利用。当然，也正因如此，如果你不是 IT 行业的从业者，这种 VM 软件你恐怕一般用不太到。

说到类型 1 Hypervisor，我们可以顺便介绍一个常用的概念。因为人们不会把类型 1 Hypervisor 安装在操作系统上，而会直接安装在硬件上，所以类型 1 Hypervisor 在业内也称为"裸金属"（bare metal）VM 软件，安装类型 1 Hypervisor 的服务器也称为"裸金属服务器"。

图 20-4 就是类型 1 和类型 2 Hypervisor 在架构上的差异。

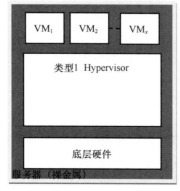

图 20-4　两种类型 VM 管理器的对比

## 20.2.2 容器

前面我们刚刚说过，对比两类 VM 管理器软件，不依赖操作系统的类型 1 Hypervisor 效率更高，更适用于企业环境和数据中心环境。然而，VM 自身仍然需要安装相互独立的操作系统，这依然会相当消耗底层的硬件资源。如果可以让多个虚拟化环境使用共享的操作系统内核，那不仅可以大大节省设备的资源，而且可以省去部署 VM 时处理操作系统的麻烦，两全其美。

2008 年，容器技术问世。说得直白一点，容器就是某个软件在任何操作系统环境下运行所需的要素被打包出来的一个集装箱，人们可以把这个集装箱搬运到任何环境中，把这个软件运行起来。运行的时候，软件依赖的就是这个环境中的操作系统内核。

打个说不上特别恰当的比方，如果你是个软件，容器就像你和你随身携带的行李，你可以带着它们订酒店、住民宿、睡背包客旅店、环游世界，所有能拎包入住的地方都可以是你的落脚点，你入住后把行李扔进屋就可以该干啥干啥。对，你肯定没背着你的双人床、扛着你的双开门大冰箱、顶着你的 85 寸 LED 去旅游，但这些东西在你的落脚点是有替代品的。VM 就像你和你的全套家什，如果你把它们全带在身边，那叫搬家，肯定不叫旅游。你看，虽然旅游、搬家都涉及一套围绕着你的私人物品跟着你走，但体量可就差远了。

VM 和容器之间的比较在互联网上俯拾即是，但它们的使用场景还是有明显区别的。套用前面的类比，每次旅游回家，你都会往自己的双人床上四仰八叉地一躺，然后感慨"哪儿好都没有家好"。即便如此，你还是会选择旅游。即便如此，你还是会把你中意的双人床、床垫、全套被褥床单留在家里。即便如此，你还是不愿意每次都把家搬去你那么向往的旅游目的地。

容器的特点是轻量级、容易迁移、启动快、占用资源少。但 VM 恰恰因为需要直接分配硬件来支撑一套独立的操作系统环境，所以人们更熟悉 VM 的操作，通常也认为 VM 比容器更加安全。

## 20.2.3 虚拟路由转发

虽然这样转换话题有点突兀，但是为了匹配 Cisco 考试大纲，我们在这一节还是得说说路由设备上的一种常用虚拟化技术，叫作虚拟路由转发（Virtual Routing Forwarding，VRF）。

每项技术都是其来有自，为了说清楚 VRF 的概念，我们先来聊聊这项技术是干什么用的。下面我们来看看图 20-5。

在图 20-5 中，园区网包含了生产网络和管理网络两部分。这两个网络都通过各自的汇聚层交换机连接到了同一台核心层交换机。同时，核心层交换机连接了一个服务器集群。同时，正如本章一开始介绍的那样，核心层交换机的连接全部都是三层连接。

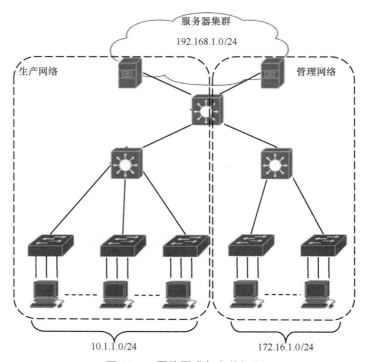

图 20-5　网络需求复杂的场景

　　现在，这个网络的管理员希望两个网络的通信相互隔离，也就是让生产网络的客户端和服务器可以相互通信，管理网络的客户端和服务器也可以相互通信，但它们相互之间无法通信。然而，在设计网络时，所有服务器都被放在了同一个 VLAN/IP 子网（如 192.168.1.0/24）的服务器集群中，这个 IP 子网既不同于生产网络客户端的 VLAN/IP 子网（如 10.1.1.0/24），也不同于管理网络客户端的 VLAN/IP 子网（如 172.16.1.0/24）。

　　话题到这里暂停，读者可以想想有没有方法解决。

　　这个问题如果你想得足够久，你一定恨不得把核心层交换机沿着两条虚线中间的位置把它劈成两半——这不就隔离了吗？

　　别……别急着对折撕书页，用不着，这在逻辑上可以实现，方法就是我们这一节的 VRF。

　　VRF 很类似在物理终端上虚拟出多台 VM，它也能在一台物理的路由设备上"虚拟出"多个"实例"。我们可以把每个实例看成一个（独立于其他实例）的路由器，它们都有自己独立的路由表。管理员需要根据网络设计需要，把物理路由设备上的接口以及路由协议和静态路由条目分配给不同的实例。你想想，既然每个实例都有自己的物理接口、协议和静态路由配置，以及路由表，它们当然也就可以各自进行路由条目学习和数据包转发。

　　说得具体点，在图 20-5 这样的环境中，我们只需要在核心层交换机上创建两个路由实例，一个关联左边的两个物理接口，另一个关联右边的两个物理接口，其效果就相当于你沿着两条虚线之间的那条缝把核心层交换机"撕"成了两半，如图 20-6 所示，这样这个网络的需求也就得到了满足。所以，VRF 又是一个通过划分、重组物理资源来改变原本物理资源呈现逻辑的做法的典型虚拟化技术。

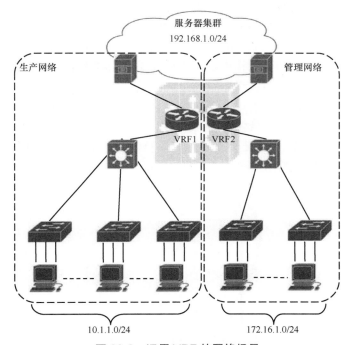

图 20-6　运用 VRF 的网络场景

　　唠完了 VRF，我们这一节关于虚拟化的内容就可以告一段落了。在 20.3 节，我们还会回到本章主旨——网络架构的话题，只是这一次我们要介绍的，是数据中心网络的架构。

## 20.3　数据中心网络架构

　　在正式开始介绍这一节的内容之前，我想先问问大家，当你们在访问一个门户网站或者购物网站的时候，你觉得给你的访问请求提供响应的服务器大概什么样子？

　　先等一下，别往前翻，我向你保证这里不是重复。这个问题前面确实刚刚提过，但当时我给出的解释是，你访问的"服务器"往往只是一个虚拟环境。但如果你觉得我这是在说，你浏览网页时是在和一台物理服务器上的某个 VM 通信，你可能又低估了现在数据中心网络的复杂程度。

　　如果你经常光顾简餐厅，或者街边那些虽然环境欠佳但是风味绝对可以让人馋虫大动的小饭馆，你常常会发现在这种规模的餐厅中，切菜、炒菜、上菜常常是由同一个人来完成的——如果不是接触过货币的手不适合接触食物，那个人完全可以连收银员也兼任了。但如果你看过米其林二三星餐厅的后厨，你会发现那些造型颇有设计感的精美菜肴无一不是在多名厨师的协作下烹制出来的。由此你可以得出一个结论——呈现效果非常复杂的东西往往需要多人协作，不是吗？

　　对于网络中那些像米其林三星级菜肴一样复杂的访问对象来说，你可以认为需要对你的访问行为作出响应的 VM 也远远不止一个。随着时代的发展，大量（虚拟）服务器协作来对客户端的请求作出响应也已经是普遍到不能再普遍的情况了。我说得再明白一点就是，在一个由大量服务器组成的数据中心网络里，服务器之间为了响应客户端请求而相互发送数据、以协调响应信息的流量，要比服务器与（数据中心外的）客户端之间相互发送的流量多得多。在技术上，考虑到我们画拓扑的习惯都是从上往下画（上面是外部网络、下面是本地网络）以及地图上北下南左西右东的绘制惯例，数据中心的这种流量模型常常被称为"东西向流量"为主的流量模型，或"东西向流量"多于"南北向流量"——说白了，左右窜的数据比上下流的数据多。如图 20-7 所示。

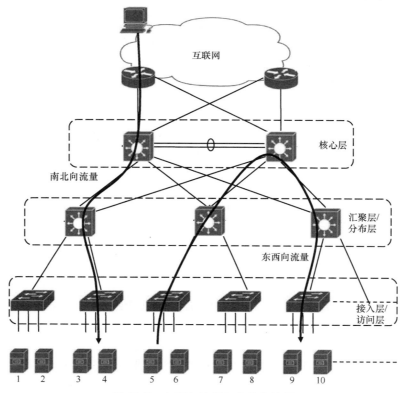

图 20-7　东西向流量与南北向流量

不得不承认，接入层、汇聚层和核心层的这种架构虽然非常适合流量模型为南北向流量为主的普通企业园区网，但是在面对东西向流量为主的数据中心模型时就有些过时了。

为什么呢？

说得简单一点，就是东西向的路太少。你仔细看看，图中任何两台服务器之间，你只能画出一条路径。但这条路径中的每一段都与其他某两台服务器之间的路径存在大量重合。比如，服务器 5 向服务器 9 发送报文，正常情况下就只有图 20-7 中画出的那一条路径，但服务器 5 访问服务器 7 也会占用这条路径的前 1/3，而服务器 8 访问服务器 10 则会占用这条路径的后 2/3。甚至，服务器 10 访问服务器 6 的整条路径都和服务器 5 访问服务器 7 的路径相重合。如果你把园区网内部的链路想象成某个城市的市内交通，那这座城市必然每逢早晚高峰就会因为市内道路建设不足而堵成一锅粥。在技术上，有人把上层链路数量与下层链路数量的比值称为"压缩比"。所以，一种装腔作势的说法是"高压缩比导致三层网络架构不适合用于东西向流量为主的网络"。这句话说白了就是，因为三层网络架构的链路数量一层比一层少，所以网络内部就会出现大量数据转发路径重合，从而导致网络内部出现拥塞。

这里吐槽一段：从本意上，我对那种充斥着自鸣得意的技术优越感和译文口风的所谓专业说法一丁点都没兴趣。听过我讲课或者和我一起做过项目的人都知道，我基本不会把这种佶屈聱牙但又千篇一律的技术说辞挂在嘴边，但讲课和写书仍然要偶尔提及是担心如果我一次都不提，读者听到一些术语爱好者的纵论技术时会觉得不知所云。毕竟，有些人爱的不是技术，而是让别人知道自己懂技术。

说了这么多，传统三层/两层架构不适合数据中心网络，那什么样的架构适合呢？这种更加适合网络内部横向传输数据的架构称为 Spine-Leaf 架构。

Spine-Leaf 架构说起来非常简单。这种架构只有两层，一层是 Spine，另一层是 Leaf。Spine 层的交换机称为 Spine 交换机，Leaf 层的交换机称为 Leaf 交换机。需要注意的是，每台 Spine 交换机要连接每台 Leaf 交换机，同时 Spine 交换机不连接 Spine 交换机，Leaf 交换机不连接 Leaf 交换机。在"正统"的 Spine-Leaf 架构中，Spine 交换机除了 Leaf 交换机什么都不连接，网络中其他一切组件全都连接在 Leaf 交换机上，如图 20-8 所示。不过，如今有一些数据中心设计方案会用 Spine 交换机连接外部网络，甚至连接园区网。第一次看见这种做法时我还曾经新奇了一阵，但是我并不推荐。

为防读者产生疑问，在进入整体之前我自己主动解释一下，图 20-8 中的交换机图标是数据中心（Nexus 系列）交换机图标。

Spine-Leaf 架构完美地解决了我们前面提到的问题。在这个架构中，网络中有多少台 Spine 交换机，那么任何两台服务器之间就有多少条路径。另外，这个架构扩展起来也非常灵活，如果你想在这个数据中心中连接更多的服务器或者其他网络组件，只需要增加 Leaf 交换机的数量。在技术上，这称为提高端口密度。如果你希望增加服务器之间的链路数量，则只需要增加 Spine 交换机数量，因为架构中每增加一台 Spine 交换机，任意两台终端之间就增加了一条链路。

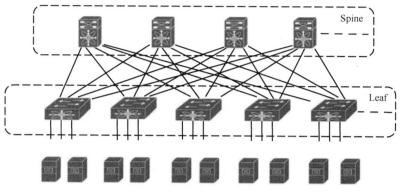

图 20-8　Spine-Leaf 架构

我知道，那个问题已经快把你逼疯了，但是那个问题的深度解答远远超出了 CCNA 课程的范畴，所以我建议你尽快开始学习后面的课程。如果你等不及了，我建议你自己查一查。作为 CCNA 的图书，我这里只给你提供最基本的答案：这种架构不存在阻塞多余链路，只保留一条链路用来转发流量的操作，否则这种架构就没有意义了。

关于数据中心网络架构，如果展开介绍，再写一本千页的读物都只能算作"简介"，本书在这里只能先告一段落了。

## 20.4　总结

本章对应的 CCNA 考点：

1.1　Explain the role and function of network components；

1.1.f　Endpoints；

1.1.g　Servers；

1.2　Describe characteristics of network topology architectures；

1.12　Explain virtualization fundamentals (server virtualization, containers, and VRFs)。

本章介绍了园区网架构和数据中心网络架构以及虚拟化技术。在园区网设计中，根据网络规模的大小，工程师可以采用三层架构或二层架构，这种分层模型不仅有助于网络的扩展，还可以缩短流量路径，并实现冗余。在数据中心网络中，园区网那种"南北向流量"架构就不适用了，因为数据中心充斥着大量"东西向流量"，因此我们介绍了 Spine-Leaf 架构，这种架构最大化了终端与终端之间的流量路径数量，并且极易扩展。

本章还简要介绍了虚拟化的概念，说明了虚拟机的类型，并通过与虚拟机进行对比，引出了容器的概念。在虚拟化部分的最后，本章介绍了一项应用于路由设备上的虚拟化技术——VRF。

## 本章习题

1. 在园区网三层/二层架构中，负责终端设备接入的是哪一层？
   a. 核心层
   b. 汇聚层
   c. 分布层
   d. 接入层

2. 园区网三层架构带来了哪些好处？
   a. 有效控制了流量路径的长度
   b. 故障会被限制在最小范围内
   c. 适用于大型环境，易于扩展
   d. 以上皆是

3. 在数据中心网络架构中，负责终端设备接入的是哪一层？
   a. Spine
   b. Core
   c. Leaf
   d. Branch

4. 关于虚拟化技术，下列哪种说法是正确的？
   a. 安装类型 2 Hypervisor 的服务器称为"裸金属服务器"
   b. 容器比虚拟机提供了更好的安全性
   c. 在应用 VRF 的环境中，只有物理接口可以被划分到 VRF 中
   d. 在 IT 领域，所有通过划分、重组物理资源来改变原本物理资源呈现逻辑的做法都属于虚拟化技术

# 习题答案

第1章

1．b　2．f　3．a　4．g　5．c　6．d　7．e、f、g　8．c、d　9．b

第2章

1．b　2．b、c　3．d　4．a　5．c　6．d　7．a　8．b　9．c

第3章

1．b　2．d　3．b、c　4．d　5．a　6．d　7．a、b　8．a　9．c

第4章

1．b、d　2．c　3．a　4．c

第5章

1．d　2．c　3．d　4．b　5．d　6．b　7．a　8．c　9．b

第6章

1．b　2．d　3．a　4．c　5．d　6．b　7．d　8．c　9．b

第7章

1．a　2．b　3．d　4．b　5．d　6．c　7．a

第8章

1．a　2．d　3．a　4．b　5．c　6．a　7．c

第9章

1．b　2．c　3．a　4．d　5．b　6．d

第 10 章

1. d　2. c　3. d　4. a　5. b　6. b

第 11 章

1. c　2. b　3. a、c　4. d　5. d　6. b　7. a　8. c　9. c　10. a

第 12 章

1. c　2. a、d　3. b、c　4. b　5. d

第 13 章

1. d、e　2. c　3. a　4. b　5. c　6. b　7. b、c　8. d　9. a　10. c

第 14 章

1. c　2. d　3. b　4. a　5. c

第 15 章

1. c　2. c　3. b　4. a　5. b　6. d　7. d　8. a　9. c　10. b

第 16 章

1. d　2. c　3. a、b、d　4. b　5. c　6. c　7. a　8. d　9. c

第 17 章

1. b　2. d　3. a　4. a、c　5. c　6. b　7. d　8. a　9. d　10. d

第 18 章

1. b、c、d　2. a　3. a　4. b　5. c　6. c、d　7. b、c、d　8. b　9. d

第 19 章

1. d　2. a　3. c　4. d

第 20 章

1. c　2. d　3. c　4. d